五大区域战略环境评价系列丛书

区域开发生态风险评价理论与方法研究

主　编　任景明

副主编　李天威　黄沈发

中国环境出版社・北京

图书在版编目（CIP）数据

区域开发生态风险评价理论与方法研究/任景明主编. —北京：中国环境出版社，2013.12

（五大区域战略环境评价系列丛书）

ISBN 978-7-5111-1412-9

Ⅰ. ①区… Ⅱ. ①任… Ⅲ. ①区域开发—环境生态评价—研究—中国 Ⅳ. ①X826

中国版本图书馆CIP数据核字（2013）第067040号

审图号：GS（2013）2132号

出 版 人 王新程
丛书统筹 丁 枚
责任编辑 黄晓燕 李兰兰
文字编辑 赵楠婕
责任校对 扣志红
封面设计 金 喆
排版制作 杨曙荣

出版发行 中国环境出版社
（100062 北京市东城区广渠门内大街16号）
网 址：http://www.cesp.com.cn
电子邮箱：bjgl@cesp.com.cn
联系电话：010-67112765（编辑管理部）
010-67112735（环评与监察图书出版中心）
发行热线：010-67125803 010-67113405（传真）
印 刷 北京盛通印刷股份有限公司
经 销 各地新华书店
版 次 2013年12月第1版
印 次 2013年12月第1次印刷
开 本 889×1194 1/16
印 张 12
字 数 280千字
定 价 80.00元

本书编委会

主　编　任景明

副主编　李天威　黄沈发

编　委　张玉环　叶亚平　段飞舟　刘小丽　刘佳宁　王　卿
李　禺　白　杨　杨荣金　刘雪华　田海燕

审　定　祝兴祥

序

党中央、国务院高度重视环境保护工作，把保护环境确立为基本国策，大力实施可持续发展战略。“十一五”以来，我国环境保护从认识到实践都发生了重要变化，环境保护投入和能力建设力度明显加大，环境保护优化经济发展的作用逐步显现，污染防治和主要污染物减排成效明显，环境保护工作取得了显著成绩。在环保事业发展的宏伟进程中，不断涌现出探索中国环保新道路的新理念、新举措和新实践。战略环境评价就是从宏观战略层面切入解决环境问题、努力参与综合决策的成功典范之一。

环渤海沿海地区、海峡西岸经济区、北部湾经济区沿海、成渝经济区和黄河中上游能源化工区等五大区域战略环境评价，是战略环评理念引入我国以来，地域最大、行业最广、层级最高、效果最好的一次生动实践。五大区域在经济发展和环境保护上的地位重要。在经济上，五大区域在国家区域发展战略的推动下，正在发展成为国家宏观经济战略的重要指向区域和新的经济增长极；在环保上，“十一五”期间五大区域主要污染物 SO_2 和 COD 减排任务分别占全国的 75% 和 64%，同时拥有占全国 1/3 的生物多样性保护重要功能区，直接关系到我国中长期生态环境安全。处理好五大区域重点产业发展与生态环境保护的关系，对加快推进经济发展方式转变具有突出的示范作用，对我国中长期生态环境的战略性保护具有重大意义。

五大区域战略环境评价历时近三年，涵盖 15 个省（区、市）的 67 个地级市和 37 个县（区），关系石化、能源、冶金、装备制造等 10 多个重点行业，涉及国家、省、市等层面的发改、财政、国土、建设、环保等多个部门，汇集环境、生态、经济、地理等多学科近 100 家技术牵头、协作单位的集体智慧。五大区域战略环境评价在全面分析资源环境禀赋和承载能力的基础上，系统评估了重点产业发展可能带来的中长期环境影响和生态风险，提出了重点产业优化发展调控建议和环境保护战略对策，研究了在决策阶段和宏观布局层面预防布局性环境风险、确保区域生态环境安全的新思路和新机制。其最终报告是多学科集成的成果，堪称“环保教科书”，是战略环境评价的力作，已经成为制定国家重大区域战略的重要参考，成为编制“十二五”规划、制定地方环保政策的重要支撑，成为相关地区火电、化工、石化、钢铁等行业环境准入的重要依据。五大区域战略环境评价拓展了环境保护参与综合决策的广度和深度，构建了从源头防范布局性环境风险的重要平台，探索了破解区域资源环境约束的有效途径，是环保部门参与综合决策，探索代价小、效益好、排放低、可持续的环境保护新道路的重大创新和突破。

“十二五”时期是我国全面建设小康社会的关键时期，是加快转变经济发展方式的攻坚时期，环境保护工作任重道远。在“十二五”开局之年，国务院召开了第七次全国环境保护大会，印发了《关于加强环境保护重点工作的意见》和《国家环境保护“十二五”规划》，标志着环境保护的战略地位更加强化，也为环境保护提出了新的更高要求。在新的发展阶段，环境保护工作必须坚持“在发展中保护，在保护中发展”的战略思想，用全局视野和战略思维统筹考虑环保工作，不断推进环境管理的战略转型，努力在宏观经济政策制定、转变经济发展方式、调整结构优化布局等方面发挥更大作用，这为战略环境评价工作提供了新的历史机遇和广阔舞台。随着区域发展总体战略和主体功能区战略的深入实施，环境保护参与综合决策机制的不断健全，区域性战略环境评价大有发展，大有作为。希望广大环境影响评价工作者以探索环保新道路为契机，以服务国家重大战略需求为己任，创新战略环境评价思路，深化战略环境评价实践，增强战略环境评价工作的积极性、主动性和创造性，为不断提高生态文明水平，建设资源节约型和环境友好型社会，促进经济社会环境的全面协调可持续发展作出新的更大的贡献！

周生贤

前言

生态风险主要指外界胁迫因素对生态系统或生态功能产生影响的可能性及后果，是生态安全评价的重要指标，也是近年环境管理领域的热门话题。美国环境保护局将生态风险评价定义为评估一种或多种外界因素引致的不利生态影响的过程。其目的是帮助环境管理部门了解和预测外界生态影响因素和生态后果之间的关系，有助于制定环境决策。改革开放以来，我国经济发展迅速，人民生活水平日益提高。但是，由于发展模式不尽合理，产业发展的空间布局与区域生态安全的格局存在冲突，结构规模与区域资源环境承载不相匹配，经济发展的资源环境代价过大，资源环境问题已成为制约经济持续、健康、快速发展的主要瓶颈。随着区域开发活动给环境带来的污染累积、资源消耗、空间占用超过了一定的阈值，生态系统的结构和功能面临着严重的威胁，区域生态有可能发生系统性风险。因此，探索区域开发生态风险评价的理论和方法便显得尤为迫切，对于当前和今后相当长历史时期优化国土开发空间格局、节约资源能源、保护生态环境和构建推进生态文明建设的制度机制都具有重要的理论与实践意义。

2009—2010年，环境保护部组织开展了五大区域重点产业发展战略环境评价工作，旨在推动环境保护优化经济发展新格局的形成，实现区域经济社会可持续发展，确保中长期生态环境安全。本书的主要观点和理论方法是基于五大区域重点产业发展战略环境评价的实践的再思考与再提炼。

本书提出的区域开发生态风险是在已知区域开发活动及其对生态系统产生影响的前提下，由开发活动引起生态系统结构变化，经过生态过程传递，最终反映在生态系统功能降低上，导致生态系统功能背离区域生态保护目标的程度与可能性。区域开发生态风险的形成机制是风险源直观改变生态系统结构，进而伴随着生态过程的传递，最终表现为生态系统功能的退化。当生态系统功能明显背离区域生态保护目标则视为区域开发生态风险发生。区域开发生态风险的评价框架依次包括“风险源识别、受体分析、风险表征、风险管理”四个部分，同时风险的不确定性分析贯穿于评价的每一部分。依据区域开发活动的类型与特征，结合生态学原理将各类开发活动产生的生态风险源分为污染物在环境中的累积、资源的开发与消耗、生态空间的占用三类，将生态系统的结构、过程和功能视为区域开发生态风险评价的受体。针对每一类风险源引发的区域开发生态风险，本书都提出了相应的风险量化和管理方法以供参考。

本书总体评价思路和逻辑框架由任景明主编提出，之后与李天威、黄沈发两位副主编及各章负责人商讨，确定各章分工如下：“第一章　绪论”，任景明、刘佳宁；“第二章　区域开发生态风险评价”，刘小丽、田海燕、杨荣金；“第三章　生态风险相关理论基础”，叶亚平、李天威；“第四章　生态风险评价的相关方法”，段飞舟、田海燕、杨荣金；“第五章　区域开发生态风险源辨识”，黄沈发、白杨；“第六章　生态风险受体分析”，黄沈发、王卿；“第七章　区域开发生态风险表征与评价”，张玉环、李禺；“第八章　区域开发生态风险管理”，叶亚平、李天威、刘雪华；“第九章　不确定性分析”，任景明、刘佳宁。刘佳宁在历次汇稿统稿联络工作中做了大量工作，南开大学实习研究生许诺也在定稿阶段对书稿的校订做了工作。最后，特别鸣谢环境保护部环境工程评估中心、中国环境科学院、环境保护部华南环境科学研究所、上海环境科学研究院以及河海大学等单位及其专家与学者对本书编写的支持与贡献！

编　者

2012年3月

目 录

第一章 绪 论

近年来我国经济快速发展，各类区域开发活动加剧。2011 年全国新开工建设项目计划总投资达 240 344 亿元，同比增长 22.5%；施工建设项目计划总投资 632 121 亿元，同比增长 18.7%。各类开发活动在促进社会经济发展的同时，也给我国的资源环境造成了巨大压力。当前，我国经济社会发展的资源环境压力过大，资源相对不足，环境承载过大已经成为我国国情的基本特征。其中，产业空间无序扩张与生态安全格局之间的布局性矛盾日益突出，部分地区生态安全受到严重威胁；重化工业规模急剧扩张与资源环境承载力有限之间的结构性矛盾突出，部分区域、流域面临全面超载。

未来 20 年，我国还将处于工业化、城市化的快速发展时期，以环境保护优化快速发展地区的产业结构和空间布局，是解决未来刚性环境约束，促进中长期经济和环境协调发展的重要措施。随着对可持续发展、生态文明等发展理念理解的不断深入，以及对国土空间精细化管理要求的逐步提出，针对区域开发活动的生态风险评价研究逐渐成为环境保护领域的热点和趋势。

生态风险评价源于 20 世纪 30 年代，人们从这一时期开始关注意外事故对生命健康的威胁，经过多年发展，生态风险评价方法逐渐成熟，评价范围不断扩大。生态风险评价从单一风险源评价模式逐步向多重风险源评价模式发展，评价对象也从人体健康逐渐发展为生态系统乃至景观格局。

与发达国家相比，我国对生态风险评价的研究起步相对较晚，研究基础相对薄弱。本书探讨的区域开发生态风险评价的理论与方法，有助于理清区域开发生态风险的产生机制，有利于从源头预防环境污染和生态破坏，避免走“先污染后治理”的老路，及早预防区域发展中可能出现的生态风险，为后续开展区域生态风险评价与管理提供科学参考，对实行统筹规划、严格环境准入、加强环境监管具有一定的实践意义。

第一节 区域开发与生态环境的矛盾

“十一五”以来，我国经济持续快速发展，环境保护也呈现良好发展态势。党中央、国务院把环境保护放在了更加重要的位置，提出建设生态文明和建设资源节约型、环境友好型社会的战略任务；环境优化经济发展的作用逐步显现，环境保护在经济社会全面协调可持续发展中的作用显著增强；把主要污染物减排作为经济社会发展的约束性指标，污染防治和主要污染物减排取得明显成效。“十二五”时期我国大部分地区工业化开始进入从中期向中后期转变的阶段，城镇化率超过 50%。但与此同时，结构调整进度不快，资源环境约束不断强化，发展中不平衡、不协调、不可持续问题依然突出。当前，我国生态环境保护滞后，污染防治水平仍然较低，环境监管制度尚不完善，突出表现为污染物排放总量依然较大，改善环境质量压力加大，新老环境问题交织，农村环境基础设施建设滞后，环境基本公共服务供给不足，核与辐射安全监管能力亟待加强，生物多样性保护等全球环境问题压力日益加大。环境形势总体上是“局部有所改善，总体尚未遏制，形势依然严峻，压力继续加大”。例如环渤海、海峡西岸、北部湾等沿海经济区以其大量无序分布的石化、化工、钢铁、能源、造纸等“两高一资”型产业，给有限的环境容量和生态安全带来了巨大的压力[1]；黄河中上游能源化工区以煤炭开采、电力、煤化工、冶金等重化工产业及其传统式发展模式，给区域环境风险带来了不容忽视的隐患[2]。

一、环境污染形势严峻

2012 年 8 月 23 日，环境保护部网站公布了《2012 年上半年环境保护重点城市环境空气质量状况》（以下简称《空气质量状况》）。《空气质量状况》显示，在全国 113 个环境保护重点城市中，约七成城市达到《环境空气质量标准》要求，其中海口市环境空气质量达到一级标准，秦皇岛、呼和浩特、长春等 79 个城市达到二级标准。此外，33 个城市空气质量超标，北京、天津、石家庄、太原等 32 个城市空气质量为三级标准，乌鲁木齐空气质量为劣三级。2012 年上半年，113 个环保重点城市空气中二氧化硫、二氧化氮和可吸入颗粒物平均浓度分别为 0.040 mg/m^3、0.036 mg/m^3 和 0.086 mg/m^3，同比分别下降 9.1%、2.7% 和 5.5%。12 个城市二氧化硫浓度超标，所有环境保护重点城市空气中二氧化氮平均浓度达到二级标准。根据报告，26 个城市的可吸入颗粒物平均浓度超标。其中，超标最严重的为乌鲁木齐，可吸入颗粒物平均浓度劣于三级标准限值；兰州、北京、成都、铜川、济宁、西安等城市紧随其后。

2012 年上半年，环境保护部组织国家地表水环境监测网成员单位对我国长江、黄河、珠江、松花江、淮河、海河、辽河等七大水系，浙闽区河流，西南诸河，西北诸河以及太湖、巢湖、滇池等重点湖（库）进行了监测。监测结果表明：上半年，全国地表水环境质量总体为轻度污染，主要污染指标为化学需氧量、总磷和氨氮。Ⅰ～Ⅲ类水质断面比例为 51.5%，劣Ⅴ类水质断面比例为 15.5%。与上年同期相比，Ⅰ～Ⅲ类水质断面比例提高 3.7 个百分点，劣Ⅴ类水质断面比例降低 0.6 个百分点。

这些严峻的环境数据与一些地区不合理地发展重化工业有着密切的关系。例如环渤海沿海地区的石油化工、有色金属冶炼业、黑色金属冶炼业、加工制造业等行业是该区域超标污染物的主要来源，污染源周边的土壤和生物体内重金属、石油烃等污染物的累积明显，葫芦岛、锦州是重污染区，天津其次。东营生物体内 As、Pb、Hg 严重超标，而盘锦、天津、沧州也存在不同程度的污染。

二、资源胁迫加剧

自然资源既是人类赖以生存的重要基础，又是社会生产的原料、燃料来源和生产布局的必要条件与场所。一些自然资源的供需矛盾日益成为人们关注的热点话题。以水资源为例，我国的淡水资源总量为28 000亿m^3，占全球水资源的6%，仅次于巴西、俄罗斯和加拿大，居世界第四位，但人均只有2 300 m^3，仅为世界平均水平的1/4、美国的1/5，在世界上位于121位，是全球13个人均水资源最贫乏的国家之一。扣除难以利用的洪水径流和散布在偏远地区的地下水资源后，我国现实可利用的淡水资源量则更少，仅为11 000亿m^3左右，人均可利用水资源量约为900 m^3，并且其分布极不均衡。到20世纪末，在全国600多座城市中，已有400多个城市存在供水不足问题，其中较严重的缺水城市已达110个，全国城市缺水总量为60亿m^3。然而，在如此严峻的现实面前，一些产业的发展给原本紧张的稀缺资源增添了更重的负担。

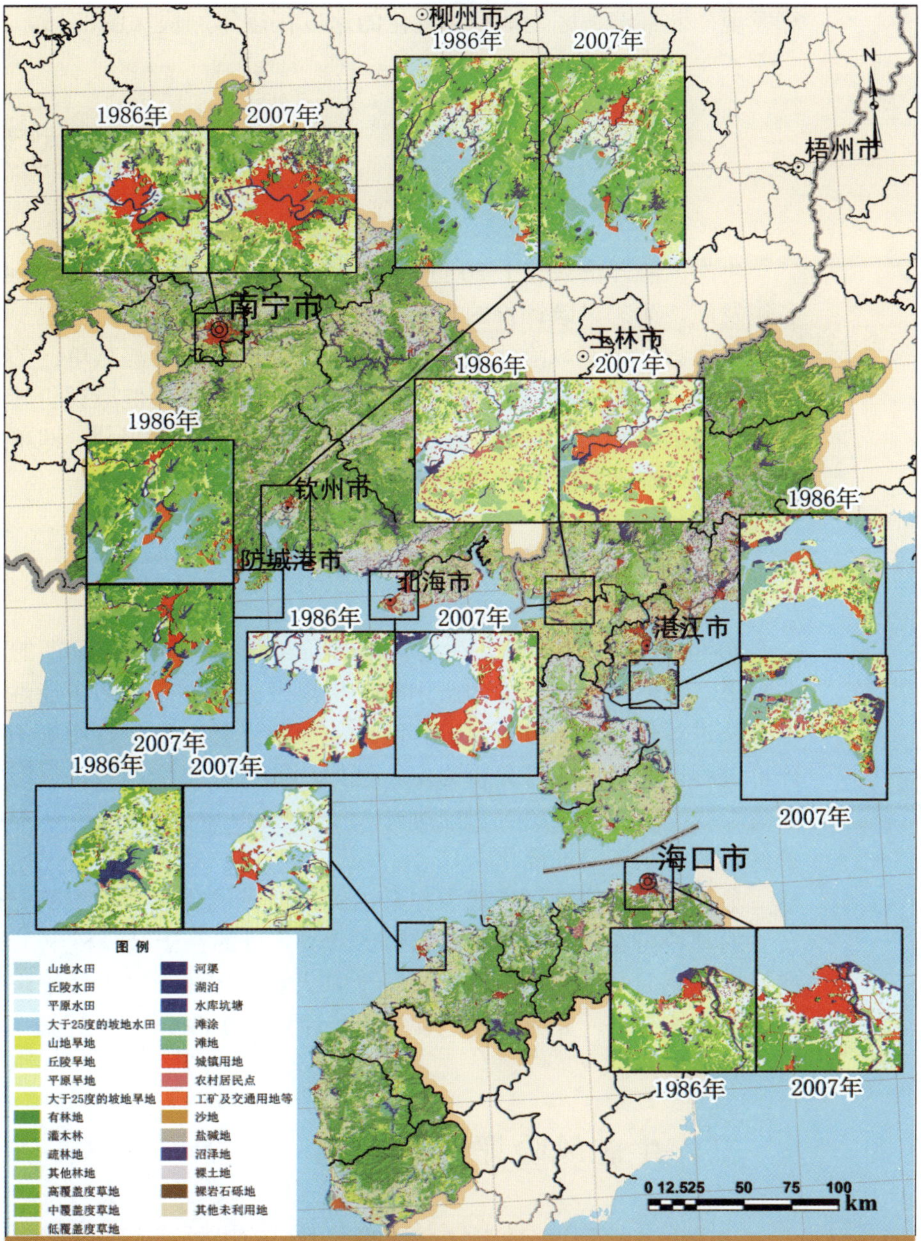

图1-1　北部湾经济区土地利用变化示意（1986—2007年）

以黄河中上游地区为例，如果按照地方的发展愿景，计算该地区重化工产业需水量、占地规模等，预计2015年和2020年分别有10个和12个地市水资源缺口较现状有较大幅度增加，尤其是银川、咸阳、运城等地市能源化工产业用水挤占地下水生态用水，在原有地下水降落漏斗范围取水，地下水降落漏斗面积及埋深将进一步增加；咸阳、忻州、运城、榆林等地市如非汛期能源化工产业用水挤占支流生态用水，支流断流现象将进一步加剧，鄂尔多斯遗鸥保护区湿地和红碱淖湿地可能继续萎缩。另外，国家核定的规划矿区中约60%位于强度以上沙漠化土地和土壤侵蚀区。若这些区域出现粗放型煤炭资源开采，将加剧土地退化，增加入黄泥沙量，不但影响土壤生态功能，而且将增加黄河下游泥沙淤积，对下游防洪安全构成潜在威胁。

三、土地利用变化显著

20 世纪以来，由于人口急剧增长，可利用的土地资源相对减少，土地利用问题逐渐引起世界各国的重视。人口向城市集中的趋势和城市占地面积的日益扩大，引起城市用地与国民经济其他部门用地，特别是农业用地的矛盾。

在北部湾地区，通过对 21 年间土地利用变化的分析发现，该地区耕地和草地面积明显减少，居民点等建设用地面积大幅增加。通过对土地利用类型的变化率与土地利用动态度的计算发现，北部湾地区土地利用变化的速度在逐年加快（图 1-1）。

第二节　生态风险评价的发展

生态风险评价兴起于 20 世纪中叶，研究多集中在发达的工业化国家，特别是美国。经过多年发展，生态风险评价的理论不断得到完善，评价的方法也更为成熟。回顾生态风险评价的发展历程，生态风险评价呈现如下转变特征：风险源从单一的化学因子扩展到多种化学因子及可能造成生态风险的事件；评价热点逐渐从人体健康评价转入生态风险评价；风险受体从人体发展到种群、群落、生态系统、流域和景观水平[3]，即单一压力源对单一受体的风险评价已经逐渐走向区域生态风险评价[4]。

一、生态风险评价的萌芽

20 世纪 30—60 年代，生态风险评价处于萌芽阶段，早期的环境风险评价便是生态风险的雏形。这一时期风险源的辨识与分析以发生意外事故的可能性分析为主，主要采用毒物鉴定方法进行健康影响分析，没有明确的风险受体，更没有明确的暴露评价和风险表征，整个评价过程以简单的定性分析为主。例如，关于致癌物的假定只能定性说明暴露于一定的致癌物会造成一定的健康风险。直到 60 年代，毒理学家才开发了一些定量的方法进行低浓度暴露条件下的健康风险评价[5]。

最早的环境风险评价代表作是由美国原子能委员会提出的一份《大型核电站中重大事故发生的理论可能性和后果》研究报告[6]，其目的在于减少核电工程事故的风险损失。1975 年在日本东京召开了人类环境国际科学家大会，Walter 提出环境影响评价应包括对政策的意外失误的影响分析，并应阐述适宜的应急计划，Hilborn 把上述概念应用到渔业发展中有关政策失败的后果分析[3]。

二、生态风险评价的兴起

20 世纪 70 年代，随着《寂静的春天》的出版，人们开始关注人类活动对生态环境所造成的影响。各工业国家的环境管理政策目标是力图消除所有的环境危害，或者将危害降低到当时技术手段所能达到的最低水平，但是现代工业文明带来的有害污染物质的存在是客观的，“零承受”与“零存在”实际上是不可能的，风险源的存在是不可消除的，关键是那些没有被有效控制的风险源将带来很大的问题，因此这种“零风险”的环境管理逐渐暴露出其弱点。

20 世纪 80 年代，生态风险评价得到很大发展。1992 年，美国国家环境保护局（USEPA）率先提出了生态风险评价的定义，即衡量由一种或多种压力所造成的，已经发生或正在发生的不利生态效应的可能性的过程。之后，众多专家和学者在 USEPA 的基础上，对生态风险评价都进行了重新定义，但其核心思想依旧是强调生态风险的危害性和不确定性[7-8]。同年，USEPA 公布了生态风险评价座谈会报告——《生态风险评价指南》[9]。

这一时期的风险评价方法已由定性分析转向定量评价；评价过程已较为系统化，即提出了风险评价“四步法”[10]：危害鉴别、剂量 - 效应关系、暴露评价和风险表征。同时，风险源和风险受体进一步明确，特别是针对不同组织水平的评价方法的提出为生态风险评价奠定了基础。这一时期生态风险的研究主要是针对单一化学污染物的生态风险评价和针对人体健康的生态风险评价。

1．单一化学污染物生态风险评价

20 世纪 80 年代初，针对单一化学污染物的生态风险评价成为研究热点，生态毒理学成为生态风险评价研究的重要理论依据。许多学者开始采用毒理分析的范式进行化学污染物的生态影响研究。

毒理评价依据等级试验的方法通过对生态终点污染物浓度与环境期望值的比较确定污染状况。等级试验可以包括多个层次，如物种、生活史、生物组织等。但生态风险评价因子单一，范围也仅限于小尺度的环境，主要是对某一种化学污染物在环境中暴露过程的观测和分析，采用的方法多为商值法和暴露 - 反应法。商值法是在保护受体的目标前提下设立参照浓度指标，用实际观测的环境浓度与之相比较来进行风险评价；暴露 - 反应法则主要是估测某种污染物的暴露浓度产生某种效应的数量，用暴露 - 反应曲线估测风险。此时环境效应评价的程序和方法也开始形成。此外，Johnson[11] 通过微观实验，对比受到化学毒害和未受化学毒害的系统动态，采用“状态空间”的办法，解决了风险影响结果的表达问题。Barnthouse 等[12] 采用了种群模型进行化学毒性对种群和生态系统的影响分析，表明化学毒理的生态影响是可以模拟的，但是需要实验和野外观测数据。

2．人体健康生态风险评价

20 世纪 80 年代后期，主要受面源污染的影响，特别是人们逐渐认识到人类自身是全球生态系统的组成部分，生态系统发生不良的变化将会直接或通过食物链间接影响人类自身的健康，而生态风险评价可以为保护和管理生态环境提供科学依据。这一时期生态风险评价中对人体健康的评价主要集中在致癌风险方面。

1983 年，美国国家研究委员会（NRC）提出的风险评价框架，其核心内容也是围绕人体健康与安全，指出生态风险评价不但要有可以明确表述影响的可能性，而且要有一个包含标准方法途径的明确框架。1986 年 USEPA 发布了致癌风险评价、致畸风险评价、化学混合物健康风险评价、发育毒物健康风险评价、暴露评价、超级基金场地危害评价和风险评价等指南，1988 年又发布了《内吸毒物和男女繁殖性能毒物等评价指南》[3]。1989 年，USEPA 还对 1986 年指南进行了修改。因此，从 1989 年起，风险评价的科学体系基本形成，此后不断发展和完善。1990 年，NRC 成立的风险评价方法委员会（CRAM）在进行广泛案例研究（涉及有毒化学物调节、濒危物种保护、控制外来物种引入、自然资源管理等）的基础上，将人体健康评价与生态评价纳入新的框架中[5]。

三、生态风险评价的发展

20 世纪 90 年代，USEPA 开展了一系列专题和案例研究，其中包括流域评价，直接导致了新的框架的产生[9]。USEPA（1998）的框架更强调评价者、管理者和所有者之间的讨论。USEPA（1998）框架颁布以后，又在一些专门领域有所发展，如水生生态系统、流域的生态风险评价等。USEPA（1998）的评价框架提供了一个完整的进行生态风险评价的过程，但是它没有充分体现出管理者和所有者的重要性。世界卫生组织（WHO）对 USEPA 框架进行了修改，把生态风险评价与风险管理、所有者参与放在并列的位置，进一步强调管理者与所有者的地位，更有助于生态风险评价参与决策管理[13]。生态风险评价作为风险管理和政策决策的支持功能已经凸显出来，管理者和所有者的地位已经从无到有，并发展到与风险评价同等的地位。在评价的数学方法上（统计模型），主要采用污染物扩散模型、种群动态模型等，风险影响效果多以定量化的生物有机体死亡率、生长发育、繁殖力等指标来表示。

1990 年，Carolyn Hunsaker 发表文章阐述如何将生态风险评价应用到区域景观上去，这是一篇具有里程碑意义的文章，它阐明了区域生态风险评价的基本概念和未来发展方向。这是第一次明确指出要将生态风险评价应用到区域景观尺度。由于将单因子的生态风险评价方法向区域生态风险评价外推存在许多不确定因素（如标准方法的缺失、数据的可得性以及缺少可能存在的风险统一定义等），导致评价变得困难[14]。如果在较大尺度上运用单因子评价法能满足技术上的要求，生态风险评价就可能成为推广环境管理和决策的可量化工具。由于传统评价范式逐渐不能满足不断发展的区域生态风险评价的需要，20 世纪 90 年代后开始出现“等级斑块动态范式”（HPDP）等新的研究范式，兴起了将区域生态风险评价推向一个更大时空尺度的研究热潮[15]。在这个阶段，区域生态风险评价的特点是，强调在评价过程中更加关注压力和受体的相对空间位置关系，将空间因子纳入评价体系中去。20 世纪 90 年代末至 21 世纪初期，科学家们开始尝试在水域及其他可比的景观尺度上进行生态风险评价。Landis 等[15]和 Wiegers 等[16]提出区域生态风险评价的关键因素应包括统一的多种风险源、历史事件、空间结构和多个生态终点，虽然适宜的空间统计和确定性分析方法还需进一步发展，但景观尺度的生态风险评价已成为可能。区域生态风险评价已由单纯的化学污染物向更大范围的环境风险源扩张，包括城市化、土地利用、捕鱼和气候变化等。为实现区域多风险源的综合评价，区域相对风险评价模型（relative risk mode，RRM）应运而生[17]。RRM 目前已成功应用于多种不同的区域生态风险评价领域，如海岸生态系统、靠近陆地的水域生态系统等。与传统的生态风险评价相比，区域生态风险评价通过将风险扩展到多种生境领域，可综合评价风险源、生境受体和评价终点之间的整体效应。

进入 21 世纪，区域生态风险评价的研究案例逐渐增多，并在不同类型区域开展了一系列区域生态风险评价，其综合性的特点尤为突出[18]。区域生态风险评价的主要内容是调查并确定区域尺度生态系统及其组分的风险源，预测风险出现的概率和损失大小，并据此提出相应的防范措施。在进行区域生态风险评价的过程中，科学家们逐渐认识到，区域环境特征不仅影响风险受体的行为、位置等，也影响到风险压力因子的时空分布规律[19-20]。区域生态风险评价强调区域性，是在区域水平上描述和评估环境污染、人为活动或自然灾害对生态系统及其组分产生不利作用的可能性和其作用大小的过程。区域生态风险评价所涉及的环境问题的成因及结果都具有区域性。付在毅等[21]将区域生态风险的评价方法步骤概括为研究区的界定和分析、受体分析、风险识别与风险源分析、暴露与危害分析及风险综合评价几个部分，强调区域生态风险评价中区域社会、经济、自然环境状况的分析是区域风险评价的基础，并详细阐述了如何针对区域特点进行风险源、风险受体的判定及暴露与危害分析和风险综合评价。该方法一方面，在概念模型的构建上充分体现了生态系统基本状况，分析了可能造成区域生态风险的因子（包括化学物质、生态事件或自然灾害、人类活动的影响等），并按照生态系统的等级结构进行风险受体选择和风险表征；另一方面，在以往的统计方法（数学模型）基础上，探求新的方法进行评价，使其更适合区域尺度的风险表征。

第三节　区域开发生态风险评价的意义

目前我国正处于快速工业化和大规模城市化时期，区域开发规模和污染物排放强度的继续加大，不断触及资源与环境脆弱的底线。生态风险评价作为环境决策的前置环节，为环境管理甚至是产业发展提供了重要的信息支持。利用生态风险评价的手段研究区域开发活动造成的生态风险，有利于从较长的时间尺度与较广的空间尺度上预见区域开发活动对生态环境造成的不良影响，有助于理清开发活动与区域性生态退化之间的关系。进而依据区域开发生态风险评价确定的红线指导我国产业发展与布局，达到从源头预防生态破坏的目的，从而实现利用环境保护倒逼经济增长方式转型，促进社会和经济的可持续发展。

一、认识产业发展带来的区域生态风险

由于人类的短视和对经济利益的盲目追求，一些地区常常存在不计环境代价发展重化工业或是引入当地资源环境不适合的产业等现象，给当地环境带来了巨大压力，浪费了宝贵的自然资源，增加了区域开发的生态风险。由于风险源的多元性和受体的多层次性，区域开发生态风险宏观上表现得更具隐蔽性和复杂性。

区域开发生态风险评价拥有较完善的评价流程，可以为理解区域开发生态风险形成的复杂机制提供清晰的思路。风险源识别作为第一个环节，是一个透过现象看清本质的重要环节，风险源识别过程展现了不同生产活动产生的环境问题的共性本质；受体分析过程反映的是风险源在不同层次受体上的表现形式和风险的演化过程；风险表征环节是运用科学的评价模型量化生态风险评价结果的过程。人们沿着风险源识别、受体分析以及风险表征逐层递进的评价思路，有利于了解区域开发生态风险的形成过程和机制，从根源上认识区域开发的潜在生态风险。

二、建立区域开发生态风险的预警机制

区域生态风险评价的核心作用是风险预警。生态风险预警是确定区域生态环境质量和生

态系统状态在人类活动影响下的变化趋势、速度以及达到某一变化阈值的时间等，并按需要适时地提出恶化或危害变化的各种警戒信息及相应的对策措施[22]。生态风险预警集中研究了生态系统质量或状态的逆向变化即退化、恶化的过程和规律，提出及时的警告和对策。正向演化不需预警而只需研究如何开发、利用和保持[23]。

风险预警首先要提出预警信号，例如草地退化风险预警信号产生的过程是：草地现状分析—草地所在区域水资源利用情况—地下水位下降—提出预警信号。预警信号提出需要根据活动的生态危害程度设定预警级别，接着根据定性判断和定量分析提出每个级别的预警指标，即危害阈值。风险预警的初级目标是提出风险防范措施，终极目标是将风险预警的结果反馈给政府管理部门，用于调控区域的开发规模、布局、产业结构。

生态风险评价的一个重要角色是为政府决策者服务，政府决策部门、规划部门和环境管理部门都是区域开发生态风险评价所涵盖的服务对象。区域开发生态风险评价的结论将为政府提供决策依据和理论支持。风险评价部门在对区域生态现状勘察的基础上，分析区域开发活动和区域生态退化之间的关系，预测未来经济开发活动对区域生态产生的不利影响，提出风险预警。风险管理部门以风险预警为依据建立相应的风险管理机制进而提出相应的风险措施预案。

三、指导区域产业的发展和布局

区域开发活动中产业的发展规模和结构不当与重大布局失序是导致区域开发生态风险产生的重要因素。产业的发展规模与结构布局如何与区域的生态环境现状相适合是环境管理的难点与重点，也是区域开发生态风险评价要重点解决的问题。

区域开发生态风险评价过程充分考虑了风险源和生态环境的时空耦合性，依据评价结果可以明确界定区域开发活动过程中各类生态红线，从而有预见性地设计产业发展，规划产业布局，在充分考虑环境利益和生态安全的同时发展经济，探寻环境保护与经济增长共赢的发展模式。

参考文献

[1] 李巍．沿海经济区发展规划环境影响评价理论、方法与实践 [M]. 北京：科学出版社，2010.

[2] 黄丽华，胡志瑛，舒艳，等．黄河中上游能源化工区重点产业发展战略生态风险评价 [J]. 四川环境，2011，30（2）：57-63.

[3] 陈辉，刘劲松，曹宇，等．生态风险评价研究进展 [J]. 生态学报，2006，26（5）：1558-1566.

[4] 颜磊，许学工．区域生态风险评价研究进展 [J]. 地域研究与开发，2010，29（1）：113-118.

[5] NRC（National Research Council）. Issues in risk assessment[M]. Washington D C：National Academy Press，1993.

[6] USAEC，Washington D C，Thorteical E C. Possibilities and consequences of major accidents in large nuclear power plants，1975.

[7] Suter G W Ⅱ . Ecological risk assessment[M]. Boca Raton：Lewis Publishers，1993.

[8] Lackey R L. Ecological risk assessment[J]. Fisheries，1994，19：8-14.

[9] United States Environmental Protection Agency. Guidelines for ecological risk assessment. Washington D C：United States Environmental Protection Agency，1998.

[10] National Academy of Sciences（NAS）. Risk assessment in federal government：managing the process[M]. Washington D C：National Academy Press，1983.

[11] Johnson A R. Evaluation ecosystem response to toxicant stress：a state space approach//Adams W J，Chapman G A，Landis W G. Aquatic toxicology and hazard assessment. 1988，10：275-285.

[12] Barnthouse L W，Suter G W，Rosen A E. Inferring population-level significance from individual-level effects：an extrapolation from fisheries science to ecotoxicology. 1998，11：289-300.

[13] Suter G W Ⅱ，Vermier T，Munns W R，et al. Framework for the integration of health and ecological risk assessment[J]. Human and Ecological Risk Assessment，2003，9.

[14] Twining J R，Cameron R F. Decision making processes in ecological risk assessment using copper pollution of Macquarie harbour from Mt. Lyell Tasmania，as a case study. Hydrobiologia，1997，352.

[15] Landis W G，Wiegers J A. Design considerations and a suggested approach for regional and comparative ecological risk assessment[J]. Human and Ecological Risk Assessment，1997，3：287-297.

[16] Wiegers J K，Feder H M，Mortensen L S，et al. A regional multiple stressor rank based ecological risk assessment for the fjord of Port Valdez，Alaska[J]. Human and Ecological Risk Assessment，1998，4.

[17] Burton G A，Chapman P M，Smith E P. Weight of evidence approaches for assessing ecosystem impairment[J]. Human and Ecological Risk Assessment，2002，8：1657-1673.

[18] Hope B K. An examination of ecological risk assessment and management[J]. Environment International，2006，32：983-995.

[19] Rachel N Wallack，Bruce K. Quantitative consideration of ecosystem characteristics in an ecological risk assessment：a case study[J]. Human and Ecological Risk Assessment，2002，8（7）：1805-1814.

[20] Willis R D，Hull R N，Marshall L J. Consideration regarding the use of reference area and balance information in ecological risk assessment[J]. Human and Ecological Risk Assessment，2003，9（7）：1645-1653.

[21] 付在毅，许学工. 区域生态风险评价 [J]. 地球科学进展，2001，2（16）：267-271.

[22] 傅伯杰. 区域生态环境预警的原理与方法 [J]. 应用生态学报，1993，4（4）：436-439.

[23] 陈国阶，何锦峰. 生态环境预警的理论和方法探讨 [J]. 重庆环境科学，1999，21（4）：8-11.

第二章　区域开发生态风险评价

第一节　区域开发生态风险评价的相关概念

区域开发生态风险概念是建立在生态风险概念基础上的，其所要强调的是生态风险的来源——区域开发活动，因此它既区别于生态风险来源为单一项目层次的生态风险（当大型项目带有明显的区域开发性质时除外），也区别于具有突发性和存在一定概率的事故性风险。虽然区域开发生态风险研究正日益受到重视，但对区域开发生态风险却并无明确公认的界定。对于区域开发生态风险评价的研究首先需要界定区域开发生态风险的概念，这是进行区域开发生态风险评价的基础。

区域开发生态风险强调的是区域开发活动所导致的区域性的生态风险，其目标是通过对区域开发所导致的生态风险的分析，达到对区域开发活动风险预警的目的。本书谈到的区域开发生态风险强调的是区域开发活动与区域生态风险之间的因果关系，集中在“源—路径—受体—响应预测—风险预警”的全过程分析和研究中。区域开发生态风险虽然评价的是区域开发活动导致的区域性的生态风险，但从全面、准确考量区域生态风险和达到真正预警的目的出发，仍然需要考虑由于自然因素和除区域开发活动之外的其他人类活动导致的区域性生态风险，即将自然因素导致和除区域开发活动之外的其他人类活动所导致的区域性生态风险作为背景，叠加区域开发活动导致的生态风险作为区域生态风险的最终预警值。

本书中，我们将区域生态保护目标作为评价的基准，在此基础上开展区域生态风险评价，并最终确定区域生态风险的最终预警值。其中，区域生态保护目标是以区域所在空间位置、区域生态敏感性、脆弱性和重要性等生态特征为基础，通过综合考虑区域生态现状问题、区域生态功能定位等而最终确定的。根据研究目的及区域特征，区域生态保护目标既可以是概括性、方向性的表达，也可以是指标性的表征。对于不同的区域，区域生态保护目标不同，相应的区域生态风险表征指标也不同，但表征区域开发生态风险的指标通常不会采用表征建设项目生态风险的概率指标。

一般而言，生态风险评价是从“源—路径—受体—响应—风险”的角度进行评价，这是一种顺向思维。由于区域开发涉及的活动众多，层次复杂，不确定性大，风险源众多，按照“源—路径—受体—响应—风险”的一般程序，工作量大，且难以分析区域生态风险，通过实践，我们认为将区域生态保护目标确定作为起点，在此基础上评价区域开发生态风险是一种解决区域开发生态风险不确定性的有效方式。在五大区域重点产业发展战略环境评价实践中，我们是按照区域生态保护目标确定—区域生态系统响应—区域生态风险传递路径—区域生态风险源分析—区域生态风险背景分析这一程序开展评价工作的，但为了与一般风险评价方法相统一和对接，在本书中我们按照一般风险评价的程序对区域开发生态风险的概念进行了界定和研究。

一、区域开发生态风险的内涵

1. 区域开发概念的界定

要界定区域开发生态风险，首先要明确什么是区域开发。本书所讲的“区域开发”不同于《开发区区域环境影响评价技术导则》中“开发区”的概念，开发区是指国家或地方政府批准建设的各种类型的开发区，如经济技术开发区、高新技术开发区、保税区、各种类型的工业园区等，开发区的面积一般在 1 km^2 到几十平方公里不等，且涉及多个行业，开发区区域环境影响评价是以区域开发规划为依据从整体上综合考虑区域内拟开展的各种社会活动对环境产生的影响。一般而言，区域开发是一种包括政治、经济、文化等功能实现在内的综合性开发，是一种社会投入产出系统，是一种人类组织资源、获得产出的组合形式。经济功能是区域开发中最主要的，但不是唯一的功能，是区域社会形态存在和发展的起源和原动力。本书所讲的“区域开发”的范畴与一般区域开发一致，但又不同于一般区域开发，本书所涉及的“区域”是根据我们的研究范围和生态保护目标而确定的。本书所谈区域开发活动是指在所关注和研究的区域空间范围内有计划地对区域资源进行挖掘、开发和综合利用以及对外来资源的加工利用等各种经济社会活动，包括了资源开发、经济开发、社会开发和文化开发等诸多的人类活动，强调的是研究区域内所有经济开发活动对整个区域的影响，因此本书所界定的区域开发涉及面积更大、性质更复杂、不确定因素更多。

2. 生态风险的概念

由于对风险的理解、认识程度以及研究角度不同，不同的学者对风险概念有着不同的解释，但可以归纳为以下几种代表性的观点。第一，风险是事件未来可能结果发生的不确定性，也就是说风险就是结果的不确定性，这是在实际中广泛认知的概念；第二，风险是损失发生的不确定性，这种观点也强调了不确定性，但不同之处是强调了“损失”；第三，风险是指可能发生损失的损害程度的大小，这里强调了“损害程度”；第四，风险是指损失的大小和发生的可能性，这里是把“损失程度”和“发生概率”两个指标进行了综合考量；第五，风险是由风险构成要素相互作用的结果。虽然对于风险的概念有着不同的认识，但可以看出，风险概念基本的核心是“未来结果的不确定性或损失的不确定性”，也就是说一种定义强调了风险表现为不确定性，而另一种定义则强调风险表现为损失的不确定性。而生态风险也包含着不确定性，对象是生态系统及其组分。一般认为，生态风险是具有不确定性的事件（如环境污染）或灾害对生态系统及其组分可能产生的不利作用，包括对生态系统结构和功能的损害，具有不确定性、危害性、客观性、复杂性和动态性等特点。生态风险评价就是评价发生不利生态影响可能性的过程，简言之，就是指在生态系统受到一个或多个胁迫因素影响后，对不利的生态后果出现可能性的评估。

3．区域开发生态风险与区域生态风险的差异

区域生态风险的概念是在生态风险概念的基础上发展起来的，而区域开发是区域所有活动中的一部分，因而区域开发生态风险和区域生态风险都是建立在生态风险概念的基础之上，但二者既有区别又有联系。

区域生态风险评价的概念是指在区域尺度上描述和评估环境污染、人为活动或自然灾害对生态系统及其组分产生不利作用的可能性和大小的过程[1]，其目的在于为区域风险管理提供理论和技术支持。从此概念中可以看出区域生态风险评价的范围是区域尺度，风险源是人类活动和自然因素带来的所有风险，所强调的是区域内所有的人类活动和自然因素带来的风险，包括了城镇化过程中引起的生态风险，生物技术引起的生态风险，外源生物引入导致的生态风险，人类掠夺性开发引起的生态风险以及自然因素导致的生态风险。

本书所讲的区域开发生态风险是人类带有目的性的开发活动造成或引起的区域生态系统及其组分的危害的可能性和大小，强调的是人类开发活动带来的风险，关注的重点是人类开发活动对生态系统及其组分的危害及危害的大小，风险源是人类的开发活动，而将自然因素带来的生态风险作为背景值予以叠加，因此区域开发生态风险的风险源是少于区域生态风险的。

4．区域开发生态风险和单个项目风险的差异

单个项目生态风险和区域开发生态风险既有共性又存在着差异性。本书所讲的单个项目生态风险不是项目建设过程中产生的风险，而是项目建成后项目本身对周边生态环境带来的累积性的不利影响，这种影响是必然发生的，但影响的大小是不确定的。如黄河小浪底工程，水库运营后对周围生态环境带来的影响日渐严重，随着时间的推移，黄河下游引黄灌区排水河道淤积加重，自流灌区与背河洼地等成为发生土壤次生盐碱化的危险区[2]。

区域开发生态风险和项目生态风险的共性表现在空间上的区域性和时间上的累积性，风险都来自对生态环境造成的不利影响的长期累积，都要经历一个量变到质变的过程。例如：成渝经济区内及周边的主要江河（包括长江干流上游、金沙江、大渡河、嘉陵江、沱江、岷江上游）均已被水电梯级枢纽工程截断，对“长江上游珍稀特有鱼类保护区”形成了合围的态势，大坝阻隔、下游河床冲淤变化、长江干流港口和码头建设及航道疏浚、废水排放等影响叠加，长江上游珍稀特有鱼类的生境条件将进一步退化、缩小、丧失；水电梯级开发叠加影响导致珍稀特有鱼类生境逐渐丧失。

区域开发生态风险与项目生态风险的差异性表现在风险源的复杂程度不同。区域开发生态风险的风险源不止一项，包含了研究区域内所有人类的开发活动，而项目生态风险仅关注单个项目对风险受体的影响，风险源相对较为单一[3]。

5．区域开发生态风险和事故性生态风险的差异

事故性生态风险也是生态风险的一种，但和区域开发生态风险又有很大差异，二者的主要区别表现在时间尺度上。事故性生态风险是突发性事件造成的，如海洋溢油事件、地震等，因而事故性生态风险的特点具有突发性，因而也存在一定的概率。例如，自 1974 年以来胶州湾共发生溢油事故 200 多起，其中 30 t 以上的溢油事故发生 9 次，100 t 以上的溢油事故发生 5 次。1990 年以来，由于采用了高科技助航、导航和海上交通自动管制系统等措施，胶州湾

内未发生类似较大的溢油事故，事故概率明显下降。但随着胶州湾港口经济的不断发展，进出海湾的油品数量和船舶量在持续增加，加之胶州湾固有的船舶通航环境和气象因素，事故概率也将随之上升，胶州湾将面临较大的溢油事故风险[4]。而区域性生态风险是区域生态环境中存在的不利影响的长期累积，要经历一个量变到质变的过程，因此不存在一定的概率。例如，厦门文昌鱼主要分布在黄厝和十八线海区，通过近 20 年对文昌鱼的监测数据表明，因沉积环境变化、过度捕捞和围填海等长期人为干扰，其栖息密度和生物量逐年下降，厦门文昌鱼种群存在较大风险[5]。

二、区域开发生态风险的外延

1．区域开发生态风险的显隐性

风险是确定存在的潜在危害的可能性，可以通过对现状和未来发展趋势的分析预测风险，风险在不同的阶段具有不同的显隐性。在区域开发生态风险的评价阶段风险是显性的，具有一些风险表征，如湿地萎缩、河流径流减少、草地退化、群落优势种消失、建群种消失等一些区域生态脆弱性的表现，是区域的原生风险，具有显性特征。开发活动带来的风险是潜在的风险，这种风险是在区域原生风险的基础上衍生的次生风险。比如某区域湿地出现萎缩，如果在没有开发活动影响的情况下，由于气候等因素湿地也存在继续萎缩的风险，但因开发活动将占用湿地补给水源，湿地萎缩风险加大，湿地动植物物种将减少，因而可能出现湿地生物多样性降低的风险，这种风险在现阶段是不能直观表征的，具有隐性特征。因此，区域开发生态风险在评价阶段是显性的，但未来产生的风险是隐性的。

2．区域开发生态风险的作用

生态系统可分为结构、过程、功能三个层次，区域是一个复合生态系统，因而区域开发生态风险也分为三个层次，每个层次的风险都有不同的体现。

（1）生态系统结构风险

生态系统是由生物与非生物相互作用结合而成的结构有序的系统。生态系统的结构主要指构成生态的诸要素及其量比关系，各组分在时间、空间上的分布，以及各组分间能量、物质、信息流的传递与途径。生态系统结构主要包括组分结构、时空结构和营养结构三个方面。生态系统结构风险主要是由于人类活动导致生态系统结构的不完整、不合理而给整个生态系统带来的风险。例如，森林生态系统，人工种植单一林降低了生物多样性，同时增加了森林病虫害大面积发生的概率；再如，据东北林业大学林学系 1996 年在绥化地区的调查显示，在同一环境中，落叶松纯林中每株落叶松松毛虫的虫口密度平均达 92 条，而落叶松与水曲柳的混交林中，每株树平均虫口密度不到 1 条；7 年生小青杨纯林烂皮病发病率为 16.1%，而相邻的小青杨与胡枝子的混交林中发病率仅为 5%，由此可见这种纯林结构的森林病虫害容易蔓延成灾，而混交林结构森林则生长正常[6]。同时，不同生态系统之间相互影响或干扰，可能带来格局破坏或不稳定的风险。例如，在一个森林生态系统中，上层是乔木层、中层是灌草层、下层为水域湖泊。在这样一种格局下，上层的乔木层减少将导致乔木层涵养水源能力的降低，那么中层灌草层因地下水位的降低，生态用水供应不足，引发退化的风险，湖泊也因地下水位降低而水源不能及时补给，面临水域面积减小甚至干涸的风险。

（2）生态系统过程风险

生态过程是生态系统实现功能的重要环节，生态过程是生态系统能量流动和物质循环的载体，因而生态过程变化也会产生生态风险，如水土流失。由于存在水土流失过程，土壤表面有机物质逐渐被剥离、侵蚀，土壤逐渐贫瘠，有机质含量降低，土壤生产力将下降甚至消失。据统计，长江、黄河两大水系每年流失泥沙量达 26 亿 t，其中含有的有机肥料相当于 50 个年产量为 50 万 t 的化肥厂的总量。此外，随着侵蚀沟壑的加深，区域景观破碎化加剧，流失的土壤会淤积于水库，堵塞河道，抬高河床，河床的变浅影响航运，增加洪涝灾害发生的风险。

（3）生态功能的风险

生态系统的两大功能是物质循环和能量流动。处于正常运转状态的生态系统能流和物流都不会对系统造成风险，但当能流或物流处于不正常状态，生态系统将会面临风险，如水体富营养化。水体富营养化是在人类活动的影响下，氮、磷等营养物质大量进入水体，引起藻类及其他浮游生物迅速繁殖进而对水生生物产生不利影响。这种风险是由于生态系统中氮、磷等营养物质的正常流动受阻而造成的。

3. 不同生态系统类型风险源差异

区域生态系统是一个复合生态系统，包含了多个生态系统类型。每个生态系统的主要开发活动不同，因而主要生态风险也有差异。

三、区域开发生态风险的概念

1. 区域开发生态风险的定义

区域开发生态风险是在已知区域开发活动及其对生态系统产生影响的前提下，由开发活动引起生态系统结构变化，经过生态过程传递最终反映在生态系统功能降低，从而背离区域生态保护目标的程度与可能性。

1）自然灾害等生态系统原发性风险属于背景值，视为一个稳定的常量，而不视为区域开发生态风险源。

2）生态系统结构的变化不作为表征风险的依据，而作为风险源对受体发生作用的初始环节。

3）风险的形成机制是风险源直观地改变生态系统结构，进而伴随着生态系统过程传递，最终表现为生态系统功能的退化。当生态系统功能明显背离区域生态保护目标则视为区域开发生态风险发生。

从区域开发生态风险的定义可以看出，区域开发生态风险研究内容是区域开发活动导致的生态风险，关注的重点是区域开发活动引起的生态风险，通过我们的研究，认为区域开发生态风险的风险源可以分为污染累积、资源消耗和空间占用三大类。

由于风险是一种不确定性的危害，在时间尺度上是一个长期逐渐累积的过程，短时间内不能被察觉，因此区域开发生态风险具有隐性特征。此外，区域开发生态风险评价的空间范围是区域尺度，“区域”是空间上伸展的非同质的地理区，是复合生态系统，因而含有多个生态系统类型，不同生态系统类型的风险源不同，因此由区域开发导致的各种生态风险具有显著的差异性。

区域开发生态风险的风险受体是生态系统结构、过程和功能。风险源通过对受体作用，

表 2-1　不同类型生态系统风险源差异

生态系统类型	主要开发活动	主要生态风险	生态风险源
森林生态系统	1. 林纸一体化 2. 基础设施建设 3. 木材产业发展 4. 生物资源开发 5. 森林旅游业	1. 森林服务功能下降 2. 森林土壤生产力下降	1. 资源消耗 2. 空间占用
草原生态系统	1. 草原畜牧业 2. 草原旅游业 3. 基础设施建设 4. 草原工矿业 5. 上游水资源开发	1. 草原服务功能下降 2. 草原生产力下降 3. 草原景观破坏	1. 资源消耗 2. 空间占用
荒漠生态系统	1. 水资源开发利用 2. 矿产开发 3. 基础设施建设	1. 荒漠植被的破坏 2. 荒漠物种多样性降低	1. 资源消耗 2. 空间占用
湿地生态系统	1. 湿地直接占用 2. 湿地水资源开发利用 3. 水电梯级开发 4. 航运业发展	1. 湿地萎缩、干涸 2. 生物多样性下降 3. 水电开发带来水域生物多样性降低、沿岸农田淹没、下游生态需水保障的风险	1. 资源消耗 2. 空间占用 3. 污染累积
农田生态系统	1. 城镇化 2. 污水灌溉 3. 基础设施建设 4. 水资源开发 5. 过量化肥使用	1. 粮食产量下降 2. 粮食安全风险 3. 面源污染	1. 资源消耗 2. 空间占用 3. 污染累积
海洋生态系统	1. 海洋生物资源开发 2. 油气资源开发	海洋生物多样性风险（海岸潮间带）	1. 资源消耗 2. 污染累积
城市生态系统	1. 土地资源开发 2. 水资源开发	1. 地下水漏斗 2. 城市绿地生态功能下降	1. 资源消耗 2. 空间占用 3. 污染累积

引发生态功能背离区域生态保护目标，进而对生态系统产生危害。区域开发生态风险的作用过程表现为风险直接影响甚至改变生态系统结构，且伴随着生态系统过程传递，最终在生态系统功能上得以反映。尽管区域开发生态风险源和风险受体类型是确定的，但风险源强、风险形成过程以及生态功能与风险强度的博弈过程是不确定的，因此区域开发生态风险具有很强的不确定性。

2. 区域开发生态风险评价

区域开发生态风险评价是以区域生态保护目标为参照，评价区域范围内已知的区域开发活动导致的生态系统功能退化的可能性和程度的过程。

评价对象是区域开发活动，涉及能源、化工、有色冶金、农业、交通等多个行业。

评价基准是区域生态保护目标。评判标准以评价区域内的开发活动导致生态风险的发生与否、风险的大小和生态系统功能背离区域生态保护目标的程度来衡量。不同区域由于生态保护目标不同，区域开发生态风险的评判标准也有所差异。例如环渤海沿海地区的生态保护目标是“生态保护底线不突破，重要生态功能不降低，生态系统结构稳定，生态质量不恶化，初步构建生态文明与经济社会协调发展格局，使其成为增长转型的示范区”；而海西地区由于生态环境质量较为优越，林木生长、植被覆盖状况良好，生物多样性丰富，因此该地区的生态保护目标是“生态环境质量继续保持全国先进水平”。

评价范围不仅局限于区域开发活动范围，还包括风险源通过生态过程可及的区域。

第二节　区域开发生态风险基本特征

区域开发生态风险作为生态风险发展的一个阶段，主要特征包括不确定性、危害性、内在价值、客观性[4]。区域开发生态风险是以生态风险为基础，因此区域开发生态风险除具有生态风险的部分特征外，同时也具有一些个性特征。主要表现在以下几方面。

一、不确定性

不确定性是区域开发生态风险最重要的特征。区域开发生态风险的不确定性比生态风险的不确定性更大。生态风险的不确定表现在风险源的多样性和风险形成机制的复杂性。人们事先难以准确预料危害性事件是否会发生以及发生的时间、地点、强度和范围，只有通过长期经验积累得出的概率信息，从而根据这些信息去推断和预测生态系统所具有的风险类型和大小[5]。然而除此之外，由于区域开发生态风险涉及众多经济社会活动，风险源更多、更复杂，不同风险源之间还存在叠加效应，不确定性更大。区域开发生态风险的不确定性主要表现在下列三个方面。

1．风险源不确定

区域开发活动涉及多个行业和领域，包含经济、社会、文化等多个方面，涉及的项目众多，规模不等，层次复杂。区域开发活动时常受到主观、客观因素的影响，因此开发活动及项目建设对生态环境带来的风险事先不能完全预料。同时，区域开发包含了多种开发活动，每种开发活动的风险源不同，而这些开发活动之间相互影响、相互联系，这些活动引致的风险源也存在着相互叠加、相互影响，因此这些风险源的不确定性很大。

2．风险传递路径不确定

由于生态系统是一个开放系统，系统内部与各种系统之间不断地进行物质交换和能量流动，因此生态风险可以通过大气、水体、土壤、食物链、动植物迁移、人为活动等多条路径或水土流失、荒漠化、沙化等生态过程传递，具有极大的不确定性。此外，区域是一个复合生态系统，因而组分多样，即使同一风险也可以通过生态系统的不同组分传递，因此生态风险的传递路径也存在不确定性。

3．生态响应不确定

区域是一个复合生态系统，包含多种生态系统类型，不同类型生态系统之间又存在物质交换和能量流动，因而不同风险源之间存在相互叠加，风险源的不确定性增大。区域是一个空间尺度，同一区域不同地点的地理背景、资源条件、生态敏感性与脆弱性有差异，因此同一风险源作用于区域的不同位置引起的生态效应也将不同。例如 SO_2 污染，在区域内 SO_2 通过大气传播，当其传播到人群密集的生活小区时，SO_2 对系统内的人类健康产生极大的威胁，生活小区对 SO_2 污染响应较大；但当 SO_2 传播到人烟稀少的乡间农田时，SO_2 污染不会对农田造成威胁，农田响应不强烈。同时，区域内的生态系统组分类型复杂多样，同一风险源对区域同一生态系统的不同组分产生的生态效应也不相同，因而区域生态风险的响应也具有不确定性。

二、空间异质性

空间异质性是区域开发生态风险的另一个重要特征。不同于非区域性的生态风险评价，区域开发生态风险评价主要研究区域内各生态系统所承受的风险，所以在评价生态风险时，必须注意到参与评价的风险源和其危害的作用结果对区域中的不同地点是不同的，即生态风险具有空间异质性。这种地域分异现象在非区域风险评价中是不必考虑的，但在区域风险评价中却至关重要。例如，大气污染造成的风险在同一区域的不同地方的表现形式和危害程度都是不同的。以山西平遥县为例，由于平遥古城的保护和开发对空气质量要求较高，因此对其上空或者周边区域的大气污染非常敏感，大气污染为这个区域的主要风险源，而平遥县的昌河一带村庄密集，主要生产活动为旱地农业，此区域对水资源的短缺非常敏感，因此这个区域的主要风险来源是水资源，所以大气污染在这个区域的危害性低于水资源短缺[7]。区域开发生态风险的空间异质性表现在以下几个方面。

1. 生态保护目标的差异性

区域生态保护目标是区域开发生态风险评价的基础。由于区域是一个多种类型的复合生态系统，包含了多种生态系统类型，而且不同地域的生态系统服务功能不同，因此，不同的生态系统其生态保护目标也存在着差异。保护目标的差异还体现在不同的发展阶段有不同的目标。例如，同样是沿海地区，环渤海沿海地区与海峡西岸经济区的生态保护目标存在较大差异，因此针对不同的区域和生态系统，生态保护目标具有差异性。

2. 风险传递路径差异

区域既是一个空间非同质的地理区又是一个复合生态系统，因此同一个风险在区域的不同地理区及生态系统之间的传播路径不同。例如重金属污染，区域中重金属污染源在源头上通过水体流动传递，传递到农田时，又通过地表水经土壤传递至地下水，土壤中的重金属传递后经食物链进入人体，进而造成人群健康风险。

3. 受体差异

受体的空间异质性表现在同样类型的区域开发行为在不同的区域、不同的生态单元其生态风险不同，因而风险受体也有差异。例如同是矿业开发活动，在草原区域风险受体就是草原重要草种，在森林区域风险受体就是森林里优势树种，在湖泊区就是湖泊中敏感的水生生物。

三、动态变化

区域开发生态风险的动态变化是由于区域生态系统演替与开发活动具有阶段性的特征，区域生态系统不同的演替阶段其风险也不同。例如幼林生态系统主要是存活的风险，而成熟林生态系统主要是人类采伐、自然灾害（如森林火灾、病虫害等）风险，因此同一生态系统演替阶段不同，风险也不同，生态系统自身一直处于动态演替中，因而风险也处于动态变化中。另外，区域开发活动具有阶段性，有开发前、开发中和开发后，低强度、中强度和高强度开发等不同阶段，同一风险源在不同阶段有差异性。比如一些风险在近期或中期没有显著的风险表征，而经过长时间的累积，在远期阶段风险危害较大。区域开发生态风险是区域生态系统自身演替产生的风险和开发活动带来的风险的叠加，演替风险和开发风险都具动态变化特征。动态的开发活动与动态的演替过程，再叠加上动态变化的自然气候变化，区域开发生态风险的动态变化特征成为了一种必然。

四、多源、多路径、多受体

区域开发生态风险的风险源为区域开发活动，涉及的项目众多，包括经济开发、社会开发、文化开发等，风险源不仅来自于污染物排放，也包括区域生物资源开发和消耗以及生态空间的占用，因此呈现多源的特点。

区域复合生态系统包含多个生态系统类型，不同生态系统之间存在能流和物流，这就为风险源的传播提供了多条路径，风险可以通过大气、水体、土壤、食物链等多条途径传播，因此呈现出多路径的特点。

随着研究空间范围的扩大以及涉及的经济社会活动种类的增加，区域开发生态风险源已经从单一的污染物排放扩展到区域资源的开发和消耗以及生态空间占用等方面，因此风险受体也增加为种群、群落、生态系统、景观、流域水平等，可以是对风险因子敏感的物体，也可以是不敏感的物体，风险呈现多受体的特点。

五、多时空尺度

区域开发是区域的规划活动，具有时间尺度，一般分为近期、中期、远期，因此区域开发导致的生态风险也分为近期、中期、远期。不同时期，风险出现的时间、大小、范围不同。近期风险可能出现在 1 ～ 2 年后，中期风险出现在 5 ～ 6 年后，远期可能出现在十几年甚至几十年后。

区域是一个空间尺度，具有大、中、小之分，在不同空间尺度内，对风险的关注点也不同。比如，一个以森林为主的乡镇，森林病虫害会成为此区域的一个重要生态关注点，而将一个省作为评价范围，森林病虫害将不是此区域生态风险评价关注的重点，关注点将转移到森林面积及蓄积量。因此，区域空间尺度的大小不同，生态风险评价的关注点也不相同。

区域开发生态风险评价不仅关系到时间、空间尺度，而且在时空尺度上也要相互匹配。空间尺度大，则相应的风险评价时间尺度要长；相反，空间尺度较小，则风险评价的时间尺度则短。

第三节　区域开发生态风险评价框架

目前我国正处于经济高速发展时期，区域开发活动频繁且开发力度持续加大。区域内的开发活动已经干扰到人类及自然生态环境，有些区域生态系统的结构与功能已经受到越来越大的压力，威胁区域生态系统健康，因此需要进行区域开发生态风险评价。目前国内关于区域性的生态风险评价的框架主要是对 USEPA 提出的生态风险评价框架的简化。殷浩文[8]提出水环境生态风险评价的程序基本可分为 5 部分：源分析、受体评价、暴露评价、危害评价和风险表征；张学林等[9]提出了区域农业景观生态风险评价的初步构想，即确定生态风险评价区域尺度—风险识别—剂量 - 效益关系评价—暴露评价—风险表征；付在毅等[1]在生态风险评价的基础上提出了区域生态风险评价五步法：研究区的界定与分析、受体分析、风险源分析、暴露与危害分析以及风险综合评价。以上关于区域生态风险评价的方法都是从“源—路径—受体—响应—风险”的角度研究，是一种顺向的、基于污染物传递路径的污染物所导致的生态风险的评价思路。

区域开发活动风险评价的风险源是开发活动，强调的是人为干扰所产生的污染累积、资源开发和空间占用，受体是生态系统的结构、过程和功能。综合分析研究认为，区域生态风险评价首先要确立区域生态保护目标，具体包括三方面：第一要明确区域处于主导地位的生态功能、明确要保护的对象；第二要了解生态系统的现状和主导功能所处的水平；第三要结合区域经济社会发展的现状与需求进行分析确立。区域开发生态风险的传递与生态过程密切相关，区域生态风险传递应以区域生态过程及其变化为基础进行研究分析，基于生态过程研究和分析的区域生态风险评价方法明显不同于基于污染物转移输送的污染风险评价方法。

本书在生态风险评价、区域生态风险评价的基础上，结合区域开发生态风险的概念以及特征，提出了区域开发生态风险评价的框架。评价框架包括“风险源识别—受体分析—风险表征—风险管理”四大部分，同时风险的不确定性分析贯穿于评价的每一部分。

一、风险源识别

区域开发生态风险源的辨识是指对在区域开发活动中可能对生态系统或其组分产生不利作用的干扰进行识别、分析和度量的过程。区域开发生态风险的风险源主要包括污染累积、资源开发、空间占用三大类。

污染累积类风险源主要是指对大气、水体、土壤的污染的累积；资源开发类风险源主要指水资源开发和生态系统生产的生物资源的开发；空间占用类风险源主要指土地利用格局的变化和重要生境及生态功能区的占用。

二、受体分析

受体即风险的承担者，区域开发生态风险评价的受体主要分为生态系统的结构、过程、功能三层次。区域开发生态风险的直接影响对象是生态系统结构，即生态系统中的物种、种群、群落、生态系统乃至景观等，伴随着生态系统演替过程的生态风险传递过程以及最终由区域开发生态风险作用于生态系统功能可能引发的生态功能背离区域生态保护目标的可能性和大小。

三、风险表征

区域生态保护目标是区域开发生态风险评价的基础，因此界定区域开发生态风险的概念首先要明确区域生态保护目标，这点在区域开发生态风险评价中至关重要。区域开发生态风险评价的核心理论基础是社会 - 经济 - 自然复合生态系统理论，因此区域生态保护目标不仅要符合生态系统的要求，而且要满足经济、社会的发展要求，所以要从多个层次来确定区域生态保护目标。

区域生态保护目标可以是概括性的，也可以是方向性表达或指标性表征。一般在区域生态系统中敏感的或具有重要地位的森林、水域、湿地、草原、珍稀动植物种、自然保护区等重要生态系统的功能都可以成为区域生态保护目标的指标表征，区域开发生态风险就可以表征为受胁迫生态系统的实际功能与目标功能偏离的趋势与程度。根据区域开发活动与区域生态保护目标间的空间耦合关系，可以筛选出可能与区域开发活动有关的区域生态保护目标，从而减少分析和研究的工作量，开展有针对性的研究和分析工作。

四、风险管理

本书将区域开发生态风险的风险源概括为三大类，第一类为污染累积类风险，其管理途径主要包括环境容量控制、污染物迁移控制、污染生态修复；第二类为资源消耗类风险，可通过资源消耗控制及资源恢复与更新管理进行；第三类为空间占用风险，此类风险可通过生态空间保护、生态空间恢复及空间胁迫控制得到恢复。

五、不确定性分析

不确定性是区域开发生态风险的重要客观特征，区域开发生态风险评价的不确定性则在上述客观不确定性基础上加入了评价者的主观不确定性。它不仅来自于区域开发活动自身强度、范围、方式等的不确定，还来自于生态系统演替过程中风险传递的复杂性，包括风险传递过程的不确定性、风险形成的不确定性，因此不确定性分析是贯穿于区域开发生态风险评价的每个环节之中的。

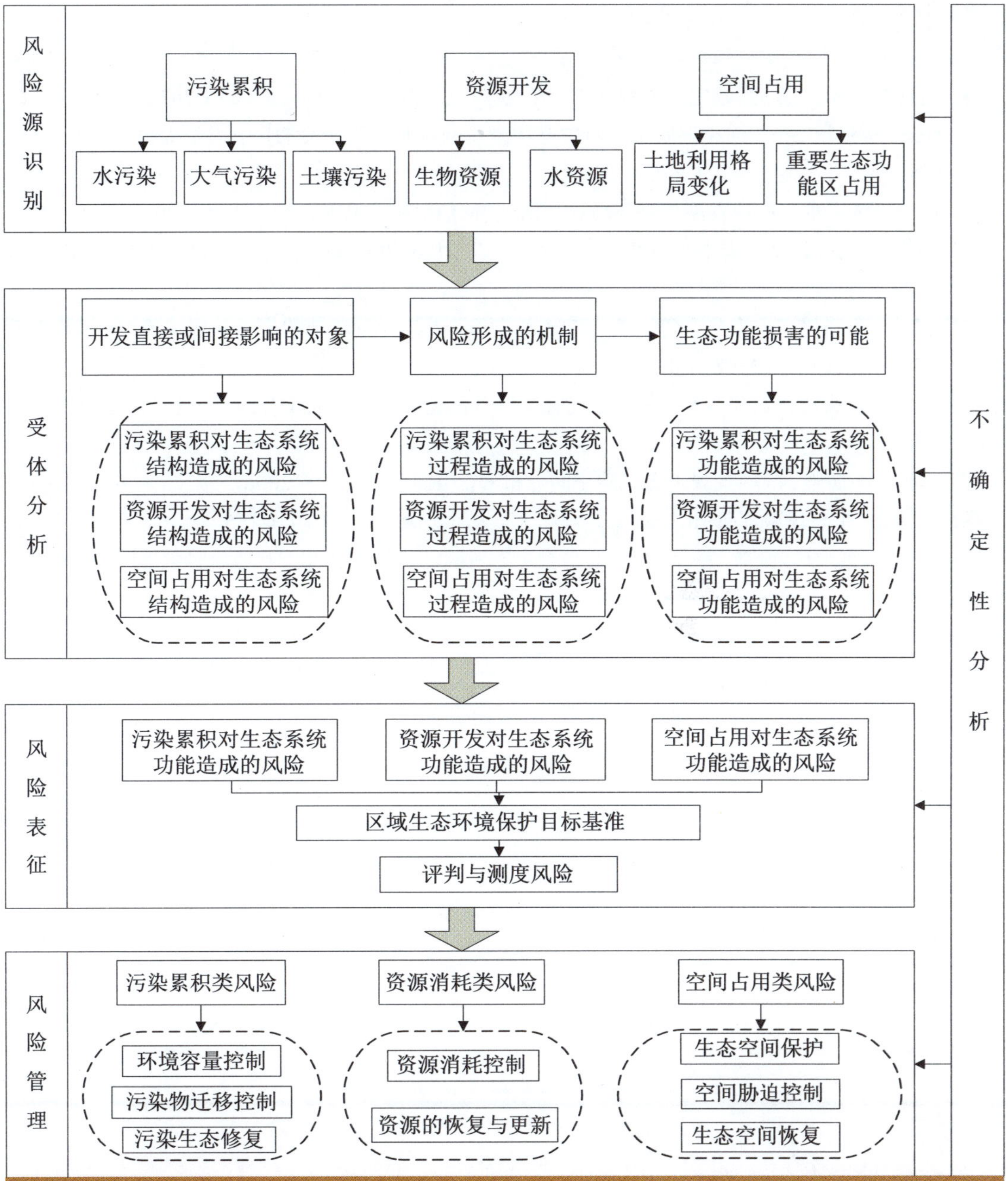

图 2-1　区域开发生态风险评价框架

参考文献

[1] 付在毅，徐学工 . 区域生态风险评价 [J]. 地球科学进展，2001，16（2）：267-270.

[2] 王家耀，张震宇 . 黄河小浪底工程对生态环境影响及其对策研究 [J]. 中国工程科学，1999，1（2）：48-51.

[3] 成渝经济区重点产业发展战略环境评价研究 [M]. 北京 ：中国环境出版社，2013.

[4] 刘伟峰 . 海洋溢油污染生态损害评估研究——以胶州湾为例 [D]. 青岛 ：中国海洋大学，2010 ：117-118.

[5] 廖丹，张珞平，方秦华，等 . 厦门湾海岸带区域人类开发活动的生态效应评价 [J]. 浙江万里学院学报，2010，23（2）：48-53.

[6] 王晓峰，唐彦民，鲁少军 . 关于混交林与纯林的比较优势分析 [J]. 防护林科技，2006，5 ：63-64.

[7] 肖杨，毛显强 . 区域景观生态风险空间分析 [J]. 中国环境科学，2006，26（5）：623-626.

[8] 殷浩文 . 生态风险评价 [M]. 上海 ：华东理工大学出版社，2001 ：1-155.

[9] 张学林，王金达，张博，等 . 区域农业景观生态风险评价初步构想 [J]. 地球科学进展，2000，15(6)：712-716.

第三章 生态风险相关理论基础

生态风险评价是近十几年逐渐兴起并得到迅速发展的一个研究领域，它以化学、生态学、毒理学为理论基础，应用物理学、数学和计算机等科学技术，预测污染物对生态系统的有害影响。

当前，随着新技术和新方法的应用，生态风险评价的研究领域迅速扩展，已经不仅局限于早期的人类健康风险评价，还逐步扩大到地学领域。围绕着全球变化的区域响应、地球表层系统的环境效应、灾害与污染防治、区域可持续发展等重点研究领域的论题，生态风险评价受到越来越多的关注。目前生态风险评价在欧美环境管理中的地位越来越突出，已经成为发现和解决环境问题的决策基础。中国的生态风险评价也已起步，研究领域和范围已逐步扩大，并越来越受到风险管理者的青睐。

随着生态风险评价实践的不断发展，其理论基础也在不断拓展。在研究初期，它主要以化学、生态学、毒理学为理论基础，来预测污染物对生态系统的有害影响，多采用毒理实验外推技术，将实验结果与环境监测结合起来评价污染物对生物体的危害。

对于目前日益成为研究热点的区域开发生态风险评价，由于它是在区域尺度上描述和评价环境污染、人为活动或自然灾害对区域内的生态系统结构和功能等产生不利影响的可能性和危害程度，因此，与单一地点的生态风险评价相比，其所涉及的风险源以及风险受体等都在区域内具有空间异质性，即存在区域分异现象和规律，这就使其更具复杂性。有关区域或景观风险评价的危害分析，显然难以用实验室实验进行测定，而只能根据长期的野外观测，结合其他学科的相关知识进行推测与评估。进行区域生态评价时，由于景观是一种有凝聚力的、重复出现的、具有高度异质性的土地镶嵌体，因此，宜采用景观作为区域生态风险评价适合的评价单元。

对区域开发生态风险评价而言，由于其涉及自然、社会和经济各个方面的因素，需要多学科理论和方法来支撑和指导。因此，本章除介绍生态毒理学理论之外，将重点介绍区域或景观生态风险评价的理论体系，如复合生态系统理论、景观生态学理论、可持续利用理论以及生态服务功能理论，以期指导区域开发生态风险评价。

第一节 生态学基础理论

生态风险评价是指一个物种、种群、生态系统或整个景观的正常功能受外界胁迫，从而在目前和将来减少或降低该系统内部某些要素或其本身的健康水平、生产力水平、遗传结构功能及其经济或美学价值的可能性，它的评价受体是生态系统、生态系统组分或生物栖息地。因此，生态风险评价最基础的理论是生态学理论，评价过程中涉及很多生态学中的基本原理如阈值原理、生态位原理及协同进化原理等，本书选择了生态学基础理论中的一些重要理论如生态毒理学、景观生态学、生态服务功能等理论加以介绍。

一、生态毒理学理论

（一）生态毒理学的概念与任务

生态毒理学（Ecotoxicology）是毒理学、生态学和环境化学等多学科交叉和融合的学科，是应对人类活动造成的环境污染物暴露而发展起来的新兴边缘学科，是研究有毒有害物质以及各种不良生态因子暴露对生命系统产生毒性效应，以及生命系统反馈解毒与适应进化及其机理与调控的一门综合性学科[1]。

生态毒理学的主要任务是揭示有毒有害因素包括潜在的有毒有害因素对生态系统损害作用的规律并为保护生态系统提供策略和措施。生态毒理学主要是评估工业和农业化学品是否对生态系统有负面影响，并为此提供一个管理的平台。

Ecotoxicology 这个词是 1969 年由法国 Rene Truhaut 博士在为保护自然物种和种群而研究化学物质的负作用时提出的，自那时起，生态毒理学的发展历史只有短短的 20 多年，它是在环境科学这一综合性学科中前沿和基础的一个分支，进入 20 世纪 90 年代后异军突起，其特征是将宏观技术方法与微观机理研究结合起来，涌现出大量新的技术方法。1988 年在丹麦召开了欧洲首届生态毒理会议；1992 年英、美部分科学家提出“分子生态学”概念；1995 年我国在毒理学会下成立了生态毒理学专业委员会并举行了全国性的学术研讨会；1998 年全面论述生态毒理学各领域研究理论和实践的综合性著作《生态毒理学》在德国出版。所有这些都表明生态毒理学得到了飞速发展[2]。

在解决环境问题的过程中，生态毒理学的数据非常重要，它在环境政策、法律、标准、以及污染控制方法的制定中具有非常重要的参考价值。20 世纪 80 年代欧美各国出台的所有环境管理方法中几乎都需要生态毒理技术，如化学品和排放物的安全性评价、产品生物降解能力测试、生物技术产品的管理、污染治理技术的效果评估等。因此，生态毒理学不仅是一门科学，而且是污染防治中应用性很强的一种工具。

生态毒理学的核心部分是生物效应，即对有毒、有害物质对生命有机体危害的程度及范围的研究；生物监测和生物检测是进行生物效应研究的两种技术手段。由于各种环境问题的凸显，生态毒理学成为当代最具生命力的边缘学科之一。同时，生态毒理技术所支持的许多管理体系、法规、法律不仅涉及环境保护而且还涉及外贸、绿色产品认定等与国民经济密切相关的领域，因此，生态毒理学也逐渐成为可持续发展战略的一种技术支撑。

（二）生态毒理学的研究对象和目标

生态毒理学的研究目标是探讨和阐明有毒有害因素对动物、植物、微生物的个体和群体的生物学效应和健康损害及其规律，其主要研究对象是非人类生物，特别是野生生物，其中包括一些非人类的模式生物如试验用的非哺乳类实验动物、实验植物及实验微生物等。

同为毒理学的分支学科，学术界经常混淆生态毒理学和环境毒理学这两个概念。生态毒理学和环境毒理学都是新兴的边缘学科。生态毒理学是毒理学和生态学的交叉、环境毒理学是毒理学与预防医学的交叉，此外，它们还均与环境科学、生命科学相交叉，相似的交叉学科导致了一些概念的混淆不清[3]。分清它们的意义并正确地使用，对于环境毒理学与生态毒理学研究成果的推广、交流及比对具有重要意义，其区别主要体现在以下几个方面。

首先，研究对象不同。环境毒理学的主要研究对象是个人和人群，而生态毒理学主要研究对象是非人类生物，特别是野生生物（包括实验室临时养殖的）。

其次，研究目标不同。环境毒理学的研究目标是探讨和阐明环境有毒有害因素对人体和人群的生物学效应和健康损害及其规律；而生态毒理学的研究目标是探讨和阐明有毒有害因素对动物、植物、微生物的个体和群体的生物学效应和健康损害及其规律。

最后，实验材料不同。环境毒理学由于以人体为研究对象的局限性，常常采用非人类的实验室模式生物进行毒理学试验，如采用哺乳类实验动物（如小鼠、大鼠、兔、豚鼠、狗及猴等）、实验植物［如紫露草、蚕豆（根尖）、拟南芥等］及实验微生物（鼠伤寒沙门氏菌株 TA 98、TA 100，大肠杆菌，枯草杆菌等）进行研究。而生态毒理学主要用一些非人类的模式生物，如试验用的非哺乳类实验动物（如鱼、虾、贝、蚤、蜂、鸟等）、实验植物和实验微生物（如发光细菌）进行研究[4]。

（三）生态毒理学的技术方法

按 1998 年出版的专著 *Ecotoxicology*，生态毒理学的技术方法分为两大类：宏观分析技术（生物个体水平以上的生物组成对污染的响应）和微观分析技术（细胞水平以下对污染的响应）。

宏观技术以生态学理论为基础，以生物个体为基本单位，研究污染对生态系统中各层次（个体、种群、群落）的影响。微观技术以细胞生物学理论为基础，研究污染对单细胞、染色体及蛋白质、核酸等遗传物质的效应。

1. 生态毒理学的宏观技术

（1）模拟生态系统

20 世纪 80 年代以来模拟生态系统是发展较快的技术之一，它包括微生态系统和中生态系统，其中以微生态系统的研究成果最多。所谓微生态系统即微型的模拟生态系统，美国国家科学委员会的定义是“将天然系统的样本放入人工容器内并在实验室环境中维持的系统，功能类似而结构不完全等同于天然系统，这类系统的能力在于它能以近似自然的方式检验许多生物与环境过程的最终结果”。在近十几年的研究中模拟生态系统几乎用于各种污染的生态效应研究，如重金属、农药、有机物的污染、综合性污染物以及最近提出的生物安全问题等，主要应用领域为：河流污染的早期报警、水生生态系统恢复过程研究、化学品和农药的生态风险评价、综合性污染物的风险评价、沉积物生态效应及生物安全评价等。

(2)生态系统健康理论

1992 年，为了适应美国环保局从人体健康到生态环境与职业医学和系统健康的政策转变，Maryland 大学 Chesapeake 生物实验室教授 Costanza 等合作出版了《生态系统健康》(*Ecosystem Health*)一书，从哲学角度系统地提出了生态系统健康理论。

生态系统健康的提法采用了广义的医学模式，它的实质是在系统各个层次上保护和恢复生态学过程的健康。在持续发展理论下就是以保护自发的、自成一体的自然过程作为理论的基本要素。较实用的定义是健康的生态系统有三个特征：活性、结构和功能的完整性和恢复力，这是系统持续发展的基础。

与健康对立的是疾病，生态系统的疾病是由各种环境压力引起的，它表现在以下几个方面：①初级生产力减少；②营养资源短缺；③物种多样性丧失；④短生活期、随机物种及外来物种占优势；⑤关键种群波动增加；⑥生物结构退化（正常演替逆转或加速，资源性物种退化）；⑦灾变增加。

在诊断生态系统过程中，系统脉搏 - 压力的测定至关重要。压力即是导致上述病症的原因，它包括各种外界强制因素（自然）和人为因素（污染），因此，在因果关系的研究基础上，随着生态系统健康理论的提出，生态毒理学在研究方法、技术上都正在发生变化。目前正在开展的有生态系统阈值研究、系统压力与反应关系等基础研究，也有如生态风险评价、管理等应用课题。

2. 微观技术和方法

生态毒理学微观技术的理论基础是细胞生物学和毒理学。从细胞到分子是微观技术发展的必然趋势。生态毒理学认为细胞水平的效应和分子水平的效应并不是完全等同的，这如同宏观技术研究的个体与种群的关系一样。在微观技术中有两个最活跃的领域，微型生物检测和突变研究。

微型生物检测技术起源于 20 世纪 70 年代，化学品对人类的危害达到了空前的程度，化学品所引发的环境问题很大程度上是由于我们对化学品毒性评估能力的局限，因此建立快速的化学毒性筛选方法几乎是各发达国家共同努力的目标。到目前为止，微型生物检测技术在欧美已进入法律程序并在化学品毒性控制中起着重要的作用。

环境污染的致突变作用是致癌的基础。因此各类致突变的研究技术是生态毒理学微观技术中的重要组成部分[5]。

（四）生态毒理学在风险评价中的应用

随着环境化学、环境医学、环境毒理学和生态毒理学等学科的发展，研究有毒有害化学物质对人体健康和生态环境的危害逐渐为人们所重视，风险评价的研究内容和方法随着这些基础学科的发展而不断发展。

1. 在建设项目环境风险评价中的应用

建设项目环境风险评价是指对某建设项目的兴建、运转或是区域开发行为所引发的或面临的环境问题对人体健康、社会经济发展、生态系统等所造成的不确定性的风险可能带来的损失进行评估，并提出减少环境风险的方案和决策。目前，建设项目环境风险评价的重点集中在与经济开发项目相关的各种危害，包括有毒有害化学物质、放射性物质、易燃易爆物质、危及生命财产的机械设备故障、大型构筑物故障（如水坝）和生态危害（如富营养化）等方面。其中，有毒有害化学物质的环境毒理和生态毒理学数据是用来作为评价的依据，例如，有毒有害化学物质对人类和环境生物（包括水生、陆生动植物）通过不同途径（经口、经皮）的毒性大小、其对环境的影响程度、是否存在遗传毒性且遗传毒性后果如何等。

2．在化学品的环境风险评价中的应用

化学品的环境风险评价是确定某种化学品从生产、运输、消耗到最终进入环境的整个过程中，乃至进入环境后，对人体健康、生态系统造成危害的可能性及其后果。对化学品进行环境风险评价，不仅要从化学品的生产技术及产量、毒理性质等方面进行考虑，也应考虑人体健康效应、生态效应以及环境效应。举例来说，油轮在海上行驶过程中由于石油泄漏造成海水污染，对这一污染事件中海洋生物如鱼、虾、贝和小鼠骨髓细胞微核等进行生态毒理学研究，以及石油污染对哺乳类实验动物的遗传损伤作用等环境毒理学研究，其目的是为了探讨这一污染事件是否能够直接或间接地对人群造成遗传损伤。实质上这些都是对生态毒理学和环境毒理学研究结果的引用或应用。

二、景观生态学理论

1．景观生态学基本原理

景观生态学源于土地研究，研究对象是土地镶嵌体，其应用也以土地利用为主。景观生态学是以人类与地表景观相互作用为基本出发点，研究景观生态系统的结构、功能及变化规律，并进行有关评价、规划及管理的应用研究[6]。

区域开发涉及地块、土地利用方式、土地利用系统、景观和区域多个空间尺度，其中景观和区域是资源持续利用最重要的空间尺度。空间格局与生态学过程理论指出，结构是功能的基础，功能是结构的反映，景观异质性是其结构的直观表现，间接地反映景观生态系统的内在功能；景观的空间镶嵌结构决定物种、物质、能量和干扰在景观中的流动，只有通过景观或区域尺度上的空间镶嵌稳定，才能实现景观生态系统的稳定；空间镶嵌稳定不是一种状态，它还包含着变化过程；通过对景观结构和生态过程相互关系的分析，通过对结构和过程相互作用的分析与模拟，探讨合理的资源开发与空间占用，是资源持续利用评价的基础[7]。

景观生态学以人与景观的相互关系为着眼点，既注重景观系统的功能特征，又注重景观系统的稳定性和持续性，与资源可持续利用概念具有高度的一致性。因此，景观生态学构成了资源特别是空间资源可持续利用研究的理论基础之一。而区域开发生态风险评价也属于资源可持续利用评价的范畴，因此也应将景观生态学作为其理论基础。

景观可以理解为地球表面气候、土壤、地貌、生物各种成分的综合体，其内涵接近于土地生态系统的概念，可以认为每一地块就是一个景观单元，或者说景观主要体现于土地生态系统中。因此，景观生态学中的丰富度、均匀度、镶嵌度、连接度、边缘、空间格局、多样性等概念在区域开发中具有很大的实践价值[8]，亦可作为评价区域开发效应的具体指标。

2．景观生态学在区域生态风险评价中的应用

景观生态学的兴起和发展为生态风险评价注入了新的理论基础，其理论与生态风险评价

的结合也成为近几年来一个新的研究方向，具有很强的实用性。

景观生态学是一门新兴的交叉学科，它身兼众多学科的优点，与其他理论和方法结合后可以拓展人们的思路。景观生态学与生态风险评价的融合是解决区域开发特别是资源开发和空间占用等区域和景观尺度生态风险评价诸多瓶颈的一个突破口。通过对景观空间格局、干扰与景观格局的演变及景观生态过程方面的深入研究，可以为区域开发生态风险评价提供全新的思考角度。

从景观生态学角度看，景观生态风险评价是在景观基础上，描述人类活动或自然灾害对生态系统结构、功能等产生不利生态效应的可能性和危害程度。由于资源开发和空间占用都是大范围和大尺度水平上的人类活动，评价这类开发活动对生态系统结构和功能等产生不利作用的可能性和危害程度，必须依赖景观生态学的一些理论和方法。

首先，在生态风险评价单元的选择上，正如傅伯杰在《景观生态学原理及应用》中指出："正是由于景观是一种有凝聚力的、重复出现的、具有高度异质性的土地镶嵌体，因此有希望成为区域生态风险评价适合的评价单元。"

其次，在区域开发对生态系统的影响机理方面，区域开发所引起的景观变化遵循"驱动因子 - 景观变化 - 生态响应"模型。区域开发促进景观变化方式的转变的主要形式：一是开发活动本身占用生态系统类型，从根本上改变土地利用的格局；二是基础设施的建设促进了区域的社会经济发展，从而驱动了区域的土地利用方式的改变，促使景观格局发生变化。因此，在进行区域生态风险评价时，要根据景观动力学原理，研究人类开发活动的景观动力学原理和过程，分析区域开发所引起的景观变化，构建驱动因子 - 景观变化 - 生态响应模型，找出区域开发对区域的景观生态影响的途径和效应，为辨认和识别出相应的区域开发生态风险奠定基础[9]。

再次，在区域差异性分析方面，由于区域开发活动特别是资源开发和空间占用过程中，区域生态风险既具有长期性、累积性的特点，又有区域差异性，景观生态学为这些空间异质性正确的表达提供了重要的理论基础和方法支撑。

最后，在生态终点度量上，景观生态学中那些与干扰相关联的、能反映生态系统概念及过程的景观格局指标如优势度、蔓延度、破碎度等，在生态风险评价中也可用以度量生态终点[10]。

三、生态系统服务功能理论

1. 生态系统服务功能的内涵

生态系统服务功能是指自然生态系统及其物种所提供的能够满足和维持人类生活需要的条件和过程（Gretchen，1997）。生态系统所提供的服务，不仅包括物质的，而且还包括功能性的，也就是说生态系统在为人类提供物质资料的同时，还创造与维持了地球生命支持系统，形成了人类生存所必需的环境条件，即提供了功能性的服务。

生态系统服务（ecosystem services）作为生态经济学领域内新兴的重要分支，国内外生态学家对其概念及科学内涵有不同的描述和表达。最具代表性的有以下几种。

一类是强调生态系统的自然生态过程，以 Daily 等人为代表，在其标志性著作《自然服务：人类社会对自然生态系统的依赖》中对生态服务给出如下定义：生态系统服务是支持和满足人类生存的自然系统及其组成物种的状况和过程。主要包括：生态系统的产品生产、生物多样性的产生和维持、气候气象的调节和稳定、旱涝灾害的减缓、土壤的保持及其肥力的更新、空气和水的净化、废弃物的解毒与分解、物质循环的保持、农作物和自然植被的授粉及其种子的传播、病虫害爆发的控制、人类文化的发育与演化、人类感官心理和精神的益处等方面。可以看出该定义强调三点：生态系统服务对人类生存的支持，发挥服务的主体是自然生态系统，自然生态系统通过其状况和过程发挥服务作用[11]。

另一类是以人为本，强调生态系统服务代表着人类直接或间接从生态系统得到的利益。Cairns 从生态系统的特征出发，将生态系统服务功能定义为：对人类生存和生活质量有贡献的生态系统产品和生态系统功能。该定义也指出生态系统服务对人类是有贡献的，生态服务体现的主体是产品和功能。该定义尽管与 Daily 的表述有所不同，但基本实质是一致的，即生态系统服务是对人类有支持性的自然生态系统状况和过程[12]。

国内比较有代表性的概念是王如松等人提出的，他认为：生态服务功能是指生态系统为维持人类社会的生产、消费、流通、还原和调控功能所提供的有形或无形的自然产品和环境公益。它是生态系统的一种产出和功效，如合成生物质，维持生物多样性，涵养水分与稳定水文，调节气候，保护土壤与维持土壤肥力，对环境污染的净化作用，贮存必需的营养元素，促进元素循环，维持大气化学的平衡与稳定等[13]。

虽然对生态系统服务这一术语的文字表达各不相同，但是不难看出，其内容在很大部分是重叠的。生态系统服务支撑着人类的生存和社会发展，是人类生息繁衍的物质基础。1997 年，Costanza 等在 *Nature* 上发表全球生态系统服务功能价值估算的论文，将生态服务功能分为 17 类，按 16 种主要生境类型，估算出全球生态服务价值（1994 年）的下限约为 33 万亿美元[14]。

2．区域开发对生态服务功能的影响

大规模的区域开发活动对生态系统的影响主要表现在三个方面：污染长时间在环境中的积累效应；大范围的生物资源和矿产及水等非生物资源的消耗；社会发展对空间的占用。在区域开发风险评价中，这三个方面是主要的风险源，而生态系统的结构、过程、功能被视为区域开发生态风险的三大受体。其中三大受体之间也存在着密不可分的关系，生态风险源首先在表观上改变了生态系统的结构，随着生态系统过程的传递，最后导致生态系统功能发生变化。从生态系统结构受体角度主要考虑风险对系统要素、各要素之间的相互关系以及对结构完整性的影响；从生态系统过程受体角度主要考虑风险的传递过程；从生态系统功能受体角度主要考虑风险对生态系统主要服务功能产生的影响。

区域开发风险评价无论是分析其对生态系统结构还是过程造成的影响，都是要落实到生态系统服务功能受损的可能性及受损程度的表征上，并最终为区域开发生态管理提供依据。由此可见，生态系统服务功能理论为区域开发生态风险评价提供了新的理论基础。

四、水文生态学理论

1．水文生态学概念

一方面，随着全球范围内淡水资源的日益紧缺以及对淡水生态系统的不断破坏，传统的基于单一学科研究目标和方法的科学范式，已经难以面对新的复杂全球环境变化挑战；另一方面，意识到学科高度专业化所产生的学科间壁垒，以及广泛、长期存在于各学科间的黑箱，传统的水文科学和生态科学在保留各自学科特色的同时，正在出现彼此交叉的趋势。水文生

态学的出现正反映了这种学科发展的趋势。

水文生态学是一门研究水文学和生态学交叉领域的新兴学科，目的是寻求对水文因子与生态系统间结构与功能的理解，是水资源可持续性管理的方法。自1992年在都柏林的国际水环境研讨会提出以来，水文生态学很快成为国外的研究热点问题之一，并已经取得了长足的发展。

水文生态学（Hydroecology）和生态水文学（Ecohydrology）都是研究生态学与水文学交叉领域的学科，两者在研究的侧重点和结果等方面应该有较大的差别。然而，从已发表文献的检索结果分析，Hydroecology 和 Ecohydrology 在实际应用中相对混乱，生态学家经常使用 Ecohydroloogy，而水文学家多采用 Hydroecology[15]。

目前，关于水文生态学的定义还存有很大的争议，国内外有很多的定义。但 Zalewski（2000）提出的定义得到了较为广泛的认同。Zalewski 认为：水文生态学是在流域尺度上研究水文学与生物区功能上的相互作用，是水资源可持续管理的一种新方法。显然，Zalewski 定义的重点是水文因子与生物间功能关系的建立，而不是对两者基础过程的理解，因而，Zalewski 的定义在水资源管理和生物保护等领域，特别是需要评估生态系统对水胁迫的反应时被广泛应用[16]。

2. 水文生态学在区域生态风险评价中的应用

水是区域生态环境中最敏感的因子，区域生态环境的变化往往首先是从水系统的变化开始的。在全球变暖大背景下，区域的水文过程和生态效应受到的人类扰动尤为强烈，引发的众多生态环境问题具有多元复杂性，局限于单纯的水文学或者生态学都难以有效解决这些问题。水文生态学强调水文过程与生态系统、社会系统的交互作用，主张按照生态系统属性来管理水资源，是社会与自然双重压力下水资源可持续发展的重要理论依据。最新的联合国教科文组织第7水文计划以水的依赖性——人类扰动与压力下的水系统作为全球水文研究的未来行动指南。

目前，在进行区域开发活动对水生态系统造成的风险分析中，通常以生态指数这一指标来反映不同生态系统的生态意义和地位，以脆弱度指数来体现不同生态系统的易损性，以生态损失度指数表示遭遇灾害时各类型所受到的生态损失的差别，但是这些度量都缺乏对人类扰动与压力下生态系统对水胁迫的响应机制的深入分析，因此，在区域开发生态风险评价中，要注重区域开发活动影响下水文过程与复合生态系统的交互作用。

从20世纪80年代初期以来，水文学家开始关注其他景观中水与生态过程的相互关系，研究范围不再局限于水生生态系统。目前，在世界的许多地区，淡水资源正在成为生态系统健康和经济发展的限制性因素，并且人类活动正在改变水循环的地表环境和过程，同时深刻改变了水资源质量，由此对淡水生态系统的各种生态风险正日益加剧，在这种背景下，水文生态学侧重研究河流及洪泛平原区等湿地环境的水文与生态关系，以及建立模拟这两个过程相互作用的模型[17]。

模拟水文过程和自然生态系统在高度变化环境下的区域响应特征，包括预测一些物种和生态系统的退化途径，这种基于机制的定量研究不但具有重要科学理论方法意义，而且对于保护区域自然生态系统健康，兼顾自然与社会和谐发展，制定科学管理对策皆具有重大现实应用价值。

水文生态学作为水资源可持续管理的模式，研究领域相当广阔。从文献资料可以看出，水文生态学重点研究方向有：河流水文生态学、气候-土壤-植被动态、湿地等。其中河流水文生态学研究方向主要包括：大坝的生态影响、河流的生态恢复、河流生态学理论和生态需水，这些都对区域开发生态风险评价具有很好的指导作用。

水文生态学的目标是水资源的可持续利用、人与自然的和谐发展。当前，我国水环境问题十分严峻，大坝的建设与河流生态系统保护间的矛盾日益突出；西部生态环境脆弱，土地荒漠化、水土流失十分严重；东部地区快速城市化进程和各类高强度的开发活动对水生态系统的胁迫日益加重，在这种形势下，水文生态学对区域生态风险评价将起到理论支撑作用，同时学科本身也在实际工作中得到发展。

第二节　社会-经济-自然复合生态系统理论

区域开发生态风险评价是生态风险评价的一个分支。它是在区域尺度上描述和评价人为活动及其环境污染对区域内的生态系统结构和功能等产生不利作用的可能性和危害程度。与单一地点的生态风险评价相比，其所涉及的风险源以及评价受体等都在区域内具有空间异质性，即存在区域分异现象和规律，这就使其更具复杂性。

在进行区域开发生态风险评价的过程中，科学家们逐渐认识到，随着风险评价尺度的扩大，传统的生态毒理学理论已经不能满足景观水平上涉及多风险源、多压力因子、多风险影响的评价要求，需要环境科学、生态学、地理学、灾害学等多个学科的共同支撑，其发展有赖于这些学科的共同发展。

在区域开发生态风险评价中，区域的社会、经济、自然生态系统特征分析是区域风险评价的基础，要弄清人类活动变化、环境过程与重要社会环境资源之间的关系，评价过程中注重对复合生态系统特征的了解，并且将其贯穿于区域生态风险评价的各个环节。此外，区域生态风险评价应该是人类与环境管理系统的综合集成，它只有和社会、经济和自然系统结合起来，才能更好地在管理决策中发挥作用。因此，对于区域生态风险评价来说，社会-经济-自然复合生态系统理论日益成为其核心理论基础。本节着重介绍由马世骏和王如松于1984年提出、后经王如松进一步发展的社会-经济-自然复合生态系统理论[18-22]。

一、复合生态系统的结构和功能

（一）复合生态系统的结构

1984年，马世骏和王如松首次提出了复合生态系统的观点，认为它由社会、经济和自然三个系统组成，并且三个系统间具有互为因果的制约与互补的关系。此外，他们又对三个系统进行了初步再分和细化，并简示了复合生态系统的构成。王如松随后对复合生态系统进行了改进，他明确提出城市是一个以人类行为为主导、自然生态系统为依托、生态过程所驱动的社会-经济-自然复合生态系统。其自然子系统由中国传统的五行元素水、火（能量）、土（营养质和土地）、木（生命有机体）、金（矿产）所构成；经济子系统包括生产、消费、还原、流通和调控五个部分；社会子系统包括技术、体制和文化。区域可持续发展的关键是辨识与

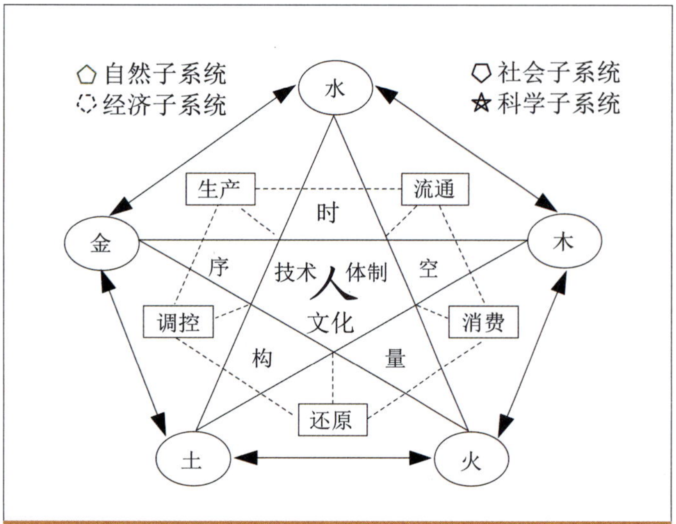

图 3-1　社会 - 经济 - 自然复合生态系统结构

综合三个子系统在时间、空间、数量、结构和序理层面的耦合关系（图 3-1）。

1．自然支持子系统

由中国传统的五行元素水（上水的源、下水的汇、雨水的补、空气水的润）、火（煤、油、气、电、太阳能）、土（土壤、土地、景观）、木（植物、动物、微生物）、金（有色、黑色金属、建材，化工原料及其他地球化学循环元素）所构成。① 水：水资源，水环境，水景观，水灾害，有利也有弊，既能成灾，也能造福。② 火：火就是能源，太阳能以及太阳能转化成的化学能。由于能的流动导致了一系列空气流动和气候变化，提供了生命生存的气候条件，也导致了各种气象灾害、环境灾害。每个人、每种生命活动、每一个生态层次时时处处都需要能，都要面对火的问题。③ 土：我们依靠土壤、土地、地形、地景、区位等提供食物、纤维，支持社会经济活动，土是人类生存之本。④ 木：植物、动物、微生物，特别是人们赖以生存的农作物，还有灾害性生物。比如病虫害甚至流行病毒，与人们的生产和生活都息息相关。⑤金：即生物地球化学循环，人类活动从地下、山里、海洋开采大量的建材、冶金、化工原料。但人们在开采、加工、使用过程中只用了其中很少一部分，大多数以废弃物的形式出现，产品用完了又都扔到土地上造成污染，还包括很多对生命活动至关重要的微量元素。以上这些都是人类赖以生存的自然子系统。这些生态因子数量的过多或过少都会发生问题。

2．经济代谢子系统

包括生产、消费、还原、流通和调控五个部分。人类能主动为自身的生存和发展组织有目的的生产、流通、消费、还原和调控活动：①生产系统。人们将自然界的物质和能量变成人类所需要的产品，满足眼前和长远发展的需要，这就形成了生产系统。②流通系统。生产规模大了，就会出现交换和流通，包括金融流通、商贸物质流通，以及信息和人员流通，形成流通系统。③消费系统。包括物质的消费，精神的享受，以及固定资产的耗费。④还原系统。人类社会的物质总是不断地从有用的东西变成没用的东西，再还原到我们的自然生态系统中去为生态循环所用，也包括我们生病的还原以及人的还原。例如，人生病就医，罪犯的劳动改造都是一种还原。⑤调控系统。调控有几种途径：一是政府的行政调控；二是市场的经济调控；三是自然的响应和灾害，自然能通过各种正负反馈来进行强制性调控；四是人的行为和精神调控。这些部分的协同作用就形成了经济生态子系统。

3．社会调控子系统

社会的核心是人，人的技术、体制和文化构成社会生态子系统：①人的认知系统。包括哲学、科学、技术等；②体制。由社会组织、法规、政策等形成；③文化。是人在长期进化过程中形成的观念、伦理、信仰和文脉等。三足鼎立，构成社会生态子系统中的核心控制系统。

（二）复合生态系统的功能

社会 - 经济 - 自然复合生态系统，具有生产、生活、供给、接纳、控制和缓冲功能，构成错综复杂的人类生态关系。包括人与自然之间的促进、抑制、适应、改造关系，人对资源的开发、利用、储存、扬弃关系，以及人类生产和生活活动中的竞争、共生、隶属、乘补关系。传统发展观念只是把人类社会的功能分为经济生产和社会生活两大类，而忽略了其资源、环境、人口与自然的供给、接纳、控制和缓冲功能。

复合生态系统的生产功能不仅包括物质和精神产品的生产，还包括人的生产；不仅包括成品的生产，还包括废物的生产。其消费功能不仅包括商品的消费、基础设施的占用，还包括无劳动价值的资源与环境、时间与空间的耗费。尤为重要的是，在人类生产和生活活动后面，还有一只看不见的手即系统反馈在起作用，我们称其为生态服务功能。生态服务功能包括资源的持续供给能力，环境的持续容纳能力，自然的持续缓冲能力及人类的自组织、自调节活力。生态建设的任务就是要增强这种生态服务功能，使经济得以持续，社会得以稳定，自然得以平衡。

（三）复合生态系统关系模型

复合生态系统中各子系统之间，子系统各要素之间是相生相克、相辅相成的。从事生态管理的职责就是要了解每一个子系统内部以及不同子系统之间在时间、空间、数量、结构、秩序方面的生态耦合关系。时间关系包括地质演化、地理变迁、生物进化、文化传承、城市建设和经济发展等不同尺度；空间关系包括大的区域、流域、地域，甚至小街区；数量关系包括规模、速度、密度、容量、足迹、承载力等量化关系；结构关系包括人口结构、产业结构、景观结构、资源结构、社会结构等；每个子系统都有它自己的序，包括竞争序、共生序、自生序、再生序和进化序。可持续发展的关键是辨识与综合三个子系统内部及其相互间在时、空、量、构和序五个层面的耦合关系。

复合生态系统理论的核心在于生态整合，包括以下几点。

1）结构整合：各种自然生态因素，技术物理因素和社会文化因素耦合体的等级性、异质性和多样性的整合。

2）过程整合：物质代谢、能量转换、信息反馈、生态演替和社会经济过程的畅达、健康程度的整合。

3）功能整合：生产、流通、消费、还原和调控功能的效率及和谐程度的整合。

生态整合不同于传统科学分析方法之处在于：将整体论与还原论、定量分析与定性分析、理性与悟性、客观评价与主观感受、纵向的链式调控与横向的网状协调，内禀的竞争潜力和系统的共生能力、硬方法与软方法相结合，强调物质、能量和信息三类关系的综合；是科学、哲学与工程学方法的联姻。系统的时（届际、代际、世际）、空（地域、流域、区域）、量（各种物质、能量、人口、资金代谢过程）、构（产业、体制、文化）及序（竞争、共生与自生序）关系的统筹规划和系统关联是生态整合方法的精髓。

二、复合生态系统的动力学机制

复合生态系统的动力学机制来源于自然和社会两种作用力。自然力的源泉是各种形式的太阳能，它们流经系统的结果导致各种物理、化学、生物过程和自然变迁。社会力的源泉有三个：一是经济杠杆——资金；二是社会杠杆——权力；三是文化杠杆——精神。资金刺激竞争，权力诱导共生，而精神孕育自生，三者相辅相成构成社会系统的原动力。自然力和社会力的耦合导致不同层次复合生态系统特殊的运动规律。

1. 能量

能量是地球上一切地质、地理、水文、气候乃至生命过程的基础。生态系统在其形成、发育、代谢、生产、消费及还原过程中，始终伴随着能量的流动与转化。能量流经生态系统的结果并不是简单的生死循环，而是一种信息积累过程，其中大多数能量虽以热的形式耗散了，却以质的形式储存下来，记下了生物与环境世代共生的信息。围绕能量环境、能量代谢、能量生产及能量流动开展的生态能（ecological energy）及全球变化研究，自 20 世纪 80 年代以来，在世界上十分活跃。它是进化生态学、生理生态学和系统生态学研究的核心议题，也是污染生态学、经济生态学及城市生态学的热门议题。

2. 资金

资金是复合生态系统中一种奇妙的组合力。自从马克思揭示了资本的剩余价值秘密以来，社会对产品中人的劳动价值及其交换过程的公平性给予了较大关注，而对产品中凝聚的自然“劳动”或生态价值及其开发利用的公平性却很少问津。而后者正是导致当今全球资源枯竭、生态环境恶化、南北差距悬殊和世界贸易不公平性的根本原因。货币是调节复合生态系统生产、生活、生态功能的重要手段，怎样改革和完善一种包括劳动价值、生态价值及社会价值在内的价值体系，使其成为诱导全社会实现持续发展的积极动力，是当今生态经济学家所致力求索的重要目标。

3. 权力

无规矩不成方圆。权力是维持复合生态系统组织及功能有序度的必要工具。它通过组织管理、规章制度、政策计划及法律条令等形式体现群众的意志和系统的整体利益。传统的权力一般只限于政治、军事、家庭等涉及人与人之间关系的社会权力，而复合生态系统的权力还应包括处理人与自然关系的生态权力。掌权的执法者所代表的不仅是选民的社会权益，还应代表自然生态系统持续生存发展并服务于后代人及其他地区人们的生态权力。

4. 精神

同权力相反，精神是通过自觉的内在行为而不是外在的强制手段去诱导系统的自组织、自调节的共生协调能力，推动系统的持续发展。人的精神取决于特定时间、空间内的文化传统，人口素质和社会风尚。一般通过伦理道德和宗教信仰两种方式诱导，涉及人的自然、功利、道德和天地四种境界的不同耦合方式。

能、钱、权、神的合理耦合和系统搭配是复合生态系统持续演替的关键，偏废其中任一方面都可能导致灾难性的恶果。当然，这种灾难性的突变本身也是复合生态系统负反馈调节机制的一种，其结果必然促进人更明智地理解自己的系统、调整管理策略，但其代价是巨大的。

三、复合生态系统的控制论原理

20 世纪 80 年代末，马世骏等根据生态学思想和中国大量朴素的生态工程实践，在生物控制论的基础上发展了生态控制论，归纳出“整体、协调、循环、自生”的生态控制论原则。其中，整体是指维护时、空、量、构、序的整体性联系和整体的功能；协调是生物与生物、生物与环境、局部与整体、当前和长远等关系，其实质是协同进化，互利共生；循环是指疏通物流、再生、循环的途径及信息的正负反馈，促进良性循环；自生是指充分发挥复合生态系统自组织作用与促进生态系统的生长、发育、繁殖、适应等本能，自调节、自组织的乘、补等功能。

1. 开拓适应、优胜劣汰原理

任一企业、地区或部门的发展都有其特定的生态位，由主导系统发展的利导因子和抑制系统发展的限制因子组成。资源的稀缺性导致生物改造环境、对外开拓、扩展环境容量的能力和适应环境、改变需求、调整生态位的能力的提升。成功的发展必须善于拓展资源生态位和调整需求生态位，以改造和适应环境。优胜劣汰是自然及人类社会发展的普遍规律。

复合生态系统是一类自组织系统，其演替的目标在于整体功能的完善，而不是其组分结构的增长。区域复合生态系统自我调节能力的高低取决于它能否像有机体一样控制其组分的增长，和谐地为整体功能服务。演替初期，一些部门和企业呈正反馈增长，但到一定的时候，制度将逐渐趋于完善，任何对整体功能无益的结构性增长都是不允许的，都必须通过负反馈调节加以抑制。

2. 相生相克、协同进化原理

共生是不同种的有机体或子系统合作共存、互惠互利后的现象。共生的结果为所有共生者都大大节约了原材料、能量和运输，系统获得多重效益。共生者之间差异越大，系统的多样性越高，从共生中受益也就越大。生态系统这种相生相克作用是提高资源利用效率、增强系统自生活力、实现持续发展的必要条件，缺乏其中任何一种机制的系统都是没有生命力的系统。相互依存与相互制约规律，反映了生物间的协调关系，是构成生物群落的基础。

3. 乘侮补替、自调自生原理

所谓乘侮，就是当一个系统在环境变化时出现某些整合功能失调的情况下，系统中某些组分会突然疯长或歧变，乘机膨胀为主导组分，主导系统的发展。比如蝗虫种群的爆发、人体癌细胞的扩散、水葫芦的疯长等，就是在外部条件变化的情况下，内部机制的一种乘侮。乘侮是中医提出的，是指对其他一些组分的抑制现象。所谓补替，就是当一个系统由于环境变化出现某些整合功能失调的情况下，一些组分则能自动补偿或代替系统的原有功能，维持系统的正常运行，使整体功能趋于稳定。比如血液系统如遇外部侵扰，白细胞会大量增加，以提高免疫功能，使整体回到正常状态。生态系统演替过程中有时我们要利用乘侮和补替现象。要推进一个系统的演化，应使乘强于补；要维持一个系统的稳定，应使补胜于乘。另外，在生态系统进化过程中，在某些情况下，往往也会出现一些局部的退化以保证全局的进化；还有滞留和耗竭，局部一些地方物质和能量有一些滞留，在另外一些地方则有耗竭，这是宏观的盈亏，但怎么能够从生态过程的角度去调节它，这是生态学要解决的问题。

4. 趋利避害、机巧柔道原理

每个系统都有适于其生存、发育、发展的利导因子、顺境或机会，以及不利于其生存、发育、发展的限制因子、逆境或风险。一个可持续的生态系统善于“投机取巧”，运用柔道原理因势利导，化限制因子为利导因子、对抗力量为合作力量、竞争组分为共生组分、有害废弃物为有用的活资源。“机”即机会，要尽可能抓住一切可以利用的机会，占领一切可以利用的生态位。“巧”即技巧，要有灵活机动的战略战术，善于用现有的力量和能量去控制和引导系统。要善于因势利导地将系统内外一切可以利用的力量和能量（包括自然的及人工的，合作的和对抗的，眼前的和长远的）转到可利用的方向，以便为系统整体功能服务，而不是打消耗战、对抗战，用本身的力量去与这些难驾驭的力量相抗衡。

5. 循环再生、螺旋上升原理

世间一切产品最终都要变成废物，世间任一“废物”必然是对生物圈中某一组分或生态过程有用的“原料”或“缓冲剂”；人类一切行为最终都会以某种信息的形式反馈到作用者本身，或者有利，或者有害。物质的循环再生和信息的反馈调节是复合生态系统持续发展、螺旋上升、协同进化的根本动因。

生态系统每一组分既是下一组分的“源”，又是上一组分的“汇”。没有“因”和“果”、“资源”和“废物”之分。物质在其中循环往复，被充分利用。城市环境污染、资源短缺问题的内部原因就在于系统缺乏物质和产品的这种循环再生机制，而把资源和环境全当做外生变量处理，致使资源利用效率和环境效益都不高。将区域生态系统中的各条“食物链”接成环，在废物和资源之间、内部和外部之间搭起桥梁，才能提高资源利用效率，改善环境。

6. 正负制衡、联锁反馈原理

复合生态系统的发展受两种反馈机制所控制，一是作用和反作用彼此促进，相互放大的正反馈，导致系统的无止境增长或衰退；二是作用和反作用彼此抑制，相互抵消的负反馈，使系统维持在稳态附近。正反馈导致发展，负反馈维持稳定。系统发展的初期一般正反馈占优势，晚期负反馈占优势。在持续发展的系统中正负反馈机制相互平衡。

7. 优势主导、多样稳定原理

系统必须以优势组分和拳头产品为主导，才会有发展的实力和刚度；必须有多元化的结构和多样化的产品为基础，才能分散风险，增强系统的柔度和稳定性。结构、功能和过程的主导性和多样性的合理匹配是实现生态系统持续发展的前提。

8. 功能整合、系统发育原理

发展是一种渐近的有序的系统发育和功能完善过程。系统演替的目标在于功能的完善，而非结构或组分的增长；系统生产的目的在于对社会的服务功效，而非产品的数量或质量的增长。系统发展初期需要开拓与适应环境，速度较慢；在找到最适生态位后增长最快，呈指数式上升；接着受环境容量的限制，速度放慢，呈逻辑斯谛曲线的“S”型增长。但人的潜能（r）可以改造环境，扩展瓶颈（k），使系统出现新的“S”型增长，并出现新的限制因子或瓶颈，整个生态发育过程就是这样呈波浪式的螺旋生长的。

9. 半好博弈、中庸平和原理

系统发展的风险和机会是均衡的，高的机会往往伴随大的风险。强的生命系统善于抓住一切适宜的机会，利用一切可以利用甚至对抗性、危害性的力量为系统服务，变害为利；善于利用中庸思想和半好对策避开风险、减缓危机、化险为夷。

这些复合生态系统控制论原理可以归结为四类：一是对有效资源及可利用生态位的开拓竞生原则，简称拓；二是适应周边环境和系统其他组分的自组织、自调节的生态弹力或适应自生原则，简称适；三是通过循环再生与信息反馈维持系统结构、功能和过程稳定性的循环反馈原则，简称馈；四是人与自然之间、不同人类活动间以及个体与整体间的整合共生原则，简称整。

1）开拓：同种或不同种的许多个体或组群对食物和空间等生活的必需资源有共同的要求，当需求量超过供应量时所产生的相互作用，就称为竞争。这时竞争有两种解释：一种是不论其结果如何，专指这种相互作用的过程；另一种用法限于结果对有关个体有害的时候。前一种情况，竞争的结果不一定对双方都有害，也有各种互利的竞争。

2）适应：具有很强的开拓、竞争、共生、适应能力、顺应环境变化的生存发展机制和变异能力，既能不失时机地抓住一切发展机会，高效利用一切可以利用的资源，又能根据环境变化通过多样化和灵活的结构调整和功能转型调整自己的生态位，创造有利其发展的生存环境。

3）反馈：一种螺旋式的有机进化和系统发育过程，包括物质的循环利用和再生（将时空错置的废弃物资源重新纳入代谢循环中），能源的清洁利用和永续更新，信息的灵敏反馈和知识创新，人力的培育、繁衍和继往开来以及资金的高效融通和增值。开拓竞生是促进生态系统演化的一种正反馈机制，在社会发展中就是市场经济机制。适应自生是生物的生存本能，生物具有很强的自组织、自适应、自调节的协同进化功能。

4）整合：生态整合能力是对一个生态系统是否损坏或完整程度的一种度量。生态整合性的概念可以用来辨别代表改善和退化的生态反应。生态整合性受到环境胁迫因子强度变化的影响。环境胁迫可以定义为物种生产力和生态系统发展过程的物理、化学和生物限制因子。许多环境胁迫和人类活动是相关的，但仍有一些是自然因子。生态整合包括时、空、量、构、序的范畴和结构、功能、过程层面上的生态整合。

四、复合生态系统调控框架

（一）生态调控的目标

生态调控的最主要问题就是实现自组织和最优控制。这是生态系统的特性，是生态系统长期进化的结果。当然，物理学、化学、工程技术中也有自组织系统和最优控制的问题，但它们的自组织系统的能力远远不及生态系统所具有的那种规模和程度。生态调控的任务就是要按照生态控制论原理帮助决策者改善信息反馈渠道和决策方法，实现系统的高效、和谐。

1．经济目标——高效

生态学与经济学并不对立，它们之间的一个最大共同点是都要“勤俭持家”，即追求高的资源利用效率，生态学上称为生态效率，经济学上则叫经济效率。前者注重自然界资源流动的整体循环效率，后者注重这个大循环中被人所利用的那部分效率，而不管外部资源或环境的价值。因此，有人把传统的生态学叫做自然经济学（the economy of nature），认为它是经济学上的成本会计在自然环境及资源管理中的应用，而将传统的经济学称做社会经济学。从这个意义上说，复合生态系统的经济目标可用广义的经济效益来衡量。它包括高的人类生产活动效率（如产值、利润、成本及劳动生产效率、资金利用效率、设备技术利用效率等）、高的自然资源利用效率（如原材料消耗率、能源利用率、物资循环利用率、可再生资源利用比率及空间、时间的利用效率等）以及持续稳定的经济发展速率。

2．社会目标——和谐

生态调控的社会目标主要是协调社会发展的各种冲突关系，如局部和整体、眼前和长远、生产与生活、城区与郊区、资源利用与环境保护以及部门与部门之间、人与人之间和谐的共生关系等，最终目的是要达到各组分的平衡稳定和协调发展。追求环境的和谐、稳定，是社会学家和生态学家的共同目标。但社会学家偏重人与人之间在生产与生活活动中所形成的社会环境，而生态学家更强调人的活动对自然环境的影响和自然环境对人的长期反馈效应。我们可以用社会效益（或机会）和环境效益（或风险）来衡量它们。前者包括生活质量、社会稳定性，后者包括资源供给能力、环境和谐状况等。

社会指标不同于经济指标，一般是不容易定量的，也很难定义最优值，可以通过调节社会和自然环境的和谐程度，通过完善生活和还原功能，将其机会及风险调节和控制在一定的范围内。

3．综合目标——持续

经济效益、社会效益、环境效益的统一就是我们追求的生态效益，也是生态调控的根本目标。这里的生态效益不是一个唯一确定的可全序排列的标量，而是一个多维的偏序向量。在后面的系统分析一节中，我们将会看到，评判生态效益的高低不能用简单的排序比较法，它是一个复杂的决策过程，用数学规划的语言可以表示为：

$$\begin{aligned} &\max. \quad \{B(x), O(x), -R(x)\} \\ &s.t. \quad G(x) \leqslant 0 \end{aligned}$$

这里 x 是状态变量；B、O、R 分别是经济效益、社会机会和环境风险；G 是约束条件，包括自然地理条件、经济技术力量、社会生产关系和外部的资源、环境条件及政策因素等。

经济高效和社会和谐是相辅相成的两个侧面，前者是正反馈过程，强调发展的速度；后者是负反馈过程，强度发展的稳定，二者既矛盾又统一。联合国世界发展与环境委员会称其为可持续发展（sustainable development）。生态调控的目的就在于利用一切可以利用的机会，充分提高物质能量利用效率，使系统风险最小，而综合效益最高，社会、经济、环境得到协调发展。

（二）生态调控的特征

复合生态系统不仅遵从自然界的“道理”，也遵从人类活动的“事理”和人类行为的“情理”。生态控制论不同于传统控制论的一大特点就是对“事”与“情”的调理，强调方案的可行性，即合理、合法、合情、合意。合理，指符合一般的物理规律；合法，指符合当时当地的法令、法规；合情，指为人们的行为观念能为习俗所接受；合意，指符合系统决策者及与系统利益相关者的意向。

控制机制引导和推动着生态系统的动态过程，决定其演替方向和最终归宿。对生态系统控制行为的深刻认识，是揭示其动力学机制和演替规律的基础，但这个问题一直被人们所忽视。

控制系统是由组成元素错综复杂的相互作用和信息调节过程，形成的连续动态系统。专司整体协调的信息网络、反馈环和稳定性是控制系统的三个基本特征。

1. 信息网络

“一切控制系统都有一个信息网络”，它把系统的组成元素联为一体，并专司整体调节与控制功能。虽然信息网络也是系统各组成元素之间的一种联系，但它是一种行使控制功能的特殊联系。系统各组成元素之间的关系是多通道的，但并非所有的联系都是信息联系。

2. 反馈环

反馈环的功能在于使系统的运动趋向稳态或某一预期状态，使其具备可控性和可预测性，反馈环有两种：① 主动反馈。这种反馈环一般是信息反馈环，反应灵敏，并具有控制器，随时识破系统的瞬时输出与期望输出的误差，据此调节系统的输入。主动反馈的特点在于调控作用的超前性和系统行为的平稳性。② 被动反馈。只有当系统的输出与最佳输出误差超过某一阈值时，才被迫启动，调节输入变量，它的特点是反应迟钝与滞后调节，系统出现周期性的大幅度振荡，不断偏离和复归某一稳定态。

3. 稳定性

生命有机体通过信息前馈控制使生态系统无序的能量、物质、众多的生物个体有序地组织起来，形成一个有一定结构和功能的整体。生态系统沿着能耗减少（熵的产生而非积累）方向演替，逐渐形成高度有序的稳态结构。这个过程自我调节控制是以生物有机体的适应、共生为动力机制，以能量 - 物质守恒和物质循环再生为制约条件的。生态系统的一个主要功能在于保持生物循环的有序性，生态系统功能的多样性和反馈循环实现了稳态调节。负反馈环是稳定性的必要条件，它是系统自发的一种趋向和保持某一稳态的行为，使系统具备一定的抗干扰能力、自组织化和自校稳态的功能。

（三）生态调控的表现

生态系统控制机制的特征表现在信息调节网络的非连续性和前馈控制的弱规定性，这些特征决定了生态系统行为与生物有机体行为的差异。

1. 行为选择的多样性

在生态系统的管理和调节中，行为空间的多样性一方面增加了保持生态系统于某一预期状态的困难性，另一方面却为改造生态系统提供可能，对生物有机体特征的改变是困难的，因为它们决定于内在的遗传规定性，而对生态系统的调节却是比较容易的。控制系统的行为空间的大小受前馈输入的制约，无前馈输入的控制系统，有最大的行为选择空间。随着前馈输入作用的增强，行为空间缩小并缺乏弹性。

虽然生态系统是由强前馈控制的生物有机体构成，但在其整体协调过程中却呈现出弱前馈控制的特征，反馈调节在生态系统功能表现中占主要地位，生态系统对外来干扰的适应，不仅仅是依赖于生物有机体本身机能的变化来实现，而更重要的是利用结构变动（以一种更适应生物代替不适应生物在生态系统的作用）进行稳态调节，因此生态系统是弱前馈控制的系统。弱前馈控制决定了生态系统行为空间的多样性。生态系统有更大的可塑性，以结构和功能多样性适应外界环境条件的变化。弱前馈控制使生态系统的稳态调节更多地依赖于反馈控制，它以牺牲系统稳定性来换取更多的发展机会。

2. 系统行为的周期性振荡性

生态系统的定态是一种循环平衡态。它不断地偏离和复归某一平衡态，形成一种螺旋式的进化轨道，这种行为特征是由生态系统非连续的信息网络和占支配地位的能量 - 物质直接调节所决定的。

生态系统控制反应的迟钝使它表现出较大幅度振荡性行为。系统某一组成元素的偏离不能迅速传递给其他元素，系统不能作出迅速调整，导致系统结构的破坏和整体功能的下降，只有当系统对预期状态的偏离超过某一阈值时才能得到调整和恢复。因此生态系统处于周期性的振荡之中。

（四）生态调控的方式

复合生态系统调控的主要方式包括辨识、模拟、规划、工程和管理等五个方面的内容。

1. 系统辨识

1）边界辨识：复合生态系统的空间边界可按区域生态系统列分，也可按行政管辖边界划分，还可按物资集散关系划分，主要根据决策者的意图和研究的方便来决定。一般倾向于把自然地理联系及社会经济联系较密切的区域（包括城区和郊区）划在一起。

2）组分辨识：面对一个复合生态系统，人们首先要辨识的是它的结构组分，它的自然环境、资源条件以及它的主要核心——复合生态系统中的人。一般可以采用有形和隐形生态资产评估、生态空间核算和生物多样性评价等方法研究生态资产。

3）功能辨识：辨别生产功能、生活功能和还原自净功能的高低、效益的好坏。可以采用生态服务功能评价、生态健康评价和生态安全评价等方法辨识复合生态系统的复合生态功能。

4）过程辨识：弄清导致系统矛盾运动的主要物理过程、事理过程和情理过程。一般可以采用能值分析方法、生态效率分析方法和生态足迹评价方法研究复合生态系统的生态过程。

2. 系统模拟

复合生态模拟过程是一类滚动式、进化式的知识更新、关系辨识、情景分析和生态整合过程，包括一系列的组合模型。

1）诊断模型：结构诊断（主因子分析，多样性分析），功能诊断（主导问题辨识，发展趋势分析），环境诊断（生态位势分析，机会风险分析）。

2）动力学模型：物理过程、化学过程、生物过程、经济过程及控制过程的时空序列和动态机制分析。

3）调控模型：机理学习模型、情景分析模型、案例管理模型，控制论模型，如竞争、共生、再生、自生机制，正负反馈环；可持续能力模型，如财富、健康、文明。

3. 生态规划

复合生态规划是通过生态辨识和系统规划，运用生态学原理、方法和系统科学的手段去辨识、模拟和设计人工生态系统内的各种生态关系，探讨改善系统生态功能，促进人与环境关系持续发展的可行的调控对策。

4. 生态工程

生态工程根据整体、协调、循环、自生的生态控制论原理去系统设计、规划和调控人工生态系统的结构要素、工艺流程、信息反馈关系及控制机构，在系统范围内获取高的经济和生态效益。

5. 生态管理

生态管理旨在运用系统工程的手段和生态学原理去探讨这类复合生态系统的动力学机制和控制论方法，协调人与自然、经济与环境、局部与整体间在时间、空间、数量、结构、序理上复杂的系统耦合关系，使资源得以高效利用，人与自然高度和谐，环境经济持续发展，为解决国家、地区及部门重大生态环境问题提供决策支持、科学依据和管理方法。

五、复合生态系统理论在区域生态风险评价中的应用

区域开发活动的作用对象是区域社会 - 经济 - 自然复合生态系统，区域开发生态风险评价实际上是一个与复合生态系统调控相对应的过程，是系统调控的基础和前提。系统调控的目的就是要趋利避险，也就是要尽量减轻开发活动对生态系统造成的负面影响，并通过各种正面的调控手段来补偿其所受到的影响，从而保证生态系统正常运行，使生态服务功能得以正常发挥，因此，区域生态风险评价各个阶段都离不开复合生态系统理论的指导。可以说，复合生态系统理论贯穿于整个区域生态风险评价的全过程。

第一，是评价范围的界定与分析。可采用复合生态系统分析方法中的系统辨识，包括边界辨识、组分辨识、功能辨识和过程辨识，划定评价范围与区域，了解所评价的生态系统的结构、过程和功能。

第二，是风险源识别阶段。如前所述，复合生态系统的动力学机制来源于自然和社会两种作用力。也就是说，来自自然界的变化如自然灾害以及人类高强度的开发活动如环境污染、资源开发和空间占用，自然力和社会力的耦合导致不同层次复合生态系统特殊的运动规律。运用系统论和控制论的方法，强调系统分析评价的软硬结合、定性定量结合、理论经验结合，从而界定系统边界，明确状态变量、环境变量、控制变量和输出变量，识别出风险源。

第三，是受体分析阶段。生态风险的最终受体不仅是人类自己，而且包括生命系统的各个组建水平（个体、种群、群落、生态系统乃至景观），并且考虑了生物之间的互相作用以及不同组建水平的生态风险之间的相互关系（即风险关联）。生态系统可以分为不同的层次和等级，在进行生态风险评价时，要按照复合生态系统的等级，找出复合生态系统中哪些子系统或哪些组分是生态风险的受体。可以利用复合生态系统的各类诊断模型来找出生态系统中的敏感因子，包括结构诊断（主因子分析，多样性分析）、功能诊断（主导问题辨识，发展趋势分析）、环境诊断（生态位势分析，机会风险分析），针对不同的风险因子，通常选取那些对风险因子的作用较为敏感或在生态过程中具有重要作用的生态系统或组分，作为风险因子作用的受体。

第四，是暴露和危害分析阶段。传统的局地生态风险评价在评价污染物的排放时，多采用毒理实验外推技术，将实验结果与环境监测结合起来评价污染物对生物体的危害。有关区

域或景观风险评价的危害分析，显然难以用实验室实验进行观测，而只能根据长期的野外观测，结合其他学科的相关知识进行推测与评估，这时，就可以选择复合生态系统的各种动力学模型，对复合生态系统、各子系统以及子系统中各要素的物理过程、化学过程、生物过程、经济过程及控制过程的时空序列和动态机制进行分析，从而了解生态系统受风险源的危害程度。

第五，是风险综合评价阶段。风险评价是前述各评价部分的综合阶段，它将暴露分析和危害分析的结果结合起来，并考虑综合效应，得出区域范围内的综合生态风险值。与传统的生态风险评价不同，区域生态风险评价不仅关注污染风险，更加关注生物多样性和生态完整性风险。复合生态系统理论中，生态整合能力是对一个生态系统未受损坏或完整程度的一种度量。生态整合性的概念可以用来辨别代表改善和退化的生态反应，生态整合性受到环境胁迫因子强度变化的影响。生态整合包括时、空、量、构、序的范畴和结构、功能、过程层面上的生态整合。

第六，是生态风险管理阶段。开展区域生态风险评价的目的，就是要依据风险表征的结果，提出合理的风险管理措施，以实现区域开发风险的最小化。在此过程中，更需要我们应用复合生态系统的“整体、协调、循环、自生”的生态控制论原理，去提高生态系统的自我调节能力。例如，应用“开拓适应”原理，增强对外开拓、扩展环境容量的能力和适应环境、调整需求、改变自身的需求生态位的能力；根据“乘补”原理，利用相乘相补原理来保持系统的稳定；运用柔道原理规避风险，化限制因子为利导因子、对抗力量为合作力量、竞争组分为共生组分、有害废弃物为有用的活资源；利用反馈机制，采取措施调节系统的输入，使其向稳态或预期状态发展。

总之，区域开发生态风险评价应该是人类与环境管理系统的综合集成，它只有和社会、经济和自然系统结合起来，才能更好地在管理决策中发挥作用。

第三节　生态风险评价其他理论基础

一、可持续利用理论

（一）可持续利用基本概念

可持续利用通常是指资源的可持续利用，是指在人类现有认识水平可预知的时期内，在保证经济发展满足资源需求的基础上，能够保持或延长资源生产使用性和自然资源基础完整性的利用方式。

1．资源可持续利用的基本内涵

1）资源的可持续利用必须以满足经济发展对资源的需求为前提。

2）资源可持续利用的“利用”是指资源的开发、使用、管理、保护全过程，而不单单只指自然资源的使用。合理的开发、使用就是寻求和选择自然资源的最佳利用目标和途径以发挥资源的优势和最大结构功能；而“治理”是要采取综合性措施，以改造那些不利的资源条件，使之由不利条件变为有利条件；“保护”是要保护资源及其环境中原先有利于生产和生活的状态。人类对资源的利用不仅仅是简单意义上的索取，在某种意义上更意味着对资源生产的投入。

3）资源生态质量的保持和提高，是资源可持续利用的重要体现。资源的可持续利用意味着维护、合理提高资源基础，意味着在资源开发利用计划和政策中加入对生态和环境质量的关注和考虑。

4）资源的可持续利用必须在可预期的经济、社会和技术水平上保证一定资源数量以满足后代人生产和生活的需要。

5）资源的可持续利用不仅是一个简单的经济问题，同时也是一个社会、文化、技术的综合概念，必须对经济、社会、文化、技术等诸因素综合分析评价，保持其中有利于资源可持续利用的部分，对不利的部分则通过变革来使其有利于资源的可持续利用。

2. 资源可持续利用的目标

1）经济与生态利益的统一；

2）眼前和长远利益的统一，这是涉及代际公平的根本问题；

3）局部和全局利益的统一，这是影响代内公平问题的关键所在。

概括地讲，资源可持续利用是使资源得到科学合理的利用、开发、整治和保护，实现资源的永续利用与社会、经济、资源环境的协调发展，不断满足社会经济长期发展的需要，达到最佳的社会、资源环境和经济效益。可持续利用的目标是在社会上具有公平性和可接受性，在资源环境方面具有可持续性，在经济上具有高效性。

（二）区域开发与可持续利用

在进行区域开发活动特别是资源开发利用和空间占用过程中，必须遵循可持续发展的基本原理，即在立足于人类的持续生存这个核心的基础上，保证资源在生态阈限内，坚持以不破坏自然生态系统为基本前提，在资源环境容许的限度内进行区域开发。区域开发生态风险评价就是要评价区域开发各项活动和措施是否在生态环境限度之内，是否会发生生态风险及其程度大小。因此，开展区域开发生态风险评价时，必须以可持续利用理论为指导，以整体、全局和系统的观念，判断区域开发活动能否使资源得到科学、合理的开发、利用、整治与保护，以实现资源环境、社会、经济协调发展，不断满足社会经济长期发展的需要，达到最佳的生态、社会和经济效益。

二、区域差异理论

各地自然和社会经济条件的差异决定了区域开发必须坚持因地制宜的原则，在确定开发项目和开发强度时，既要考虑到生产发展的需要，又要考虑到当地资源的特性，根据生态功能分区，选择合适的开发模式。

区域开发具有鲜明的地域性，不同地区由于自然与社会经济条件不一样，发展过程中存在的主要问题也不同，其产业主导方向、资源开发强度和生态空间占用便不一样。因此，不同地区区域开发的目标和模式也就不一样，其生态风险也差异甚大。区域开发的宏观发展战略与地域社会经济条件密切相关，我国自然资源分布和土地利用程度会随着经济的发展水平在东、中、西部呈现明显差异，因而东部经济发达地区、中部农业区和西部生态脆弱区区域开发的宏观发展目标及发展模式差异很大。

区域生态风险评价的范围主要是大尺度地域范围的，所涉及环境问题的成因及结果都具有区域性，区域环境特征不仅影响风险受体的行为、位置等，也影响到风险压力因子的时空分布规律，也就是说，它所涉及的风险源以及评价受体等都在区域内具有空间异质性。因此，开展区域生态风险评价时应根据评价区域内部差异性，找出不同的风险源和风险因子，提出不同风险评价模型和方法。

三、不确定性理论

（一）不确定性分类

生态风险评价是采用综合方法评价具有不确定性的灾害或事件对生态系统及其组分可能造成的损伤。在这些灾害或者事件中，自然灾害是重要的风险源，同时，由于难以准确预料风险源是否会发生以及发生的时间、地点、强度和范围，最多根据先前发生的概率信息去推断和预测，这种信息的不确定性可能使风险值被高估或低估。

“不确定性”一般可以理解为不肯定性、不确知性和可变性。不确定性广泛地存在于自然界和人类社会中，就环境风险评价而言，不确定性的表现也是相当普遍的。例如，在评价某一工厂向某河流排放污水是否会导致该河流水质超标的问题时，尽管评价工作者通过一定的水质模型预测，在不利条件下确实会发生超标事件，但事实上超标是否果真会发生却不一定。实际上，该河流上游来的水质、河流中水的流量以及降雨量、降解系数等在不同的季节都是变化的或具有不确定性的，因而引起下游水质也是变化的或具有不确定性的。

Suter 将环境风险评价中的不确定性分为两大类，一类是可以用较确切语言描述的不确定性。例如，在环境风险评价中，某一随机事件的发生（如有毒化学物质的泄漏）具有随机性，但是可以通过特定的方法（如 Fault Tree Analysis 分析法）预测其发生的概率及影响程度。另一类不确定性是由于人们认识能力的局限，对风险评价中某些现象、机理本身就不清楚，不能准确地描述。对于第一类不确定性，又可进一步分为两类：在风险分析的过程中由于自然界本身所固有的不确定性所引起的不确定性（如模型不确定性、参数不确定性等）和自然界随机变化引起的不确定性。其中，模型的不确定性又包括方程形式错误及边界条件设置不合理等引起的不确定性；参数不确定性包括监测过程中和推导过程中引起的不确定性[23]。

（二）不确定性分析的必要性

不确定性的概念较为宽泛，但多数不确定性的概念都集中在一点——它是由信息不完整引起的。在使用数据进行计算的过程中，不确定性是不可避免的，导致不确定性的因素有很多，例如随机误差、语言表达准确性、不可预知性等。在使用量化模型时，还会遇到封闭性不确定性（如系统边界确定）、结构不确定性（概念模型的选取）、参数不确定性（参数选择和设置）等。对于生态风险评价中的不确定性，其来源可以由概念模型的建立、信息和数据的不完备、自然风险源等的多样性、来源范围很广的误差等方面引起，这些都需要进行不确定性分析及敏感性分析，使评价更科学可靠。

不确定性分析既可以确定分级结果不确定性的特征，又可以进行敏感性分析描述分析条件对结果的影响。这使风险管理者更清楚地洞察风险评价优缺点，能为理性地考虑其他方法提供建议，也能获得更多的信息以减少风险计算的不确定性，进而更加准确地确定此风险危害程度的高低，预测未来生态环境演化规律，并做出抵御风险的准备，保证经济活动的安全和决策的有效、准确。

（三）不确定性分析的具体方法

目前，不确定性的定量分析方法较少，也还不够成熟。本书通过对相关领域内有关不确定性问题的研究成果进行分析和归纳，并结合环境风险评价，总结出针对不确定性问题的定量分析方法。

1. 传递函数法

即根据误差传递理论，由各初始变量的不确定性大小渐次分析计算结果的不确定性。其主要的理论根据是关于随机变量函数的方差计算理论。

2. 数值模拟法

对于某些复杂的模型，分析其不确定性的来源是极其困难的，而借助 Monte-Carlo 方法则比较方便地处理复杂模型中的不确定性问题。Barnth Ouse 等用 Monte-Carlo 模拟技术研究由单一物种毒性外推到生态系统过程中的不确定性问题，较好地将这一过程的不确定性转变为关于某种效应的不确定状态。从而某一特殊有毒效应水平的风险可以由一个直接毒性和源于外推过程产生的不确定性函数确定。

3. 置信区间法

从置信限与容许限的角度，借助统计分布理论，研究参数值的不确定性。

4. 二阶矩法

根据自变量的前二阶矩取泰勒级数的前 1 项或者前 2 项，即用一次二阶矩方法和二次二阶矩方法分析与计算结果的不确定性。如在环境质量模型中污染物的分布曲线以 $f(x)$ 表示，根据 $f(x)$ 和坐标原点的关系可以写出污染物浓度的各阶矩（零阶矩、一阶矩及二阶矩）。零阶矩表示排放污染物的总量；一阶矩表示污染物浓度分布重心的位置；二阶矩表示污染物浓度分布的方差，即浓度分散的离散程度。这样，根据二阶矩的泰勒级数展开即可研究污染物浓度分布的不确定性。

在风险评价研究领域中，无论采用上述哪一种方法分析不确定性，其目的都在于从本质上认识它、把握它，最终找到有效的途径或采取有效的措施来减少和消除它。目前，虽然出现了许多减少不确定性问题的方法，但就环境风险评价领域中不确定性问题的主要方法有回归分析法、非参数回归法、多目标规划法和专家意见法四种[24-25]。

参考文献

[1] 王德铭 . 生态毒理学的定义及方法的探讨 [J]. 生态科学，1992.

[2] Schüürmann G，Markert B. Ecotoxicology[M]. Berlin：Jone Wiley & Sons，1998.

[3] 孟紫强 . 关于生态毒理学与环境毒理学几个基本概念的见解 [J]. 生态毒理学报，2006，1（2）：

97-103.
[4] 彭小武，陈勇，杨永虎 . 环境毒理学和生态毒理学在环境风险评价中的应用 [J]. 新疆环境保护，2007，29（2）：28-32.
[5] 殷浩文 . 生态毒理学的宏观与微观进展：从并行发展到相互融合 [J]. 环境与职业医学，2003，5：318-319.
[6] 傅伯杰，陈利顶，马克明，等 . 景观生态学原理及应用 [M]. 北京：科学出版社，2002.
[7] 曾辉，刘国军 . 基于景观结构的区域生态风险分析 [J]. 中国环境科学，1999，19（5）：454-457.
[8] 张学林，王金达，张博，等 . 区域农业景观生态风险评价初步构想 [J]. 地球科学进展，2000，15(6)：712-716.
[9] 肖笃宁，李秀珍，高竣，等. 景观生态学 [M]. 北京：科学出版社，2003.
[10] 付光辉，刘友兆 . 土地整理生态风险评价的概念模型构建 [J]. 安徽农业科学，2009，37（20）：9586-9588，9591.
[11] Daily G C. Management objectives for the protection of ecosystem services[J]. Environmental Sciences & Policy，2000，3：333-339.
[12] Cairns Jr J. Balancing ecological destruction and restoration：the only hope for sustainable use of the planet[J]. Aquatic Ecosystem Health & Management，1999，2：91-95.
[13] 王如松 . 强化城市生态服务功能的系统整合方法 [M]. 北京：气象出版社，2004.
[14] Costanza R，D'Arge R，Groot R D，et al. The value of the world's ecosystem services and natural capital[J]. Nature，1997，387：253-260.
[15] 程飞，吴清江，谢松光 . 水文生态学研究进展及应用前景 [J]. 长江流域资源与环境，2010，19(1)：98-106.
[16] 刘文兆 . 流域水文生态学的意义、问题与基本框架 [J]. 中国生态学学会通讯，2000（特刊）：87-88.
[17] 宫辉力，周德民，张明祥 . 基于生态响应的水文生态学模型研究进展与趋势评价 [J]. 自然科学进展，2009，19（9）：889-895.
[18] 王如松，方精云，高林，等 . 现代生态学的热点问题研究 [M]. 北京：中国科学技术出版社，1996.
[19] 王如松 . 高效、和谐——城市生态调控原则与方法 [M]. 长沙：湖南教育出版社，1988.
[20] 王如松 . 可持续发展的生态学思考 // 赵景柱，欧阳志云，吴钢 . 社会 - 经济 - 自然复合生态系统可持续发展研究 [M]. 北京：中国环境科学出版，1999.
[21] 王如松，周启星，胡聃 . 城市生态调控方法 [M]. 北京：气象出版社，2000.
[22] 王如松，迟计，欧阳志云 . 中小城镇可持续发展的先进适用技术：规划管理篇 [M]. 北京：中国科技出版社，2001.
[23] 曾光明，钟政林，曾北危 . 环境风险评价中的不确定性问题 [J]. 中国环境科学，1998，18（3）：252-255.
[24] 乔岩石，许建，汪家权 . 基于不确定方法的规划环评研究 [J]. 建筑与规划，2009，23（1）：18-20.
[25] 马禄义，许学工，徐丽芬 . 中国综合生态风险评价的不确定性分析 [J]. 北京大学学报：自然科学版，2009，47（5）：893-900.

第四章　生态风险评价的相关方法

我国的生态风险评价起步较晚，国内学者在国外生态风险评价框架的基础上，以化学、毒理学、生态学理论为基础，运用物理、化学模型或概率分析的方法，对水环境污染、重金属沉积、生物技术、生物入侵等可能造成的生态风险进行分析和评价。

区域生态风险评价是生态风险评价的拓展，近年来逐渐成为研究的热点领域之一。由于区域开发生态风险评价的风险源主要来自较大空间尺度和较长时间尺度的开发建设活动，具有大尺度、多风险源、多受体等特点，不确定性亦比传统生态风险更大。因此，基于个体、种群乃至群落的传统生态风险评价方法难以适应区域性生态风险的要求。近年来，国内外学者不断根据区域性生态风险的特点对模型和技术方法进行改进。本章将深入分析和探讨生态风险评价框架和方法以及区域生态风险评价的模型和相关技术。

第一节　生态风险评价框架

一、USEPA 生态风险评价框架简介

20 世纪 90 年代，Barnthouse 和 Suter 首次尝试将人体健康评价框架改编成生态风险评价框架 [1]。该框架的主要特点是：① 强调风险源识别、风险表述和评价终点的选择；② 将分析过程与暴露评价、影响评价结合起来；③ 设计流程图，将暴露评价、影响评价并列起来，并在暴露评价、影响评价的过程中体现危害识别。1990 年，NRC 的风险评价方法委员会（CRAM）在进行广泛的案例分析（包括有毒化学物调节、濒危物种保护、控制外来物种引入、自然资源管理等）的基础上，将人体健康评价与生态评价纳入新的框架（NRC，1993）中 [2-3]。到 90 年代，USEPA 开展了一系列专题和案例研究，其中包括流域评价，发展出新的风险评价框架 [4]。新的风险评价框架更强调评价者、管理者和利益相关方之间的对话交流。根据 USEPA 的观点，框架只是对生态风险评价的说明，凡是按照 USEPA 框架或类似的框架进行的评价都是生态风险评价。这一时期，生态风险评价对风险管理和政策决策的支持功能已经凸显出来，管理者和利益相关方在评价中已经从无到有，逐渐发展到与风险评价处于并列的地位 [5]。

在 USEPA 框架中，问题形成阶段是生态风险评价的第一阶段，是整个评价的基础。同时，它也是建立风险评价的目标，用以确定存在的问题以及制定数据收集、分析和进行风险表征

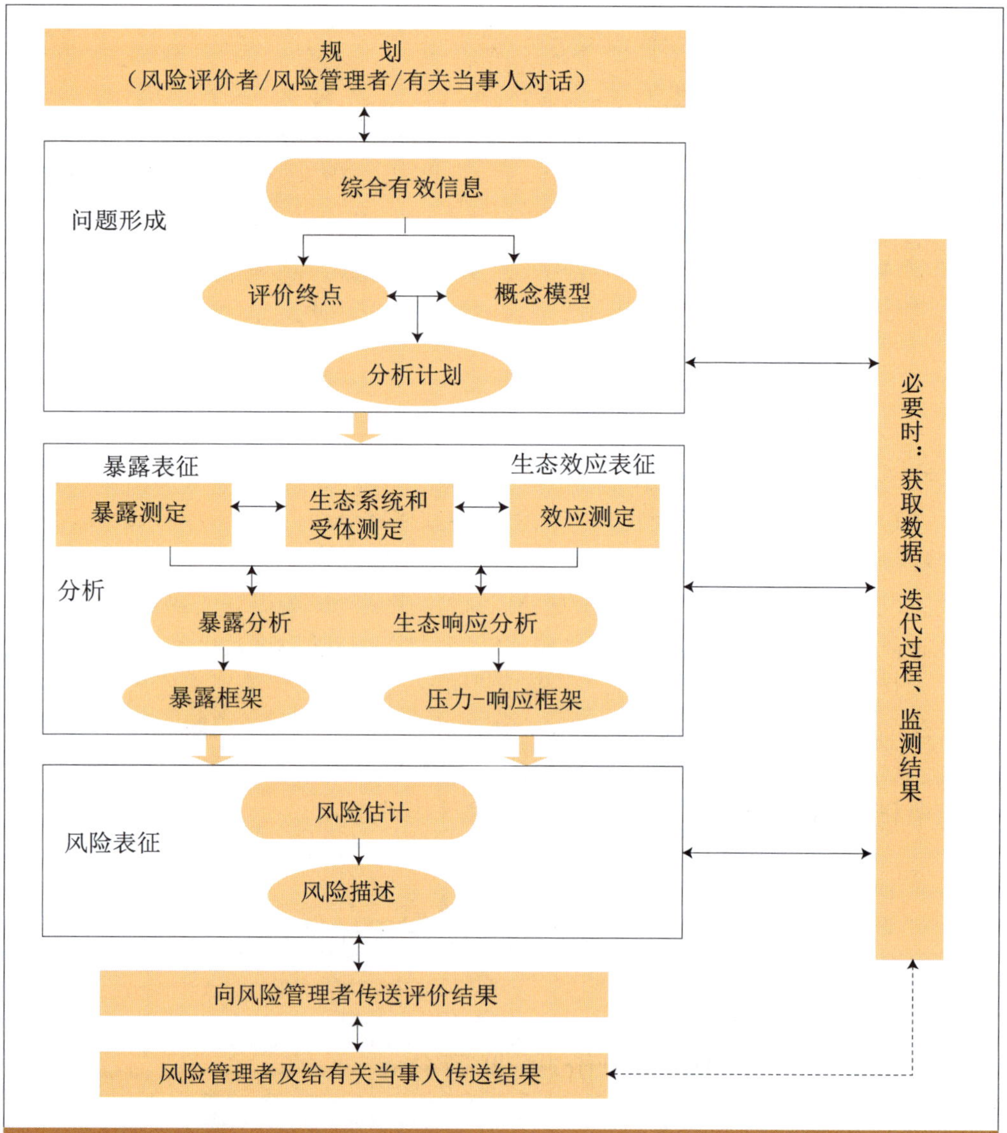

图 4-1 美国生态风险评价流程（USEPA，1998）

的计划。分析阶段是对数据进行分析研究，进而归纳出生态暴露以及压力与生态效应的关系，包括暴露表征和生态效应表征两个基本内容。风险表征是生态风险评价的最后阶段，目标是利用分析阶段的结果，估计分析阶段所确认的评价终点面临的风险，解释风险评估结果并提交报告。通常，评估阶段应当给出明确的信息，供风险管理人员做出环境决策[6]。

生态风险评价和生态风险管理是基于生态风险的两种类型的活动。前者侧重于对不利生态影响的可能性进行评估，属于生态风险的技术评估范畴；后者包括对特定生态风险反应过程的选择，属于生态风险的管理范畴。在 USEPA 提出的框架中，在问题形成阶段之前，评价者、管理者以及利益相关方会坐在一起，为实现管理目标和评价目标进行讨论，制定规划及提供有助于评价工作的可用资源。在风险表征阶段之后，评价者和管理者再次进行正式的交流，由环境管理者把风险评价的结果告知给与风险有关的利益相关方[7]。这一程序促进了风险管理者和风险相关方之间的互动，加快了评价过程，有利于提高预测结果的准确性。

二、其他生态风险评价框架简介

在欧盟国家，由新产品投入使用所带来的风险成为了评价的主要内容，新品遵循指南93/67/EWG，旧品遵循指南1488/94/EWG，此类指南均收纳于《技术指南》文档中[8-10]。风险评价也依据各指南中提出的评价框架开展工作，主要是通过暴露分析化学物释放可能产生的危害；响应分析此类危害作用于生态系统结构和功能可能产生的影响。如英国已将评价框架应用于环境决策[11]，以控制产品使用所带来的安全管理问题，英国环境署、威尔逊州针对点源污染制订了生态风险评价指南，已进入试行阶段[12]。

澳大利亚国家环境保护委员会于1999年颁布了《国家环境保护标准》（NEPM）及评价点源污染影响的声明[13]。NEPM对点源污染评价提出了一系列方法，这类方法最终被总结成各类评价指南，包括人体健康类和生态风险评价类方法体系。其中，有关生态风险评价类指南中描述了评价土壤-化学污染的框架，内容包括：问题识别、受体识别、暴露评价、毒理评价和风险表征，该指南同时提供了如何启动并实施评价的综合技术指导、各类土壤的成因及生态意义、数据获取方式及风险管理决策等内容。

荷兰也有其正式的生态风险评价框架[14-15]，服务于各类特殊的使用目的和法律背景[16]。内容涉及房屋、资产规划等领域。评价过程通过设计半结构化问卷抽样调查区域内群众对风险的容忍度，最终辅佐风险决策，制定风险管理方案。

第二节 传统生态风险评价方法

一、传统生态风险评价方法简介

我国的生态风险评价起步较晚，初期大多集中在对国外生态风险评价理论方法的介绍。20世纪90年代以来，我国学者在介绍和引入国外生态风险评价研究成果的同时，开始对水环境和自然灾害生态风险评价、重金属沉积物的生态风险评价的基础理论和技术方法进行探索。部分研究者将USEPA的评价框架引入到国内生态风险评价工作中，开始尝试借鉴国外生态风险理论和方法来研究我国环境中的风险问题，如利用离体生物标记物的方法对太湖地区的风险源进行定性筛选[17]，利用多介质模型和概率风险模型对太湖梅梁湾沉积物中多环芳烃的生态风险进行定量评价[18]，利用多参数生物效应标记的方法对天津地区土壤污染进行定性风险评价[19]，通过风险因子甄别技术寻找到典型遗传毒性物质[20]，利用商值法和概率风险法对长江水系武汉段典型有机氯农药的生态风险进行评价并对这两种评价方法进行比较分析[21]。这些工作的开展极大地丰富了我国生态风险评价领域的理论和实践，也可视为我国区域生态风险评价的开端。

按照风险源划分，国内外生态风险评价主要集中在以下三个方面。

第一，化学污染物风险。如化学物污染、重金属污染、农药污染等，评价集中在污染物可能给生态系统及其组分带来的不利影响及损失的概率，目前仍是生态风险评价的主要领域。

第二，生物技术生态风险，包括基因工程、细胞工程、酶工程和发酵工程以及生化工程的生态风险。转基因植物的释放对生态系统的影响，如转基因作物本身可能变为杂草或使其野生近缘种变为杂草，同时也存在产生新病毒甚至超病毒的可能性，已越来越多地引起了人们的关注。此外，转基因生物较高的适应性和竞争能力，可能导致种群爆发，改变生物群落的结构，破坏生物多样性，进而影响生态系统的能流和物质循环[22-23]。

第三，外来种入侵生态风险。外来种入侵也称生态入侵，是指将外源生物引入本地后，种群蔓延失控并排挤本地种，造成本地物种消失并伴生其他严重危害的现象[24]。由于物种的多样性对生态系统的稳定性至关重要，一旦侵入种通过改变环境条件和资源的可利用性而对本地物种产生影响，将减少生物多样性[25]。关于生态入侵最典型的案例就是澳大利亚的兔子成灾事件和我国云南滇池的水葫芦爆发事件。

化学污染物风险评价方法一般是以生态毒理学、阈值原理为基础，量化有毒污染物的危害，得出化学污染物浓度的阈值和风险值，常用的方法有商值法和概率法。商值法（RQ）的应用较为简单，适用于单个化合物的毒理效应评估，目前广泛用于定量或半定量的生态风险评价。商值法的原理是将实际监测或由模型估算出的环境暴露浓度（EEC 或 PEC）与表征该物质危害程度的毒性数据（预测的无效应浓度 PNEC）相比较，计算得到风险商值（RQ）的方法[26-27]。通常情况下，比值大于 1 说明有风险，比值越大风险越大；比值小于 1 则安全。概率风险评价是传统生态风险评价的外延，它把可能发生的风险依靠统计模型以概率的方式表达出来，更接近客观的实际情况[28]。概率风险评价方法是将每一个暴露浓度和毒性数据都作为独立的观测值，在此基础上考虑其统计学意义。在概率生态风险评价中，暴露评价和效应评价是两个重要的评价内容。暴露评价试图通过概率技术来测量和预测某种化学品的环境浓度或暴露浓度[29]，效应评价是针对暴露在同样污染物中的物种，用物种敏感度分布（SSD）来估计一定比例（x%）物种受影响时的化学浓度，即（x%）的危害浓度（hazardous concentration，HCx）[28,30]。暴露浓度和物种敏感度都被认为是来自概率分布的随机变量，二者结合产生了风险概率。

生物技术生态风险主要应用微宇宙法（Microcosm）进行评价。所谓微宇宙法，就是利用可控制和可重复的实验系统，模拟真实环境。如转基因微生物在小规模田间试验之前先在微宇宙中评价其存活状况、基因转移潜力以及生态效应。微宇宙法的优点是体积小，可重复，有真实的物理、化学和生物的相互作用，可以估价生态影响[31-33]。

外来种入侵生态风险往往发生于生态系统水平、景观水平及区域水平上，评价范围相应较大。物种水平的生态风险评价是生态系统评价的基础，引种前应先作详细的调查分析，分析引入种的表型或生理特征及入侵能力、繁殖能力、竞争能力、生态学影响等，测定其合适度、种群增加速度。此外，还应该对本地环境进行分析（包括栖息地类型、当地的动植物的生物多样性、植被覆盖度、主要的相互作用过程、自然或人为干扰情况以及气候和土壤条件等）。评价时将上述各方面的资料与数据进行综合，以描述、图解和模型的形式来表示判断风险度和或然率，或利用模型对包括随机成分在内的风险进行判断[34]。

二、传统生态风险评价方法的不足

商值法通常在测定暴露量和选择毒性参考值时比较保守，仅仅是对风险的粗略估计，计算存在着很多的不确定性。例如，化学参数测定的是总的化学品含量，假定总浓度是可被生物利用的，但事实并非完全如此。此外，商值法没有考虑种群内个体的暴露差异、受暴露物种的慢性效应的不同、物种的敏感性范围以及单个物种的生态功能差异。商值法的计算结果是个确定的值，不是一个风险概率的统计值，多用于低水平的风险评价[29,35]。概率法能够将风险评价的结论以连续分布曲线的形式得出，也充分考虑了环境暴露浓度和毒性值的不确定性和可变性[17,34]，但是如果生态环境的不利影响作用的时间较长，或存在累积效应，概率法就无法准确评估风险的大小。微宇宙法只适合在风险因子单一、空间范围较小的情况下适用，当风险因子较多，空间尺度增大时，不确定性增加，这种方法就不适用。生态入侵评价采用描述、图解或模型的形式来表示风险度和或然率，这种方法不能对风险的大小进行判断，只适合定性的描述。

区域生态风险评价是针对典型区域特点，从大尺度（区域）和中尺度（亚区域）两个层次上构建风险识别框架和指标体系，重点识别和分析人类活动对生态系统的总体影响态势，关注对大气环境、水环境、生态系统的影响，特别是具有显著累积特征和潜在性影响的生态风险。

第三节　区域生态风险评价方法

随着生态风险评价逐渐向区域尺度发展，风险评价过程更复杂，由于评价对象的不断增加和尺度的不断扩大，原有的方法已经不能满足区域性风险多源、多路径、多受体的特征，于是产生了区域生态风险评价。区域生态风险评价特点不同于传统生态风险评价，本书将在分析区域生态风险评价特点的基础上，对区域风险评价的方法和模型进行综述。

一、区域生态风险评价的主要内容

区域生态风险评价是在区域尺度上描述和评估环境污染、人为活动或自然灾害对生态系统及其组分产生不利作用的可能性和大小的过程[35]。区域生态风险评价强调空间异质性，尤其是空间邻接关系对风险的影响，具有更强的综合性，更加关注对多重潜在风险的分析，要求评价方法必须能够适应解决更大尺度的复杂环境问题[36-37]。

1. 评价区域界定

评价区域的界定是区域生态风险评价的基础[38]。在评价之前，首先必须明确环境管理的服务对象（国家、省或市或流域），进而确定风险评价的区域。通常地理学意义的“区域”是指在空间上伸展的非同质性的地理区，而环境管理往往是以行政区划或流域为单元进行。由于生态风险评价的最终目标是为环境风险管理提供参考和决策依据，因此风险评价范围通常需要以行政区域或流域为依据确定研究区边界，需要对自然地理单元和行政区划单元进行很好的平衡。只有保证评价区域界定合理，才能保证评价结果的准确性和可信性，环境管理部门依此制定决策才更具有参考价值。

2. 风险识别

区域生态风险的识别包括风险源识别、风险类型的判定、风险度（影响后果）评价三个部分。风险源识别是指对可能造成生态风险的人类活动的类型进行分析。对于区域生态风险来说，风险源常为较大空间范围内进行的开发活动（如矿山开发、围海造地、耕地开垦、浆纸林基地等）[39-41]，或可能在较长时间尺度持续排放环境污染物的污染源（如大型工业园区、大面积农药化肥施用等），其污染物经过扩散会在较大空间范围内产生影响[42-44]。本书把区域开发的风险源概括为污染累积、资源耗竭与空间占用三大类。

3．风险表征

风险表征是对生态风险可能导致的后果进行描述。区域生态风险类型主要包括三个方面：一是导致区域生态系统整体健康水平的下降（如土壤污染、植被退化、水体严重污染、大气灰霾等）；二是导致法定或规划保护的生态功能区的保护目标及其要求（如水源涵养、防风固沙、饮用水水源地等）不能得到满足乃至降低；三是区域内受保护或极具代表性指示物种生境受到破坏（如栖息地面积缩小、破碎化等），进而导致区域生物多样性的丧失[36,45]。

4．风险评价

与传统生态风险评价方法相比，区域生态风险评价所涉及的风险源以及评价受体等都在区域内具有空间异质性，因而比一般生态风险评价更复杂。目前，评价方法向宏观生态功能分析和微观生态毒理分析两个方向发展[46-47]。宏观生态功能分析主要基于景观生态学，分析生态系统受干扰后的变化速度、变化范围，包括研究区的界定和分析、景观类型的界定、受体分析、风险源分析、终点的确定、暴露和危害分析、风险综合评价[48]。微观生态毒理分析包括环境毒物与机体相互作用规律，对健康潜在危害，环境毒物及其转化产物的毒性和评定等，包括危害鉴定阶段评价、剂量 - 反应评价、暴露评价、风险评定等。

二、区域生态风险评价方法

1．因果分析法

这一方法是在野外数据充足的情况下，对压力 - 响应关系进行因果联系回顾性分析，然后进行预测评价，以实现定性与定量分析的有机结合。比较有代表性的是通过因果权重半定量法对压力与响应之间的作用关系进行打分评定，确定风险大小。由于因果分析只是进行回顾性的风险评价，无法将区域生态风险的动态纳入评价体系之中，故因果分析法多与其他方法结合使用[49]。

2．PETAR 法

PETAR（procedure for ecological tiered assessment of risk）法是 Moraes 和 Molander 于 2002 年提出的，主要针对发展中国家在数据有限和背景资料缺乏的情况下，开展回顾性生态风险评价。该方法通过定量分析与定性分析相结合的方法，在不同尺度对多重压力和多重受体进行区域生态风险评价[36]。模型将风险评价分为三个阶段来进行[37]：第一级为初级评价，是对已有信息如人为压力因子、压力来源及可能的影响进行定性估计。第二级为区域评价，是半定量评价，对整个区域内可能风险源、风险压力因子及可能受到影响的区域进行分级。第三级为局地评价，是定量评价，是在更小范围内建立起风险源、风险因子和与生态、社会相关的评价端点之间的数学关系。这种评价方法是从局部地区扩大到区域的研究方法，而不是尺度推移的方法，因此小尺度得到的结果是否适合推移到更大的范围仍需进一步认证。

3．3MR 法

3MR（Multimedia，Multipathway and Multireceptor）即多媒介、多路径、多受体风险评估。该方法由风险分析和不确定性分析两大模块构成，特别适于估计不同的空间尺度的化学物质污染所带来的生态风险。风险分析模块融入了相关暴露和积累数学模型，由8个属性参数构成：污染源、传播介质、传播过程及结果、受体、暴露方式、暴露路径、风险测度值、门槛计算值。该过程循环计算污染物对每一个受体的风险。不确定分析模块则采用两阶段蒙特卡罗法分析，以便于有效分析数据采集、暴露模型、风险评估阶段等诸多不确定性[47]。

4．因子权重法

因子权重法被用于主观评价、定性评价和定量评价中，但多用于定性评价，定量评价较少。因子权重法的种类很多，包括综合定性法、专家打分法、公众打分法、半定量法、定性分级法等。因子权重法应用范围也很广，既可以单独用于回顾性评价、原因分析，也可以用于生态风险评价的整个过程。

5．GIS/RS 技术

在区域生态风险评价中，风险源、压力因子和风险受体都存在着显著的空间异质性，具有空间关联和分析能力的地理信息系统（GIS）技术已越来越广泛地运用到区域风险评价中。近年来的一个运用趋势是将 GIS 技术和其他生态模型、改进算法相结合，在一定的时空尺度上进行生态风险评估[50]。GIS/RS 技术主要应用于景观尺度生态风险评价，如许学工等开展了对黄河三角洲湿地的区域生态风险评价[49]，针对主要风险源（洪涝、干旱、风暴潮、油田污染事故、断流），提出度量生态损失与生态风险的指标、指数（生态指数、脆弱性指数和生态损失度指数），进行了危害分析，并运用 RS 历史记录、调查数据和 GIS 技术划分风险小区（就生态风险源而言，区内同质性，区间异质性），实现区域综合生态风险评价，得出区域风险强度分布规律，还将其划分为 5 个等级，在此基础上提出区域生态风险管理对策。

三、区域生态风险评价模型

区域生态风险评价涉及诸多方面，目前用于区域生态风险评价的方法大多是借鉴模拟污染物的分布、传播、积累、压力 - 受体交互作用、不确定性分析等方法和技术，应用于区域生态风险评估中。

1．相对风险模型（RRM）

RRM（relative risk model）最早由 Landis 和 Kelly 在 20 世纪 90 年代提出，经过 20 多年的不断发展和完善，被广泛应用于区域生态风险评价[51]。该评价模型包括[42,52]：

1）区域风险管理的目标；

2）对区域风险管理相关的潜在风险源和生境进行制图；

3）根据风险管理目标、风险源和生境对区域进行进一步划分；

4）建立连接风险源、受体以及评价终点的概念模型；

5）根据评价终点，确定相对风险计算的等级系统；

6）计算相对风险值；

7）对风险等级进行不确定性和敏感性评价；

8）为将来样地和实验室的调查建立可检验的风险假设，目的是减少风险评价的不确定性，确定风险的等级；

9）检验上一步骤中的风险假设，对相对风险和不确定性进行表达以便与区域风险管理目标相对应。RRM 的最大特点是着重于将多重风险源、多重压力、多种生境与综合生态影响联系起来，强调区域的空间异质性。通过建立风险源 - 生境 - 生态受体的关联框架，按生态发生过程将评价区域划分为多个子区，量化风险源与生态终点之间的暴露 - 响应关系 [36]。RRM 反映了区域内各个子区生态风险程度的相对关系，因而具有较强的实用性。

2. 等级动态模型（HPDP）

该模型由 Colnar 等 [53] 在 2007 年提出，是在 RRM 模型基础上的改进，用于评价物种入侵生态风险评价，例如欧洲青蟹对华盛顿波因特的入侵，该模型假设生态系统结构中存在等级，等级之间的相互关系产生了标志生态系统特征的属性 [54]。HPDP 中的等级是指生态系统的不同范围，不是指控制因子空间尺度的推移。HPDP 中的斑块属性包括斑块的位置、分布和动态变化，斑块特征会影响物种分布、压力因子与风险受体的相互关系和环境变化的影响等。斑块是自然界中动态的有一定组成，具有内稳定性及一定的内部均质性的空间单位。HPDP 是一个可以用于区域尺度风险评价的概念框架，它将时空联系有机结合起来。

3. 区域生态风险评价的数学模型

区域生态风险评价的数学模型是在生态风险评价方法的基础上利用数学方法，定量地描述生态风险值的大小或概率问题，包括商值法、暴露 - 反应法、概率模型等。

（1）商值法

商值法实质上是“常识性”方法 [55]，用同一化学物质特定毒理学终点的浓度与估计的环境浓度之比得到（商值 = 估计的环境浓度 / 毒理学终点浓度），当商值接近或超过 1 或更大，则说明环境中毒理终点的危险性出现。如商值小于 1 则说明危险较小。该方法的缺点是小范围的研究结果很难推移到大尺度上，不能反映异质性区域景观整体情况。

（2）暴露 - 反应法

该方法是通过估测某种污染物的暴露浓度产生某种效应的数量，确定暴露 - 反应关系，作出暴露 - 反应曲线，进而估测风险值的大小 [56]。该方法的不足是对于一些非化学性毒物因子，不能很好地做出暴露 - 反应曲线，不能准确估测其风险。

（3）概率模型

该模型是将生态风险的发生概率与不利生态影响相乘，然后利用权重求和，对各级各类生态风险进行线性计算。这种方法能够应用于不同类型的风险受体，较好地解决了区域生态系统的多重风险计算问题，但也存在一定的缺陷，不能考虑生态系统各个组成要素的非线性作用方式 [57]。

数学模型在实际运用于评价过程中时，需要大量基础数据支撑，若相关方面基础数据不足以及数据的准确性不高将使该模型的应用受到限制。但随着研究手段的成熟和基础数据的积累，数学模型将体现出其不可替代的优势。

4. 专门计算机软件

目前国内外已有很多比较成熟的风险评估软件。常用的风险评价软件包括 SHAPIRE、RISKMAN 和 @RISK 等。

SHAPIRE 是一种概率风险和可靠性评估软件，在处理大规模故障树上具有优势。

RISKMAN 是基于概率风险评价技术的定量风险分析与评价软件，其优点在于基于贝叶斯方法的数据分析能力上，在化工领域的风险分析中发挥重要作用。它建立在基于事件链的风险模型上，使用事件链图表、模块化的事件树、故障树和可靠性图表分析。它非常擅长数据分析，数据库功能也很强，可有效支持数据分析、系统分析、脆弱性分析和事件树分析等功能。

@RISK 是目前广泛使用的风险评价工具，用户界面为 Excel 界面，且与 Excel 紧密结合，是 Excel 的扩充模块，在易用性和直观性上具有优势。对所有可能发生的后果，可协助评估其发生概率，并以图形和报表显示，让使用者能在最佳状况做出最优决策。

四、区域生态风险评价方法的主要应用领域

1. 流域生态风险评价

在流域层次上开展水环境影响分析评价，对不同发展水平年的区域地表水质进行模拟预测，分析主要排污口对河流水质、城市水环境、饮用水水源地的影响，尤其是模拟分析营养盐、有毒有害物、具有区域特征的重金属对环境的影响，分析不同区域污染物排放所造成的跨行政区（或流域）污染。结合区域发展，在中长期时间尺度上预测和分析由于富营养化和有毒有害物排放可能对区域水环境、集中式饮用水水源地等带来的潜在环境风险。

2. 海洋生态风险评价

预测和分析区域特征性开发建设活动（如围填海活动等）对海岸带、近海海域的生态风险。应用数值模型，模拟和评价不同水平年海岸带开发规划对近岸海域资源（水动力环境、岸线利用、港口航道资源、旅游资源、渔业资源等）、海湾及近岸海域水质的中长期累积生态风险。在临海地区，重点评价对潮间带生态环境、近岸海域浮游植物、浮游动物、底栖生物的生态风险，以及对海洋重要生境的生态风险。关注持久性污染物、富营养化海区、赤潮多发区的生态风险，并对重点产业发展对区域潜在的整体生态风险进行识别和评价。

3. 大气环境风险评价

根据区域污染气象条件，预测重点产业 SO_2、NO_x、PM_{10}、$PM_{2.5}$、VOCs、O_3、重金属和其他有毒有害污染物等排放对重点工业园区、重点城市以及重要环境敏感点的可能影响，分析由此带来的区域大气环境质量变化风险。对重点产业发展可能带来的局地特征污染物的大气环境影响进行预测评估，分析区域中长期典型大气环境问题（如灰霾、光化学烟雾等）的产生与区域大气环境及污染排放之间的关系。在区域尺度下，考虑大气污染物长距离输送导致的跨界大气污染问题，开展海陆风条件下污染物输送扩散的影响分析，分析和评价沿海产业发展对沿海重点生态保护目标和城市环境空气质量的影响和风险。

4. 陆地生态系统风险评价

从生态要素、导致的生态问题和生态系统健康三个方面，分析区域开发可能造成的生态风险。通过对比区域土地利用现状、生态适宜性分区结果和土地需求，分析评估经济发展对区域生态系统健康已经造成和未来可能造成的影响，包括对森林、湿地、草地、耕地、土壤、生物多样性等生态要素的影响，对水土流失、土地荒漠化等生态问题的影响，以及对区域生态资产存量、生态系统服务功能价值、区域景观生态结构的影响。

参考文献

[1] Glenn W，Suter II，Susan B，et al. The evolution of frameworks for ecological risk assessment from the Red Book Ancestor[J]. Human and Ecological Risk Assessment，2003，9：1349-1360.

[2] NRC（National Research Council）. Risk assessment in the federal government：managing the process[M]. National Academy Press，1983.

[3] NRC（National Research Council）. Issues in risk assessment[M]. Washington，D C：National Academy Press，1993.

[4] EPA（US Environmental Protection Agency）. Guidelines for ecological risk assessment EPA 630-R-95-002F. Office of Water，1998.

[5] 陈辉，刘劲松，曹宇，等 . 生态风险评价研究 [J]. 生态学报，2006，26（5）：1158-1165.

[6] 殷浩文 . 生态风险评价 [M]. 上海：华东理工大学出版社，2001：1-155.

[7] 马燕，郑祥民 . 生态风险评价研究 [J]. 国土与自然资源研究，2005，2：49-51.

[8] Ahlerss J，Martin S. Risk assessment of chemicals in soil：recent developments in the EU[J]. Soils Sediments，2003，3：240-241.

[9] Commission of European Communities. Technical guidance document on risk assessment（Part II，environmental risk assessment）[S]. Ispra，Italy：Joint Research Center，Institute for Health And Consumer Protection，et al，2003.

[10] Chapman P M，Wang F. Issues in ecological risk assessment of inorganic metals and metalloids[J]. Human and Ecological Risk Assessment，2000，6：1-24.

[11] Polllard S J，Yearsley R，Reynard N，et al. Current directions in the practice of environmental risk assessment in the United Kingdom[J]. Environmental Scientifical Technology，2002，36：530-538.

[12] Environment Agency. Ecological Risk Assessment（ERA）：A public consultation by the Environment Agency on a framework and methods for assessing harm to ecosystems from contaminants in soil[S]. Bristol：Environment Agency，2003.

[13] Australian Government. National Environmental Protection（Assessment of Site Contamination）Measure[S]. Adelaide，Australia：National Environmental Protection Council，1999.

[14] Rutgers M，Faber J，Postma J，et al. A basic approach to function-specific assessment of soil pollution，Netherlands integrated soil research program reports[M]. Site-specific ecological risks，Wageningen，Netherlands：Netherlands Integrated Soil Research Program，1998.

[15] Swarjes F A. Risk-based assessment of soil and groundwater quality in the Netherlands：standards and remediation urgency[J]. Risk Analysis，1999，19：1235-1249.

[16] Power M，Mccarty L S. A comparative analysis of environmental risk assessment/risk management frameworks[J]. Environmental Scientific Technology，1998，32：224-231.

[17] Qiao M，Chen Y Y，Zhang Q H，et al. Identification of Ah receptor agonists in sediment of Meiliang Bay，Taihu Lake，China[J]. Environmental Science and Technology，2006，40：1415-1419.

[18] 乔敏，黄圣彪，朱永官，等 . 太湖梅梁湾沉积物中多环芳烃的生态和健康风险 [J]. 态毒理学报，2007，2（4）：456-463.

[19] Xiao R Y，Wang Z J，Wang C X，et al. Soil screening for identifying ecological risk stressors us-

ing a battery of in vitro cell bioassays[J]. Chemosphere，2006，64：71-78.

[20] 智昕，牛军峰，唐阵武，等．长江水系武汉段典型有机氯农药的生态风险评价 [J]. 环境科学学报，2008，28（1）：168-173.

[21] Carter D E，et al. Environmental health and hazardous waste issues related to the U.S.-Mexico border[J]. Environmental Health Perceptives，1996，104（6）：590-594.

[22] Chapilll F S，et al. Biotic control over the functioning of ecosystems[J]. Science，1997，277（25）：500-503.

[23] Vlyssides A G. Electrochemical treatment of vinasse from beet molasses. Water science and technology proceedings of the 1996 2nd IAWQ International Conference on Pretreatment of Industrial waste waters，1996，36（12-3）. Athens，1997.

[24] Sayler G S，et al. Applications of molecular techniques to soil biochemistry[J]. Soil Biochemistry，1992（7）：131-172.

[25] EMEA. Committee for Medicinal Products for Veterinary Use（CVMP）：Guideline on Environmental Impact Assessment for Veterinary Medicinal Products Phase. European Medicines Agency Veterinary Medicines and Inspections，London，2004a.

[26] EMEA. Committee for Medicinal Products for Human Use（CHMP）：Guideline on the Environmental Risk Assessment of Medicinal Products for Human Use. European Medicines Agency Pre-Authorization Evaluation of Medicines for Human Use，London，2004b.

[27] Brain R A，Sanderson H，Sibley P K，et al. Probabilistic ecological hazard assessment：Evaluating pharmaceutical effects on aquatic higher plants as an example[J]. Ecotoxicology and Environmental Safety[J]. 2006，64：128-135.

[28] Hanson M L，Solomon K R. New technique for estimating thresholds of toxicity in ecological risk assessment[J]. Environmental Scicence and Technology，2002，36：3257-3264.

[29] Solomon K R，Takacs P. Species Sensitivity Distributions in Risk Assessment [J]// Posthuma L，Traas T，Sut er G. Boca Raton，FL，USA：CRC Press，2002，564.

[30] 张尚通，等．转基因微生物生态学及大田释放风险评价研究 [J]. 应用生态学报，1994，5（3）：325-330.

[31] Fredrickson J K，et al. Terrestrial microcosm for evaluating the environmental fate and risk associated with the release of chemicals or genetically engineered microorganisms to the environment[J]. Toxic. Substances J，1991，11：65-110.

[32] Krattiger A F. The field testing and commercialization of genetically modified plants：A review of world wide data（1986 to 1993/94）//Krattiger A F，et al. Biosafety for sustainable agriculture. ISAAA/ SEI，1994：247-266.

[33] 韩丽，曾添文．生态风险评价的方法与管理简介 [J]. 重庆环境学，2001，23（3）：21-23.

[34] Solomon K，Giesy J，Jones P. Probabilistic risk assessment of agrochemicals in the environment[J]. Crop Protection，2000，19（8）：649-655.

[35] 付在毅，许学工．区域生态风险评价 [J]. 地球科学进展，2001，16（2）：267-271.

[36] 殷贺，王仰麟，蔡佳亮，等．区域生态风险评价研究进展 [J]. 生态学杂志，2009，28（5）：969-975.

[37] Bruck K H. An examination of ecological risk assessment and management practices[J]. Environ-

ment International，2006，32（8）：983-995.
[38] Bejarano A C，Michel J. Large-scale risk assessment of polycyclic aromatic hydrocarbonsin shoreline sediments from Saudi Arabia：environmental legacy after twelve years of the Gulf war oil spill[J]. Environmental Pollution，2010，158（5）：1561-1569.
[39] 周伟，曾云英，陈绍军，等 . 西藏高原基础设施建设规划的生态风险评价：以西藏山南地区为例 [J]. 自然灾害学报，2007，16（4）：21-26.
[40] 岳书平，张树文，闫业超，等 . 东北典型农区土地利用变化的生态效应研究：以公主岭市为例 [J]. 干旱区资源与环境，2007，21（7）：64-68.
[41] 程建龙，陆兆华，范英宏 . 露天煤矿区生态风险评价方法 [J]. 生态学报，2004，24（12）：2945-2950.
[42] 陈云增，杨浩，金峰，等 . 滇池沉积物金属污染及潜在生态风险研究 [J]. 土壤，2007，39（5）：737-741.
[43] 卜元卿，骆永明，滕应，等 . 环境中二噁英类化合物的生态和健康风险评估研究进展 [J]. 土壤，2007，39（2）：164-172.
[44] 王根绪，程国栋，钱鞠 . 生态安全评价研究中的若干问题 [J]. 应用生态学报，2003，14（9）：1551-1556.
[45] 黄圣彪，王子健，乔敏 . 区域环境风险评价及其关键科学问题 [J]. 环境科学学报，2007，27（5）：705-713.
[46] 肖扬，毛显强 . 区域景观生态风险空间分析 [J]. 中国环境科学，2006，26（5）：623-626.
[47] Martin C M，GuvanasenV，Saleem Z A. The 3RMA risk assessment framework：A flexible approach for performing multimedia，muhipathway and multireceptor risk assessments under uncertainty[J]. Human and Ecological Risk Assessment，2003，9（7）：1655-1677.
[48] Burkhardt H P，Scheurer K. Application of the weight-of-evidence approach to assess the decline of brown trout in Swiss rivers[J]. Aquatic Sciences，2007，69：51-70.
[49] 许学工，林毅平，付在毅 . 黄河三角洲湿地区域生态风险评价 [J]. 北京大学学报：自然科学版，2001，37（1）：111-120.
[50] 颜磊，许学工 . 区域生态风险评价研究进展 [J]. 地域研究与开发，2010，29（1）：113-118.
[51] Wayne G，Landis W G，Janice K. Ten years of the relative risk model and regional scale ecological risk assessment[J]. Human and Ecological Risk Assessment，2007，13：25-38.
[52] 周婷，蒙吉军 . 区域生态风险评价方法研究进展 [J]. 生态学杂志，2009，28（4）：762-767.
[53] Colnar，Audrey，Landis W G. Conceptual model development for Invasive species and a regional risk assessment case study：The european green crab，carcinus maenas，atcherry point，washington，USA [J]. Human and Ecological Risk Assessment，2007，13（36）：120-155.
[54] Landis W G，Duncan P B，et al. A regional retrospective assessment of the potential stressors causing the decline of the Cherry Point Pacific herring run[J]. Human and Ecological Risk Assessment，2004，10（2）：271-297.
[55] 孟紫强 . 生态毒理学原理与方法 [M]. 北京：科学出版社，2006：486-488.
[56] Xu J B，Wang Y. Ecological risk assessment[J]. Song liao Journal，1999，2：10-13.
[57] 马克明，傅伯杰，黎晓亚，等 . 区域生态安全格局：概念与理论基础 [J]. 生态学报，2004，24（4）：761-768.

第五章　区域开发生态风险源辨识

风险源（Stressors）指可能对人类社会和自然生态系统产生不利影响的一种或多种化学的、物理的或生物的风险来源，如气象、水文、地质等方面的自然灾害和严重干扰生态系统的人为活动，造成污染物长期积累、自然资源耗竭、生境破坏和物种入侵等。区域开发生态风险源的辨识是指对在区域开发活动中可能对生态系统或其组分产生不利作用的干扰进行识别、分析和度量的过程[1]。生态风险产生的原因包括自然、社会经济与人类实践等多个方面。其中自然因素包括各种自然灾害如洪水、干旱、地震、滑坡、火灾等，以及由人类活动引起的如全球气候变化、水资源危机、土地沙漠化与盐渍化等；社会经济因素包括市场因素、资金的投入产出、流通与营销、产业结构布局等；人类实践因素包括传统经营方式和技术、资源开发利用等，从而导致生物入侵、水污染、重金属污染等。不管是何种类型的生态风险源，只要它具有产生不利生态影响并具有不确定性，即是生态风险评价应该要考虑的。

本书介绍的区域开发生态风险是指开发区域内生态系统及其组分所承受的风险，区域开发活动引起的生态风险源仅考虑人为活动源。与其他生态风险源辨识不同的是，区域开发生态风险源具有更大的不确定性。开发过程中，不确定性的事故或灾害对生态系统及其组分产生影响，可能导致生态系统结构、过程和功能的损伤，从而危及生态系统的安全和健康[2]。对于风险源的辨识，应该结合区域历史资料以及开发活动的特征，对各种潜在的生态风险进行定性、定量、空间分布的分析与预测，以便对各种生态风险源的产生和作用机理有更为深入的认识，为生态风险评估提供可靠的数据支撑。由于人类活动干扰引起的区域开发生态风险，受人类活动的强度和持续时间的不同，对区域生态系统的结构、过程和功能造成不同程度的风险胁迫。对于这种情况生态风险源的识别首先需要全面掌握区域开发活动的类型与特征，在此基础之上对各种生态风险源进行分类辨识，分析区域开发生态风险源识别过程和产生的阈值条件，最后针对每一类风险源进行深入分析。针对上述思路，本章第一节将对区域开发活动的类型与特征进行详细介绍，结合生态学原理将各类开发活动产生的生态风险源分为以下三类：污染排放在环境中的累积、资源的开发与消耗、生态空间的占用；第二节、第三节和第四节在此基础上分别对上述三种风险源进行辨识与案例分析。

第一节　区域开发活动特征与风险源识别

一、区域开发活动类型与特征

随着区域经济的快速发展，人类开发活动数量和强度日益增加，如新兴工业园区的建造、风景名胜区旅游开发、发电厂以及高速公路的修建等。由于各种开发活动本身特征的不同，在建设与运营过程中产生的污染物以及由这些污染物带来的生态风险也各不相同。本节根据各类开发活动的性质、影响程度、风险表征等方面的差异性，以8类区域开发活动为例，分别介绍它们的风险特征。

1．轻工化纤类开发活动

轻工业是以生产生活资料为主的加工工业群体的总称，是制造产业结构中的一大分类，主要有服装工业、家具工业、家用电器工业和食品工业等。轻工类项目一方面在实施的过程中大多会产生特殊的污染物，在进行评价时应明确各类污染物的特性、评价标准和污染物可能带来的生态风险。另一方面，有些项目对区域资源依赖性比较明显，例如造纸企业会选择在林木资源比较丰富的地区，而有些项目由于排污的因素，会在沿海、沿河的区域选址，因此在进行区域生态风险评价时应充分考虑项目对区域资源的依赖性及其对区域的环境影响。同时，此类项目多涉及特征污染物，应当从清洁生产的角度，明确各种特殊污染物的达标排放。

化纤类项目与轻工类项目类似，其核心问题在于环境敏感点或区域，应及时针对环境问题提出切实可行的防治方案。如建设用地周围涉及的水体、居民区、风景名胜古迹和自然保护区等都是环境敏感点，在项目的施工期和运营期都应当尽量保护这些敏感点少受影响。此外，化纤类项目也有着特殊的污染物与污染源，在建设和生产过程中将可能会产生废气、废水、废渣等，对周围环境产生影响。

2．化学、石化、医药类开发活动

化工类项目主要生产各类化学材料、农药等，项目的运营可能会使用到特殊的生产装置和辅助设施。项目实施过程中排放的各种污染物质，如废气、废液等的处理和去向都是需要重点考虑的问题。同时，由于此类项目的化工原材料和产品都具有一定的有毒有害成分，具有一定的安全隐患，因此在生产、运输和存储等过程中要采取有效的措施，避免事故的发生[3]。

石化类项目主要原料都是乙烯，主要的污染物有二氧化硫、氮氧化物、苯、甲苯等，在冷却水系统、脱炔系统等各个工艺环节中都有可能产生污染，在工艺过程中常需使用大量的还原剂、溶剂等，在进行生态风险评价时都应该重点考虑。

医药类项目也需要使用大量的化学药品，同时产生有毒有害物质。因此在选址时就应该充分考虑到该类项目对周围环境的影响，制定切实可行的防治措施和应急预案。

3．冶金、火电类开发活动

冶金类项目大多工艺流程长、工序多，而且涉及很多物料平衡和水平衡，产生的污染物种类也比较多，如废水中的重金属污染物，废气中的二氧化硫、氮氧化物和酸碱气体等。

火电类项目的一大特征就是其使用的能源主要是燃煤，有关燃煤的运输、投料、燃烧产生的一系列环境污染应作为重点关注因素。同时在发电过程中将会使用大量的水资源。对于土地的使用情况，这类项目可能涉及拆迁、占用农田等情况，实施过程中排放的废气、废渣和废水等均可能对周边的环境、生态和土壤等产生严重影响。同时在施工过程中，也可能对周围的居民、保护区等敏感点带来一定的影响。对于项目选址在沿海地区、江、河、湖泊附近的此类开发活动，还要考虑对水生生态、饮用水水源地的影响等。

4. 广电通信、社会区域类开发活动

广电通信类项目可能区域跨度大，周边环境复杂，在建设施工和建成后可能对沿途保护区、城镇区域、基本农田区域等产生影响。此外，建成后还可能带来电磁、噪声等环境影响，且有可能产生危险废物。

社会区域类项目涵盖面比较广泛，包括城市交通改造修建、污水处理厂项目以及垃圾填埋场项目等。有些项目涉及范围很大，对当地居民的出行和生活均会带来严重影响，而另一些项目对于改善区域的生态、环境状况具有很重要的现实意义，因此应当结合具体开发案例，构建评价指标和权重，进行合理规划和分析。

5. 农林水利、石油开采类开发活动

农林类项目主要涉及对土地利用类型、植被覆盖等的识别，合理规划植被对于这类项目的收益和环境保护具有很重要的意义。此外，开发区域还可能涉及历史文化遗迹、自然保护区等，在进行风险评估时要进行必要的考虑。水利类项目例如水电站建设主要考虑水土保持，对水电站周边植被破坏和对水生生态系统的影响。

石油开采类项目重点监测的特征因子是石油类，包括饮用水水源中的石油类与土壤中的石油类。首先要预测工程建设过程中的主要环境影响，如废气、扬尘、钻井废水、岩屑等，同时也要重点考虑施工过程中的安全隐患，如操作失误、设备缺陷、设计问题等，一旦造成油气的泄漏可能会导致附近生态环境的严重恶化，造成动植物的死亡，污染地表水、地下水和大气等。

6. 公路建设开发活动

公路建设项目应充分考虑项目施工期和运营期的生态环境影响。项目施工期要注意对环境空气、噪声、水环境和生态环境的影响，此外还应注意对社会环境如文物古迹、环境敏感点保护等的影响。施工期也应注意对水环境、声环境、空气质量、地表水、特殊保护区的影响等。同时若项目施工附近有涉及珍稀濒危的动植物资源，应设置有效的保护措施。

7. 轨道交通开发活动

这类项目主要的环境影响是生态、噪声和站场污染等问题，当涉及水源保护区时，还要注意对水环境的影响。同时也应注意这类项目在建设期和营运期对生态环境影响的差异性。轨道交通开发项目由于涉及区域较长、范围较广，沿途经过多种生态系统类型（如农田、森林和草地等），也可能经过多种地形地貌类型（如平原、山地和河谷等），产生的生态风险各不相同，因此应针对不同的区段，制定不同的生态保护措施。

8. 桥梁建设开发活动

这类项目应该将重点放在选址上面，充分考虑桥梁的修建对于水生生态系统，例如水生生物的类型、种群、生活习性、活动规律等的影响，尤其是对于有国家级保护动物的区域。此外，在设计、施工、运营等方面，都应从废水、扬尘和噪声等方面制定合理的保护措施。

二、区域开发生态风险源识别与分类

区域开发的生态风险源识别是指对可能造成生态风险的人类活动类型进行分析辨识的过程。对于大尺度区域生态风险来说，风险源常为较大空间范围内进行的开发活动（如城镇建设、工业园区建设、围海造地、耕地开垦等），或可能在较长时间尺度持续排放环境污染物的污染源（如大型工业企业、农药化肥的施用等），其污染物经过扩散会在较大空间范围内产生影响。生态风险源的识别包括开发过程中生产设施风险识别、物质风险识别和生态环境风险识别。开发过程中的生产设施风险识别包括具体的生产装置、储运系统、公用工程系统、工程环保设施等方面。物质风险识别包括原材料及其辅助材料、燃料与中间产物、最终产品以及在生产过程中产生的各种废弃物等。生态环境风险识别主要指对生态空间的占用与土地利用类型的改变等。

对于区域开发的生态风险源进行识别后，有必要对各种风险源进行分类，使得区域生态风险评价更规范化和系统化。区域开发的生态风险源可能来自多个方面，但最终都将作用于生态系统本身，通过改变生态系统结构、干扰生态系统过程、影响生态系统功能的正常发挥而表现出来。因此，对于生态风险源的分类应遵循生态学的基本原理与理论，包括以下原则。

① 生态阈值原理[4]。生态系统的结构、过程与功能的改变都有一个阈值，不管是低于还是高于这一阈值，生态系统都有可能出现紊乱、混乱，甚至终止。生态系统的阈值取决于其本身的稳定性与完整性。稳定性和完整性是生态系统具有的一种自发的趋向和保持稳定的机制，使得生态系统具有一定的抗外界干扰的能力。一般来说，生态系统结构的复杂性和完整性决定着生态系统的稳定性和抗干扰能力。结构完整的生态系统具有自身的调节机制，对于外界轻微的干扰具有缓冲与自恢复的能力。但是，如果区域开发活动的干扰强度超过生态系统的稳定性阈值，就会改变区域生态系统结构和过程，影响生态系统正常功能的发挥，有可能导致区域生态系统的崩溃。例如区域内一个物种的灭绝，可能引起生物链上下游数十种，甚至更多物种的消亡。

② 协同进化原理。生态系统内各种物种的存在、物种与环境之间的相互关系都是进化的结果，两者共同决定着生态系统的完整性和稳定性。物种之间、物种与环境之间相互作用密切、协同进化，共同构成一个结构完整、过程流畅、功能完善的生态系统。在协同进化的过程中，尽管有些组分不能确定但组分之间的相互作用，共同维持着区域整个生态系统的稳定性，生态系统的每个组分在生态系统中都发挥着各自特殊的功能。区域开发活动带来的干扰有可能改变生态系统内在的协同进化过程，影响生态系统的过程与功能，降低生态系统的稳定性。

③ 景观生态学理论。景观生态学是以人类与生态系统相互作用为基本出发点，研究区域生态系统结构、过程、功能及其变化规律，并进行相关的评价与规划的应用性研究。区域土地利用系统是一个典型的自然 - 经济 - 社会复合生态系统，是人与生态环境相互作用的集中体现。景观生态学的理论指出，结构是功能的基础，功能是结构的反映，景观异质性是其结

构的直观表现，间接地反映景观生态系统的内在功能。景观的空间镶嵌结构决定物种、物质、能量和干扰在景观中的流动，只有景观或区域尺度上的空间镶嵌稳定，才能实现景观生态系统的稳定性。任何景观或者区域都存在一个土地利用系统在空间上的最佳配置，此时可达到整个景观或区域的土地持续利用。在进行区域开发时应充分考虑景观生态学的有关原理与规律，如景观丰富度、均匀度、连通性和多样性等，保持生态系统的稳定性，促进生态系统功能的持续发挥。

④ 生态系统服务理论。生态系统服务功能是指自然生态系统及其物种为人类提供的能够满足和维持人类生活需要的条件与效用。生态系统在为人类提供物质资料的同时，还创造与维持了地球生命支持系统，形成了人类生存所必需的环境条件。生态系统服务支撑着人类的生存和社会发展，是人类生息繁衍的物质基础。不同的生态系统类型如森林、农田、草地以及滩涂湿地等，为人类提供不同的生态系统服务功能。区域开发活动引起土地利用方式 / 土地覆盖的改变，必然带来生态系统服务功能的变化。因此，生态系统服务功能理论为区域开发生态风险评价提供了新的理论基础。

基于上述对区域开发活动生态风险源的识别，以及生态学研究的基本原理与理论，可以看出，根据区域开发活动对生态系统结构、过程和功能三方面的作用对生态风险源进行分类具有明显的科学意义和现实指导价值。本书将区域开发生态风险源分为以下三类：污染排放累积、资源开发与消耗、生态空间占用。污染物排放、资源的开发与消耗及生态空间的占用都能以不同的方式与路径改变区域生态系统结构，影响着区域生态系统过程，最后宏观上表现为对生态系统功能的影响。其中，污染排放累积包括水体污染累积、大气污染累积和土壤污染累积；资源开发与消耗包括生物资源开发与消耗、水资源开发与消耗；生态空间占用包括土地利用变化、重要生境与生态功能区占用。具体分类如图 5-1 所示。

三、风险产生的阈值与条件

区域开发活动生态风险源分析是多学科交叉、多种统计分析方法，结合“3S”等先进空间分析技术，建立区域生态系统与开发活动之间的经验关系，其本质是评价生态系统的完整性、弹性及其恢复力。但目前尚没有一个合适的可以用于准确地评价生态系统健康状况的指标体系，同时，即使给出了生态系统风险的定量数据也很难准确地评价区域开发活动的风险等级。因此，对于区域开发活动风险产生的阈值与条件需要根据不同的案例，结合区域经济发展特征和保护需求来建立评估体系。

对于风险产生的阈值与条件的分析需要从“暴露分析”和“危害分析”两方面来进行探讨。“暴露分析”是研究各风险源在评价区域中的分布、流动及其与风险受体之间的接触暴露关系。如在水生态系统的生态风险评价中，暴露分析就是研究污染物进入水体后的迁移、转化过程，分析方法一般用数学或物理模型。区域开发活动生态风险评价的暴露分析相对较难进行，因为风险源与受体都具有空间分异的特点，不同种类和级别的影响会复合叠加，从而使风险源与风险受体之间的关系更加复杂[5]。

“危害分析”是和“暴露分析”相关联的，是区域生态风险评价的核心部分，其目的是确定风险源对生态系统及其风险受体的损害程度。传统的局地生态风险评价在评价污染物的排放时，多采用毒理实验外推技术，将实验结果与环境监测结合起来评价污染物对生物体的危害。有关区域风险评价的危害分析，显然难以在实验室进行观测，而只能根据长期的野外观测，

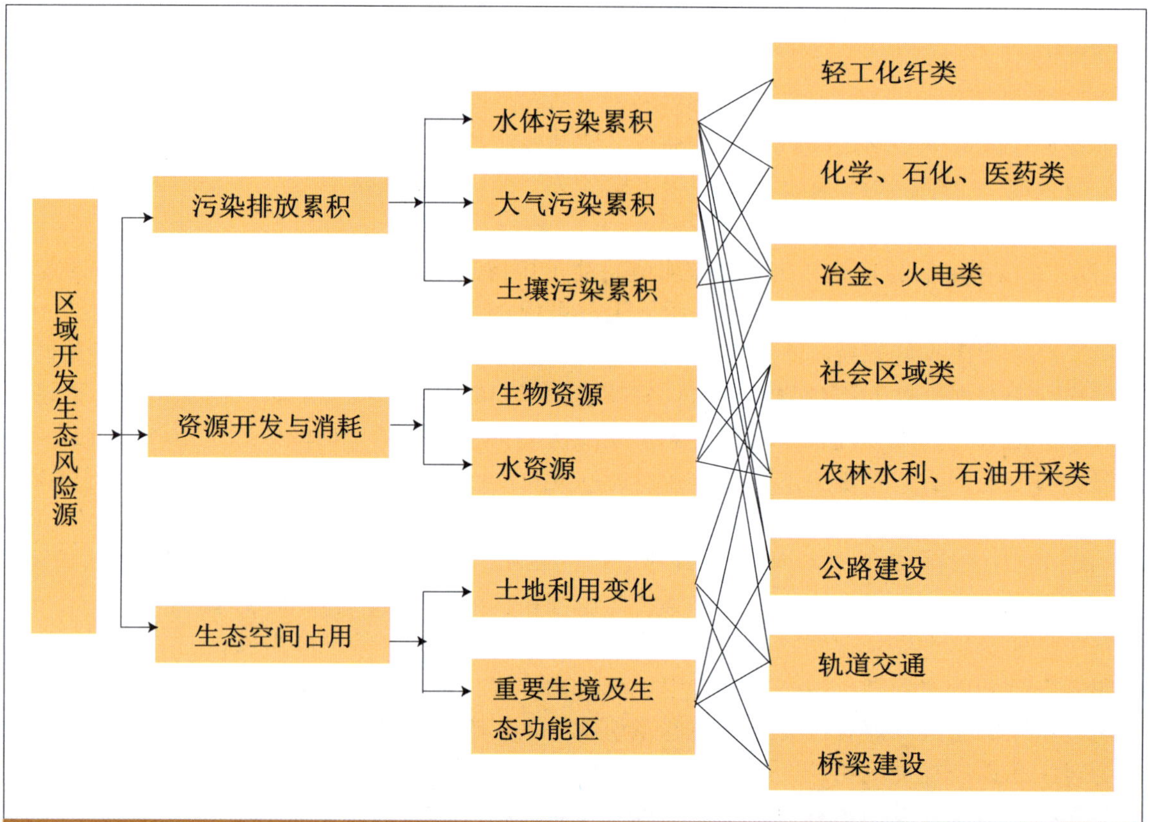

图 5-1 区域开发生态风险源分类示意

结合其他学科的相关知识进行推测与评估。

以生态空间占用这一类风险源为例，通过分析生态系统的占用度来进行暴露与危害分析，进而得出生态空间占用的风险阈值。生态系统占用度可以从生态弹性度指数、景观破碎度指数和景观脆弱度指数来评价。

1．生态弹性度指数

生态弹性度的大小可以用来反映生态系统的自我调节能力和抗干扰能力。一般来说，系统组成越复杂，多样化程度越高，系统的弹性范围就越宽。生态弹性度指数越大，说明这种生态系统对外界干扰的抗干扰能力越强，对遭受损害后的恢复能力也就越强。

计算公式为：

$$ECO = V_i \times S_i \times P_i \qquad (5\text{-}1)$$

式中，ECO 为生态弹性度指数；S_i 为各种生态系统面积所占比例；V_i 为第 i 类生态系统的景观多样性指数；P_i 为弹性分值，采用专家打分确定。

2．景观破碎度指数

景观破碎度指数是表征区域人类干扰活动强度的一个重要指标。区域开发过程中，原本完整的景观被分割成大大小小许多个斑块，造成景观的破碎化。开发活动越强，破碎化情况越严重，对区域景观的结构和功能干扰也就越严重。

计算公式为：

$$FN_2 = MPS \cdot (N_f - 1) \cdot N_c \quad (5\text{-}2)$$

式中，FN_2 为某景观斑块类型的景观破碎度指数；MPS 由景观内所有的平均斑块面积除以景观内最小斑块面积得到；N_c 为研究区域内景观的总面积与最小斑块面积的比值；N_f 为景观内某一景观类型的斑块总数。

3．景观脆弱度指数

景观脆弱度指景观组分在外界风险源作用下，偏离原来的稳定状态或遭受巨大破坏的难易程度的指标，与区域开发活动对景观组分的作用方式以及景观组分自身属性密切相关。一般情况下，处于景观自然演替过程中的初级演替阶段、景观结构简单、景观多样性低的生态系统较为脆弱。通过了解各种开发活动的干扰方式，根据景观组分在其作用下发生逆向变化的难易程度，对区域的景观进行脆弱度评价，得到景观脆弱度指数（F_i）。

4．生态占用度指数

生态占用度指数（D_i）是区域景观生态系统的生态弹性度指数、景观破碎度指数和景观脆弱度指数的综合。

计算公式为：

$$D_i = ECO \cdot FN_2 \cdot F_i \quad (5\text{-}3)$$

式中，D_i 表示区域的生态占用度指数；ECO 为区域生态弹性度指数；FN_2 为区域景观破碎度指数；F_i 为区域脆弱度指数。

污染物累积的风险阈值可以通过已知开发区域的污染物最大允许量来进行预测。首先对区域开发活动可能产生的污染物质进行分类，然后以根据剂量 - 反应曲线所确定的斜率因子这一标准建议值来表示某种污染物质在介质中累积产生风险的阈值。此外，还可以采用指示物种法来进行预测。指示物种法基于不同物种对于污染物敏感性差异而提出，该方法假设生态系统中不同物种对于某一污染物的敏感性（一定时间间隔内引起生物体 10% 毒害效应的浓度或半数致死浓度等毒性阈值）能够被一个分布所描述，通过生物测试获得有限物种的毒性阈值是来自于这个分布的样本。

资源开发与消耗风险阈值的确定可以通过计算不同资源类型的综合承载力来进行预测。将资源的环境容量作为刚性约束，将生态敏感程度和生态适宜性作为限制性约束，将资源承载力作为控制性约束，得到区域重点开发区的环境容量、生态适宜性与资源约束的综合承载力，即区域资源开发与消耗风险阈值。

区域开发生态风险评价中的暴露和危害分析是一个难点和重点。在进行暴露和危害分析时要尽可能地利用一切有关的信息和数据资料，弄清各种干扰对风险受体的作用机理，提高评价的准确性。危害分析的结果要尽可能达到定量化，各种风险源的危害之间要具有可比性[6]。具体而言，评价以“压力 - 状态 - 响应”为基本思路，通过分析区域开发活动发展战略（压力）、进行生态环境评价（状态），提出产业优化及可持续发展对策（响应），辨析风险源在区域开发的各个阶段的表现形式与风险特征。

本节对区域开发活动的类型与特征、风险产生的阈值与条件进行了详细介绍，接下来三节将从污染排放在环境中的累积、资源的开发与消耗、生态空间的占用这三方面污染源进行辨识与案例分析。

第二节 污染排放累积

区域开发过程中产生各种有毒有害物质，这些物质在环境中迁移、吸收、转化，如果没有得到有效的控制和处理，将会在环境中残留并逐渐累积，带来不同程度的生态风险。污染物在环境中累积的介质主要是水体、大气和土壤。

一、水体污染累积

区域开发的水体污染是指区域开发活动中排入水体的污染物在数量上超过了该物质在水体中的本底含量和自净能力即水体的环境容量，对水体原有的生态系统平衡形成干扰，破坏水体的功能及其在人类生活和生产中的作用，降低水体的使用价值和功能并带来一系列生态环境问题的现象。尽管受污染的水体由于其自身在物理、化学、生物等方面的作用，能使得污染物浓度逐渐降低，如果停止污染物质的输入，经过一段时间后水体可能恢复到受污染前的状态[7]。但很多时候，由于人类开发活动的持续和污染强度的增大，污染物的输入量超过了水体本身的自净能力，污染物将会在水体中累积，引发生态风险。

1. 污染物类型

在水体中累积的污染物主要有以下几种类型。

（1）无机物质

在水体中累积的无机物质可以分为有毒和无毒两种类型。有毒的无机物质主要是指重金属、氰化物和氟化物等，它们中大多数在水体中不能被微生物降解，只能以各种形态进行相互转化、迁移和富集，具有显著的生物毒性。重金属进入水体后，除了部分被水中的悬浮物带走以外，其余部分会因吸附、沉淀作用富集在底泥中，与水体中各种无机配位体和有机配位体作用，生成络合物或螯合物，从而使得重金属具有更大的水溶解度而从底泥中重新释放出来，成为长期潜在的次生污染源。无毒的无机物质主要是指在区域开发活动中排入水体中的酸、碱和一些无机盐类。进入水体的酸性污染物质主要来源于冶金、造纸、化工、矿坑废水、金属加工、人造纤维等工业废水。碱性污染物质主要来源于化纤、炼油、制碱、制革、造纸等工业废水。酸碱污染物质不断累积，使得水体中酸碱度增加，一方面改变水体自然酸碱平衡，影响水生生物生境，另一方面腐蚀船舶和水上设施。同时，如果酸性污染物和碱性污染物相互作用，或与其他物质发生作用，会产生各种无机盐类，带来无机盐的污染，从而影响水的用途，大大增加废水的处理成本。

（2）有机物质

在水体中累积的有机物质也可分为有毒和无毒两种。其中，有毒的有机物质种类较多，最常见的有酚类化合物、油类和有机农药。酚类化合物主要来源于炼焦、炼油、煤气和用酚做原料的工业生产所排放出来的含酚的废水[8]。油类进入水体后在水面形成油膜，大面积油污覆盖水体表面。在风浪的作用下可以产生乳化油，影响水质和水体的功能，对水生生物生存环境形成严重干扰，危害水生生物的生存和繁殖。水体中的有机农药主要是指有机氯、有机磷和有机汞类农药，主要来源于农业面源污染和农药工业废水。

无毒的有机物质主要是指比较容易分解的碳水化合物、蛋白质和脂肪等，主要来源包括人类生活污水和工业废水。这些物质主要以悬浮或溶解状态存在于水体中，在经过微生物分解过程中，需要消耗大量氧气，因此也被称为需氧污染物。因此在此类污染物质在水中大量累积并不断分解的过程中，将大量消耗水中的氧气，使得水体溶解氧量下降，影响鱼类和其他水生生物的正常生活，同时使得水质恶化。

（3）水体热源污染

水体热源污染主要来源于区域开发过程中工矿企业向江河排放的冷却水，引起水温升高，改变水生生境。其来源主要以电力工业为主，其次是冶金、化工、石油、造纸、建材和机械等工业。

2. 生态风险表现

区域开发引起水体污染物累积主要的生态风险表现为以下几点。

（1）对水体物化性质的影响及其生态风险

区域开发过程中产生的各种水体污染物质进入水体形成累积后，分别对水体的物理化学性质产生不同程度的影响，进而带来不同的生态风险。带颜色和带气味的废水进入水体后，将影响水体本身的色泽和气味，使得一些比较敏感的水生生物，如鱼类和贝类的生长质量下降。大量的有机物质累积使得水体中微生物迅速繁殖，大量消耗水中氧气，一方面导致水中其他生物缺氧，另一方面有机物在兼气发酵的过程中，产生大量恶臭气体，污染环境，并进一步影响水生生物的生存。无机污染物累积会改变水体酸碱度，破坏水体的原始平衡，影响水体的自净能力；同时由于排入水体中的大量酸碱相互作用，产生无机盐类，增加水体硬度，增加工业用水和生活用水的处理成本，同时也会引起土壤的盐渍化。

（2）对工农业生产的生态风险

根据环保部发布的数据，2011 年，全国废水排放总量 652.1 亿 t，其中化学需氧量排放量为 2 499.9 万 t，氨氮排放量为 260.4 万 t。在这些废水中，有的直接排入江河湖泊，有的直接排入大海，对沿海渔业发展带来严重影响。渔业污染事故频发，直接经济损失巨大。此外，由于我国北方水资源严重短缺，海河流域、辽河流域、黄河流域和淮河流域内很多区域实行农业污水灌溉。污水流入农田，各种污染物质在农田生态系统中长期累积，将严重影响农作物生长，造成大量农作物减产乃至绝收，给农业生产带来惨重损失。

（3）对生物多样性的生态风险

区域开发过程中排放的污染物质在水体中长期富集将对水生生物的生物多样性带来严重影响。水体富营养化，造成藻类大量繁殖，使得水体缺氧，导致鱼类大量死亡。油污染也会造成大量鱼类死亡，破坏区域景观和生境，也会给鸟类生存带来影响。水体热污染将会引起水温升高，水体内溶解氧减少，改变鱼类生境，从而可能导致水生生物的死亡和群落结构的改变[9]。水体中重金属和有机物的大量富集将严重影响水生生物的生长和发育，导致畸型和突变[10]。最终，各种污染物质的长期累积，将影响水生生物的种质和资源，导致其结构发生改变，种群数量波动，影响整个水生生态系统的生态平衡。

（4）对人类健康的生态风险

水是人类日常生活中不可或缺的重要资源，水质的好坏将直接决定着人类的身体是否健康。污染物在水体中累积危害人类健康主要有两条途径：一是人类直接使用了受污染的水体；二是以鱼类为主的水生生物长期在污染的水体里生长，各种污染物质在其体内有一定的累积，通过食物链间接危害人体健康。主要污染物有石油烃类、挥发酚和重金属等，可能给人类带来传染病、急慢性中毒和致癌致畸等风险。

3. 典型案例分析

（1）不合理的产业布局导致流域水环境超载

2007 年，成渝经济区河流系统的 COD 和氨氮纳污总量分别为 120.41 万 t 和 12.0 万 t。长江干流（不包括主要一级支流）COD 环境承载力尚有一定的安全余量，但岷江、沱江的 COD、氨氮已处于超载状态。岷江、沱江的纳污负荷处于纳污总量超量状态，各流域纳污量对比情况见表 5-1。

表 5-1 成渝经济区 2007 年点源排放与现状布局下允许纳污量对比

流域	2007 年排放量 /（万 t/a）		现状布局下允许纳污量 /（万 t/a）		安全余量 /%	
	COD	氨氮	COD	氨氮	COD	氨氮
长江	32.57	3.70	33.52	3.64	2.8	− 1.6
岷江	36.66	3.23	34.82	3.06	− 5.3	− 5.6
沱江	20.56	2.02	18.44	1.77	− 11.5	− 14.1
嘉陵江	30.39	2.95	32.93	3.37	7.7	12.5
乌江	0.23	0.11	0.69	0.14	66.7	21.4
合计	120.41	12.00	120.41	12.00	—	—

（2）水环境质量达标“瓶颈”区制约化工等行业布局

根据水污染负荷类型分布分析，在岷江、沱江存在水环境质量达标“瓶颈”区。

重度“瓶颈区”：岷江干流中游上段、沱江干流下游，限制因子为氨氮。轻度“瓶颈区”：岷江干流中、下游、沱江干流中上游、重庆长江干流下段，限制因子为氨氮。

在上述区段上游布局发展以氨氮为主要水污染的产业，将加剧下游河段氨氮指标超标状况，威胁区域水体正常生态功能，带来流域水生生态系统功能整体下降的系统性风险。

从优化产业布局角度考虑，在上述“瓶颈区”大规模布局发展化工、食品等项目及其相关产业需要以区域氨氮削减为前提，否则将给相关行业发展布局带来制约。

（3）饮水健康风险区制约“三致”物质排放产业布局

USEPA 推荐的最大可接受风险水平为 1×10^{-4}，英国环境协会推荐的最大可接受风险水平为 10^{-6}。成渝经济区河流联合致癌风险率持续在 10^{-4} 水平，呈现较高的饮水健康风险水平。化工、石油炼化、轻工以及有色金属采选、冶炼等都将导致上述化学致癌污染物排放量的增加，对饮水健康风险具有叠加效应。

表 5-2 成渝经济区 2004—2008 年各流域联合致癌物的风险率 单位：1/a

流域	断面数	2004 年	2005 年	2006 年	2007 年	2008 年	平均值
长江	8	1.82×10^{-4}	1.55×10^{-4}	1.08×10^{-4}	8.30×10^{-5}	1.04×10^{-4}	1.26×10^{-4}
涪江	4	2.86×10^{-4}	6.73×10^{-5}	8.16×10^{-5}	6.07×10^{-5}	4.32×10^{-5}	1.08×10^{-4}
嘉陵江	5	1.97×10^{-4}	2.27×10^{-4}	1.42×10^{-4}	1.02×10^{-4}	9.48×10^{-5}	1.53×10^{-4}
金沙江	2	2.12×10^{-4}	8.39×10^{-5}	8.72×10^{-5}	6.91×10^{-5}	5.02×10^{-5}	1.01×10^{-4}
岷江	7	2.37×10^{-4}	1.51×10^{-4}	1.34×10^{-4}	1.14×10^{-4}	1.29×10^{-4}	1.53×10^{-4}
渠江	2	6.53×10^{-5}	4.52×10^{-5}	2.83×10^{-5}	2.81×10^{-5}	3.73×10^{-5}	4.08×10^{-5}
沱江	6	4.25×10^{-4}	3.79×10^{-4}	1.17×10^{-4}	7.43×10^{-5}	1.87×10^{-4}	2.37×10^{-4}

（4）持久性有机污染对河流水环境安全构成潜在威胁

按照产业发展需求，化工产业在岷沱江流域将有显著的增长（表 5-3）。岷沱江流域的化工产业将增长超过 200%，呈现由以无机化工为主转化为无机化工和有机化工并重的格局。随着造纸、纺织、无机化工等传统产业的技术升级，未来工业水污染控制的重点转化为有机化工、无机化工行业。

大规模、广泛布局的化工产业（天然气化工、石油化工、盐化工），将导致流域内重金属和持久性有机污染物负荷普遍增加，水环境安全、饮水健康风险将进一步复杂化。

表 5-3　成渝经济区各流域化工产业工业增加值的增长概况

区 域	2007 年化工工业增加值 / 亿元	2015 年化工工业增加值 / 亿元	化工工业增长比例 / %
成渝经济区	637	2 515	295
岷沱江流域	294	903	207
嘉陵江流域	78	513	555
长江干流	265	1 099	315

（5）污染地下水源，带来潜在水安全风险

沱江上游化工产业布局的潜在生态风险主要来源于位于沱江流域源区的磷化工和石油化工基地。废水排放将导致自沱江上游源头区开始的包括持久性有机污染物在内的复合型水污染。液体化学物泄漏或废水事故性排放都会对水安全产生显著的影响。源头区总体上是区域地下水的补给区，化工区雨水径流携带可溶性污染物下渗，将对地下水产生长期累积性的影响和生态风险。

二、大气污染累积

大气环境是人类和其他一切生物赖以生存的基础。大气环境条件的好坏，将直接影响人类的健康和整个生态系统的完整性。但是人类也通过各种生产开发和生活活动不断改变着大气环境，影响着大气环境的结构和功能，造成各种严重的大气污染事件。按照国际标准化组织（ISO）的定义，“空气污染（大气污染）通常系指由于人类活动或自然过程引起某些物质进入大气中，呈现出足够的浓度，达到足够的时间，并因此危害了人体的舒适、健康和福利或环境的现象”。区域开发活动引起的大气污染累积是指人类在区域的开发活动中，不断地向大气环境中排放各种有毒有害的物质，超过了大气环境所能允许的极限和自净能力，从而在大气中形成累积，使得大气质量恶化，对人类生存和其他生物与非生物带来不利的影响 [11]。

大气污染已经越来越受到人们的重视，对于大气污染物质的研究和控制已成为目前环境领域亟待解决的问题。根据世界卫生组织（WHO）的估计，在全球疾病负担（GBD）中，由大气污染而造成的失能调整生命年（DALY）损失占全部的 0.5%。大气污染也是我国主要的环境问题之一，区域开发活动引起的大气污染物累积使得这一问题更加恶化。在全国范围内来看，我国的大气污染类型主要以煤烟型为主；在部分大中城市，大气污染类型已由单纯的煤烟型污染向煤烟污染、机动车尾气污染和开放源污染并存的复合型大气污染转变，在部分经济快速发展的地区甚至出现了以较高浓度的细颗粒物和臭氧为特征的光化学污染。

1. 污染物类型

在大气中累积的污染物主要有三种类型。

（1）气溶胶状态污染物

气溶胶是指大气与悬浮在其中的固体和液体微粒共同组成的多相体系，一般指粒径为 0.1 ～ 200 μm 的固体或液体颗粒。大气中气溶胶各粒子按其粒径的大小不同，可分为粉尘、降尘、飘尘、总悬浮颗粒物（TSP）、可吸入颗粒（PM_{10}）和可入肺颗粒（$PM_{2.5}$）等。气溶胶状态污染物可以来自于区域开发过程中的扬尘或者来自化石和非化石燃料的燃烧、交通运输以及各种工业排放的烟尘等。

（2）气体状态污染物

主要有硫氧化合物、氮氧化合物、碳氧化合物、碳氢化合物以及氟化物。随着人类不断开发新的物质，大气污染物的种类和浓度也在不断变化着。硫氧化物主要指二氧化硫和三氧化硫。二氧化硫主要来自燃烧含硫煤和石油产品，以及石油炼制、有色金属冶炼、硫酸化工等生产过程，生物活动产生的硫化氢氧化后也能产生部分二氧化硫。据统计，全世界每年排放到大气中的二氧化硫有 1.46 亿 t，其中 70% 来源于煤的燃烧，16% 来源于重油燃烧，其余部分来自矿石冶炼和硫酸制备等，特别是火电厂的排放量最大，占总排放量的一半左右。二氧化硫在干洁空气中比较稳定，在潮湿的空气中易被氧化成三氧化硫，再与雨、雪、雾、露等水汽结合生成毒性更大的硫酸烟雾，形成酸雨和其他形式的酸沉降，从而对环境造成更大的危害。 大气中的氮氧化物包括 NO、NO_2、N_2O、N_2O_3、N_2O_5 等。人为活动排放到大气中的主要是 NO 和 NO_2，它们在区域开发过程中的主要来源包括：① 含氮有机化合物燃烧产生的氮氧化物；② 高温燃烧（1 100℃以上）时，空气中的 N_2 被氧化成 NO，燃烧温度越高、氧气越充足、生成的 NO 越多；③ 各种交通运输工具排放的尾气中含有氮氧化物；④ 火力发电、硝酸、氮肥等工业生产过程都有大量氮氧化物排出。氮氧化物进入大气后被水汽吸收，可形成气溶胶态硝酸、亚硝酸雾，或硝酸、亚硝酸盐类，是形成酸雨的原因之一。大气中的碳氧化合物主要包括一氧化碳和二氧化碳两种。二氧化碳是大气的正常组分，虽然没有直接危害，但目前全球大气二氧化碳浓度上升，形成温室效应，导致全球气候变暖，可能产生非常严重的后果 [12]。 一氧化碳就是通常所说的“煤气”，产生于含碳物质的不完全燃烧，主要来源于燃料的燃烧和加工以及交通工具的排气。据估算，全世界每年排放到大气中的一氧化碳为 2.2 亿 t 左右，其中 80% 是汽车排出的。空气中一氧化碳浓度达 0.001% 时就会使人中毒，达 1% 时在两分钟内即可致人死亡。碳氢化合物包括烷烃、烯烃和芳香烃等复杂多样的有机化合物。大气中的碳氢化合物主要来自汽车尾气、有机化合物的蒸发、石油裂解炼制、燃料缺氧燃烧及化工生产。排放到大气中的氟化物有氟化氢、氟化硅、氟硅酸及氟化钙颗粒物等。氟化物主要来自电解铝、磷肥、陶瓷、砖瓦及钢铁等生产过程。大气中的氟化物污染以氟化氢为主，它是一种累积性中毒的大气污染物，可通过植物吸收累积进入食物链，在人和动物体内蓄积达到中毒浓度，从而使人畜受害。

（3）光化学烟雾

光化学烟雾是氮氧化物和碳氢化合物等一次污染物在紫外线的照射下发生各种光化学反应而生成的以臭氧为主，同时包含醛、酮、酸、过氧乙酰硝酸酯等一系列二次污染物与一次污染物的特殊混合物。它是一种浅蓝色烟雾，具有特殊气味，能刺激人的眼睛和喉咙，使之流泪、头痛、呕吐等。光化学烟雾多出现在汽车密集地区，在夏秋季副热带高压控制下，当太阳辐射强、温度高的中午前后，容易发生光化学反应。光化学烟雾毒性大，氧化性强，对人体健康、动植物生长及物品的危害较大。

2. 生态风险表现

区域开发活动导致的大气污染累积类生态风险主要表现在以下几个方面。

（1）对气候的影响

大气中各种污染物质累积对气候具有明显的影响[13]。第一，减少太阳辐射量。区域开发过程中产生和排放大量的烟尘等颗粒，使得大气变得非常浑浊，明显的遮挡住阳光，使得太阳到地球表面的辐射量减少。据观测，城市中烟雾笼罩时的日太阳辐射量比没有烟雾的时候减少了近 40%。尤其随着城市化进程的加快，区域开发活动的不断增加，越来越多的城市大气环境受到污染。由于长期缺乏有效的太阳辐射，将有可能导致人与动植物的生长发育不良等问题。第二，增加区域降雨量。区域开发活动中排放出来的一些颗粒，具有水汽凝结核的作用，当大气环境中配合其他一些降雨条件时，就有可能形成降雨。如果这种降雨情况发生过多，将会打破区域原有的水分平衡，改变水文及径流特征。第三，形成酸雨。区域开发过程中排放出来的二氧化硫和二氧化氮等气体，经氧化形成硫酸、硝酸，进入雨水中，降低雨水 pH 值，增强雨水的腐蚀性。酸雨不仅能毁坏大片的农田和森林，还能腐蚀各种制品、金属盒建筑物等，对区域环境带来严重影响[14]。第四，增加区域温度。区域开发活动比较活跃的区域，由于大量的废热被排放到空气中，被空气中同样是由于各种开发活动排放的颗粒物质吸收，白天热量慢慢储存在这些颗粒物质里，到了夜晚热量逐渐被释放出来，可以在一定程度上增加区域温度。第五，影响全球气候。各种大气污染物质中，对全球气候影响最为显著的莫过于二氧化碳的排放和积累。而在区域开发过程中，将释放大量的二氧化碳到大气中。通过烟囱和其他各种废弃管道排放到大气中的二氧化碳总量有 50% 留在大气里。二氧化碳能吸收来自地球的长波辐射，随着二氧化碳在大气中的不断累积，其吸收的辐射热量也在慢慢增多，从而使得近地层空气温度不断增高，影响着全球气候的改变。

（2）对植物的危害

一些大气污染物，随着其浓度的增加，对植物具有明显的胁迫作用，尤其是对农作物产量的影响非常明显。例如二氧化硫、氟化物等，当空气中这些气体浓度增高时，植物叶片表面会产生伤斑，或者直接出现叶片的枯萎、脱落。即使大气中污染物的浓度不是很高的时候，也会对植物产生慢性危害，植物会产生相应的应激表现，如植物的叶片褪绿、发黄等。其对于农作物的危害主要表现在农作物植株变得矮小，叶片发黄，作物产量和质量明显下降等。

（3）对人体健康的危害

大气中各种污染物质长期累积将对人类健康带来直接的危害，其危害是多方面的，将导致呼吸道疾病和生理机能障碍等，并最终导致人的寿命下降[15]。例如 1952 年伦敦的烟雾事件，造成了数以千计的人员死亡，同时使得成千上万的人病情加重，还有很多人因此患上了呼吸系统疾病。其原因就是因为潮湿有雾的空气在城市上空停滞不动，温度逆增，逆温层在 40 ～ 150 m 低空，大量的烟喷入其中，使烟雾不断积聚。伦敦上空的大气成了堆置工厂和住户烟筒里出来的粉碎了的废物的垃圾场。调查数据显示，尘粒浓度高达 4.46 μg/L，为平时的 10 倍；二氧化硫浓度高达 1.34 μg/L，为平时的 6 倍。烟雾中的三氧化二铁促使二氧化硫氧化产生硫酸泡沫，凝结在烟尘上形成酸雾。即使大气中污染物浓度还不是太高，但人体成年累月呼吸这种污染了的空气，也会引起慢性支气管炎、支气管哮喘、肺气肿及肺癌等各种疾病，

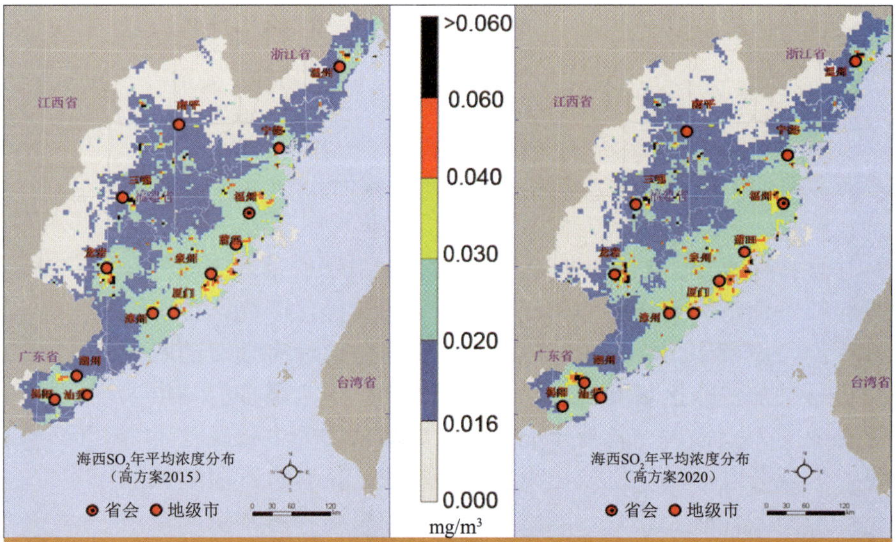

图 5-2 海西区二氧化硫年均浓度预测结果

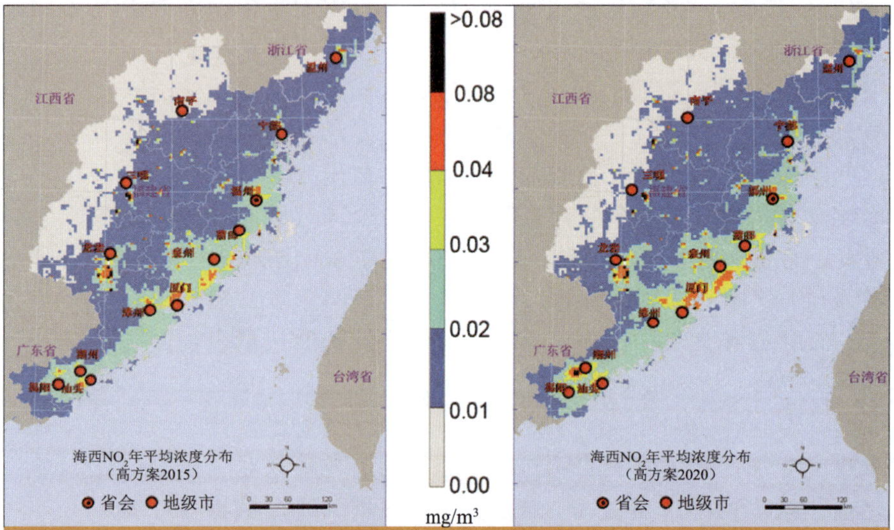

图 5-3 海西区二氧化氮年均浓度预测结果

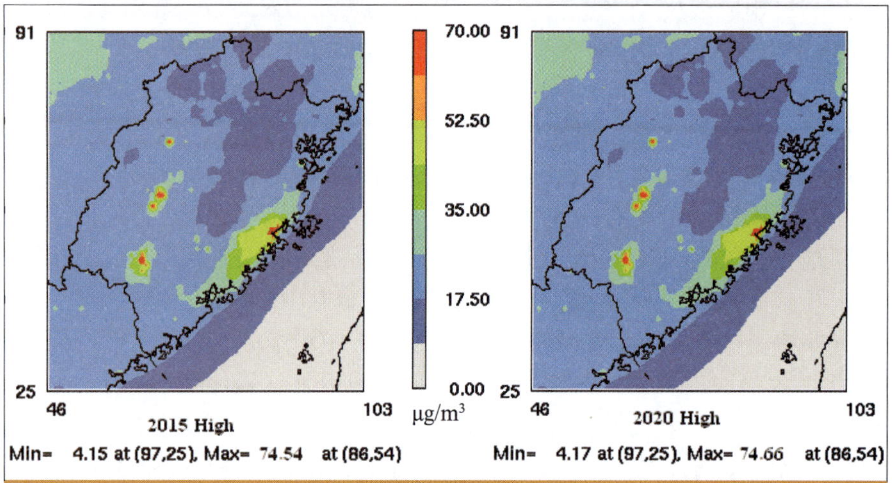

图 5-4 海西区 $PM_{2.5}$ 年均浓度预测结果

影响人类生活质量和寿命。

3．典型案例分析

（1）污染物排放大幅增加，部分城市不能满足大气环境保护目标

海西区重点产业集中布置在沿海地区，就中长期大气环境影响而言，沿海城市的二氧化硫和二氧化氮浓度增幅较大。三明、温州的二氧化硫（图 5-2）和厦门、福州的二氧化氮（图 5-3）年均浓度占标率将大于 75%，不能满足大气环境保护目标要求。

（2）颗粒物污染持续加重，增加部分地区灰霾发生风险

重点产业的发展将导致海西地区 $PM_{2.5}$ 有一定程度的增加，大多数地区的增加幅度均在 10% 以内。三明、龙岩、温州、泉州等城市地区，$PM_{2.5}$ 的浓度相对较高，在特殊气象条件下日均浓度可超过 65 μg/m³，加大灰霾发生风险（图 5-4）。

（3）大型钢铁、石化基地，造成局地污染和累积

钢铁、石化等重点产业的大规模集聚不利于常规污染物扩散，加重一次污染，同时，容易造成持久性有机污染物和难降解污染物的空间集聚、时间积累，形成区域累积性环境影响。

此外，不同污染物之间可能发生协同效应，产生灰霾等复合型大气污染。石化行业排放的挥发性有机物和钢铁行业排放的氮氧化物将导致臭氧、细颗粒物的浓度增加，从而使得产业集聚区及其周边地区发生灰霾等复合型大气污染的概率增加。

（4）局部地区硫沉降超过临界负荷，加重酸雨污染

局部地区硫沉降明显超过临界负荷。参考“九五”科技攻关项目“酸雨控制国家方案研究专题”提出的硫沉降临界负荷，温州、莆田地区和长泰天柱山国家森林公园的硫沉降超过临界负荷的 7% ～ 24%。酸沉降对土壤和水体酸化会产生累积性效应，将对生态环境造成不良影响。

温洲地区集中布局火电项目，二氧化硫将超过大气环境保护目标。温州地区现状硫沉降已超过临界负荷，温州电厂、苍南电厂和乐清电厂现有及在建的火电装机容量 599 万 kW，远期将达到 1 024 万 kW。预测表明，集中布局火电项目对温州地区影响较大，到 2015 年和 2020 年，二氧化硫年均浓度将增加 29.9%、33.4%，占标率达到 93.3%、96.7%，超过大气环境保护目标，使温州面临更严峻的酸雨污染（表 5-4 和图 5-5）。

表 5-4 海西区不同地区硫沉降量的变化

城市	硫沉降 / [g/ (m^2 · a)]			与现状相比增长比例 /%	
	2007 年	2015 年	2020 年	2015 年	2020 年
汕头	0.296	0.326	0.326	10.0	10.0
揭阳	0.157	0.183	0.187	16.0	19.0
潮州	0.331	0.364	0.364	10.0	10.0
厦门	0.188	0.207	0.208	10.3	10.4
漳州	0.175	0.193	0.193	10.4	10.6
泉州	0.223	0.248	0.248	11.3	11.5
龙岩	0.290	0.319	0.319	10.1	10.1
莆田	0.442	0.489	0.490	10.7	10.9
福州	0.204	0.227	0.228	11.3	11.7
三明	0.219	0.246	0.246	12.0	12.2
南平	0.303	0.336	0.337	11.0	11.3
宁德	0.216	0.242	0.243	12.0	12.5
温州	0.406	0.447	0.447	10.0	10.0

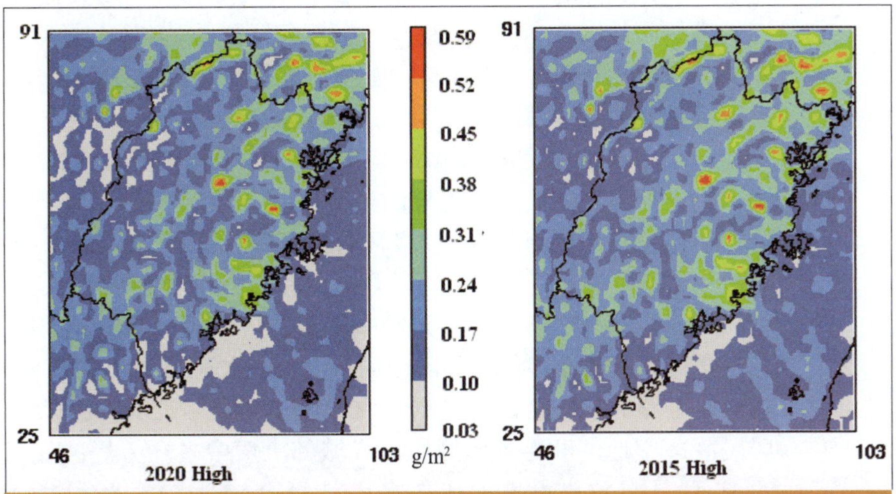

图 5-5 海西区硫沉降预测结果

三、土壤污染累积

区域开发过程中，产生和排放具有生理毒性的物质进入土壤，超过了土壤环境本身的自净能力，各种污染物质在土壤中累积，将导致土壤性质恶化和植物生理功能失调，同时产生一系列生态环境问题 [16]。一方面由于土壤内部有着能量和物质的循环，另一方面还与水体、大气和生物之间不断地进行物质交换，因此一旦土壤发生污染，将会在其他三者之间产生污染物质的相互传递，污染其他环境介质。同时，农作物从土壤中吸收的污染物质也会在食物链中形成富集，最终危害到人类的健康。由于土壤环境本身的特殊性，因此污染物质在土壤中形成累积并带来的危害具有以下特征：首先，具有隐蔽性和滞后性。土壤中污染物质的累积及其危害没有大气污染或水污染那么直观，通常都是要对土壤样品或农作物样品进行专业的检测才能确定，因此其危害具有一定的隐蔽性。正因为其隐蔽性的存在，从土壤中污染物质开始累积到产生污染，再到发现污染通常需要较长的一段时间，从而使得土壤污染物质的危害具有滞后性。其次，累积性。由于土壤本身特性决定了土壤中的污染物质在横向和纵向上均很难迁移和扩散，当污染物质的输入一旦超过了土壤本身的自净能力，污染物将不断在土壤中累积，同时这一特性也使得土壤污染具有很强的地域特征。最后，不可逆性。土壤中的很多污染物累积，如重金属累积，通常是一个不可逆的过程，而且这些污染物质所引起的污染通常也需要很长的一段时间才能得到降解，从而使得土壤污染治理的难度大大增加。

1. 污染物类型

区域开发活动在土壤中累积的污染物主要有 4 种类型。

（1）有机污染物

主要包括各种化学农药、石油及其裂解产物，以及其他各类有机合成产物等。其中研究比较多的是持久性有机污染物，如多环芳烃等。多环芳烃（polycyclic aromatic hydrocarbon，PAHs）是一类由两个以上苯环连在一起，普遍存在于环境中的持久性有机污染物。许多多环芳烃具有三致（致癌、致畸、致基因突变）毒性。1998 年 6 月在丹麦奥尔胡斯召开的泛欧环境部长会议上，美国、加拿大和欧洲 32 个国家正式签署的关于长距离越境大气污染物公约中提出把多环芳烃作为受控的 16 种持久性有机污染物（POPs）之一。USEPA 列出的优先控制污染物中也包括这 16 种多环芳烃，而我国国家环保局公布的优先污染物中，包括其中 7 种多环芳烃。土壤中的多环芳烃残留浓度往往随着与污染源距离的增大而表现出明显的梯度。工业活动与交通是区域开发中主要的多环芳烃来源，因而工业区与公路边土壤中的多环芳烃含量一般要比其他功能区中的含量高。如阿格拉土壤中 PAHs 含量最高的地区为工业区，其次是公路、居民区，最低的是农业区；新奥尔良 PAHs 含量为繁忙的街道附近＞商业区＞居民区＞空地。世界各地的城市或城郊土壤中多环芳烃的残留研究大多集中在 USEPA 提出的 16 种具有致癌毒性的优控多环芳烃上：萘（Naphthalene），苊烯（Acenaphthylene），苊（Acenaphthene），芴（Fluorene），菲（Phenanthrene），蒽（Anthracene），荧蒽（Fluoranthene），芘（Pyrene），䓛（Chrysene），苯并 [*a*] 蒽（Benzo [*a*] anthracene），苯并 [*k*] 荧蒽（Benzo [*k*] fluoranthene），苯并 [*b*] 荧蒽（Benzo [*b*] fluorantene），苯并 [*a*] 芘（Benzo[*a*] pyrene），二苯并 [*a,h*] 蒽（Dibenzo [*a,h*] anthracene），茚并 [1,2,3-*cd*] 芘（Indeno [1,2,3-*cd*] pyrene），苯并 [*g,h,i*] 苝（Benzo [*g,h,i*] perylene），这些多环芳烃都具有 POPs 的特性：持久性，生物积聚性，生物高毒性，半挥发性和长距离迁移性 [8]。

（2）无机污染物

主要为重金属和过量的氮、磷植物营养元素以及氧化物和硫化物等。目前，随着经济的快速发展，人类活动加剧了土壤重金属的污染，污染程度越来越重，范围越来越广 [17]。在区域资源的开发过程中产生的重金属污染问题尤为严重。土壤重金属污染具有隐蔽性、累积性、地域性、不可逆性和长期性等特点，对植（作）物和地下水等多方面产生严重影响，并且通过食物链的传递和积累效应危害人类健康，影响社会经济的可持续发展。

（3）物理污染物

指来自区域开发过程中的固体废弃物如尾矿、废石、粉煤灰和工业垃圾等。

（4）生物污染物

指带有各种病菌的城市垃圾和由卫生设施（包括医院）排出的废水、废物等。

2. 生态风险表现

区域开发活动引起的土壤中污染物累积的生态风险表现在以下几方面。

（1）污染农作物

有些重金属，如铜、锌、锰、铝等，是农作物生长的微量营养元素，在其浓度较低时，对各种酶系产生催化作用，从而可以促进植物的生长。然而当浓度过高时反会破坏农作物正常的生长代谢功能，使农作物的生长和发育受到抑制并影响对其他元素的吸收和代谢。此外，有些重金属元素如镉、铅、镍、汞等，常常会使农作物生长受到毒害，造成减产或农作物的死亡。对辽宁省铁岭柴河某矿区的农产品质量的调查研究表明，其研究区土壤中的Cd、Pb、Zn元素含量分别是当地背景值的11倍、4.5倍、3倍，远远超过了当地背景值水平。农作物在受污染的土壤里生长，造成了重金属在农作物体内的富集。研究矿区的玉米籽实中Pb、Cd含量分别是国家食品卫生标准的16～21倍、5.5～9.7倍，Pb元素严重超标，严重危害到人类的健康与食品安全。

（2）污染水体环境

富集在土壤中的各种污染物质，在雨水和径流的冲刷作用下，会随着水流进入河流湖泊和地下水，污染区域的水体环境，并可能通过身体接触、食物链等多种途径威胁人类的健康安全。

（3）大气环境遭受次生污染

遭受污染的土壤，其表土中含重金属浓度较高，而表土又比较容易在风力的作用下成为扬尘进入到大气环境中，导致大气污染、生态退化等次生生态环境问题，并且通过呼吸作用进入人体，对人类健康造成很大危害。

3. 典型案例分析

（1）河口污染物累积风险显现

环渤海区域内局部地区河流底质中检出多环芳烃和苯系物类等特殊有毒有害微量污染物，局部地区苯并[*a*]芘和二苯并[*a,h*]蒽等致癌物超标较为严重，累积性环境风险突出。河口底泥及疏浚淤泥中重金属（及砷）含量虽然均符合土壤环境二级标准，但与历史资料相比，近年来重金属含量普遍增加，特别是铅和锌含量增加幅度较大。诸河口底泥中重金属含量由北向南呈逐渐下降趋势，海河口附近的河口重金属（及砷）含量较高。区域内大多数河口底泥中的总氮和总磷含量较高，尤其是海河口附近的河口总氮和总磷含量分别高达0.14%和0.09%，呈现肥污染特征，底质中有机物质的释放对区域内地表水体质量以及渤海水质存在潜在影响。

（2）重点产业集聚区土壤中重金属超标严重

根据2007年土壤污染普查数据及在若干典型工业集聚区的补充监测结果，Cd和Ni等重金属在环渤海区域重点产业聚集区土壤中不断累积，石油化工、有色金属冶炼、黑色金属冶炼、煤炭开采和洗选、电力热力生产企业周边土壤中重金属污染较为普遍，如图5-6所示。

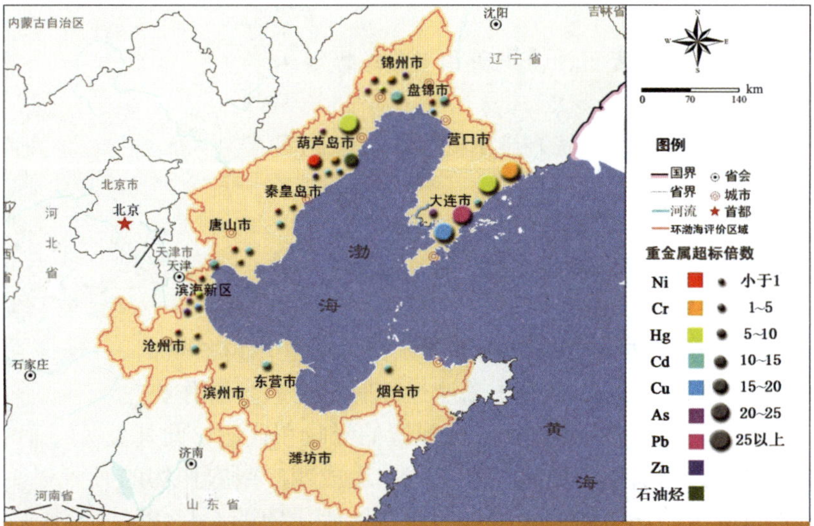

图 5-6　环渤海沿海地区土壤污染物超标情况示意（2000—2009 年）

第三节
资源开发与消耗

区域开发活动将带来资源的大量开发与消耗，给当地的社会、经济与资源带来各种生态风险。资源开发与消耗的方式多种多样，不同的方式带来的生态风险也各不一样。本节分生物资源和非生物资源的开发与消耗两个角度，分别对开发活动带来的资源开发与消耗类生态风险源进行辨识。

一、生物资源开发与消耗

生物资源是指在当前科技发展水平下，人类社会所能开发与利用的生物物质，其中包括动物资源、植物资源、微生物资源及由它们所组成的生物群落等，包括基因、物种和生态系统三个层次。1992 年，联合国环境发展大会《生物多样性公约》（*Convention on Biological Diversity*）中指出 :“生物资源指对人类具有实际或潜在用途或价值的遗传资源，用生物体或其部分、生物群体或生态系统中任何其他生物组成部分。”“最好在遗传资源原产国建立并维持迁地保护及研究植物、动物和微生物的设施”。生物资源能够为人类提供各种食物、纤维、能源和原材料，同时维持着生态系统的稳定性，在人类社会经济发展过程中起着十分重要的作用。

我国是世界上生物多样性最为丰富的国家之一，高等植物 3 万多种，脊椎动物 6 000 多种，动植物区系起源非常古老，珍稀物种众多，其中生物特有属和特有种比例较大，为我们提供了大量可被开发利用的生物资源。生物资源具有广泛的应用价值和科研价值，可为医学、农学、工业和制药等行业提供样品、原材料和能源，其实用价值得到人们越来越多的了解和重视[21]，因此更多的区域开发活动把重心放在了生物资源的开发上，从而使得生物资源的保育与人类需求之间的矛盾日益突出。

生物资源由于其本身的特性，使得它们在被开发与消耗过程中带来的生态风险也与别的资源开发不大一样。其特征表现在：首先生物资源是属于可更新的自然资源，具有再生性。在天然或人为维护下，生物资源可以进行不断的更新、繁衍和增殖；反之，在自然环境比较恶劣或人为干扰活动比较强烈的情况下，很多生物资源会退化、解体，最终耗竭甚至衰亡，而大多数情况下这一过程往往具有不可逆性。其次，生物资源具有一定的稳定性，同时也具有一定的波动性。一个稳定的生物资源系统，能够在较长的时间里保持其内部能量流动和物质循环的平衡，并且对外界的干扰具有适应、反馈机制，从而保持系统的稳定性。但是当外界的干扰不断持续或增强，超过了系统本身所能承受的极限时，系统的结构和功能就会产生不同程度的紊乱，并最终导致系统崩溃。不同的系统对于外界干扰的承受能力不一样，通常情况下，生物资源系统组成越丰富，结构越复杂，其抗干扰能力也就越强，系统稳定性也越强；反之，则系统稳定性越差。

1. 生态风险表现

鉴于生物资源本身的特殊性，区域活动对生物资源的开发与消耗可能带来的生态风险主要表现在以下几个方面。

（1）持续的人类开发活动将导致生物资源数量的下降与质量的降低

一方面生物资源虽然具有再生功能，并且很多生物资源已经开始了人工的繁殖和培育，但是如果不能进行科学的管理和利用，仍将导致很多野生生物资源的数量下降。另一方面，在人类活动的胁迫下，很多生物资源的原始生境受到了破坏和干扰，尤其对有些生态位比较狭窄的珍稀生物资源影响比较大，使得它们的数量显著下降。而有些生物资源可能本身还没有到可以开发的最佳时刻，但是人类在利益的驱使下，对资源强制开发，从而导致了资源本身的质量下降。

（2）高强度的区域生物资源开发将导致物种灭绝

近 400 多年来，由于人类开发活动强度的日益加剧，已经导致了大量的物种灭绝。研究表明，现在每年大约有 1 万个物种消失，灭绝的速度是史前时期的 100 ～ 1 000 倍，到 2015 年全世界将有 25% 的物种趋于灭绝。预计未来 30 年，人类将损失 5% ～ 10% 的热带雨林，随之将会有 6 万个植物品种、更多的脊椎动物和昆虫灭绝。

（3）严重的物种灭绝将导致生物多样性的急剧下降，生态系统平衡将被打破

生物多样性是自然界和人类社会存在的坚实基础，生物资源要正常发挥其各种功能必须要能够保持其生物多样性的完整。由于全世界范围内人类无节制的开发活动使得生物物种数量不断下降，生物灭绝趋势的难以逆转。生物多样性在急剧下降，可导致生物资源系统结构破坏，功能难以正常发挥，生态系统平衡被打破。

2. 典型案例分析

北部湾海洋生物资源衰退严重，种群趋向小型化

北部湾海域渔业资源在 20 世纪 70 年代已达到充分利用的状态，随后资源量开始逐步下降，90 年代的资源量仅为 60 年代的 1/4。自 1999 年实施南海伏季休渔、人工鱼礁和增殖放流等生物资源养护措施以后，生物资源有了一定恢复，目前的资源量与 20 世纪 90 年代初期基本持平，但仍处于较低水平。

由于长期的粗放型、掠夺式捕捞，造成北部湾海域现有的海洋渔业捕捞能力已大大超过资源的再生能力，现存资源密度大致只有最适密度的 1/3，生物资源种间更替更加频繁，渔获组成向小型化、低龄化和低值化转变，许多优质经济鱼类几乎从渔获物中消失。20 世纪 60 年代优质鱼和劣质鱼的比例为 8∶2，70 年代为 6∶4，90 年代下降为 2∶8。目前的渔获物组成主要以经济价值低、个体小、寿命短的低营养级种类占优势。主要经济种类所占比例比 20 世纪 80 年代下降了 50% 以上，且主要由年龄不足 1 龄幼鱼组成。原有经济价值较高的优质鱼类，如红鳍笛鲷、灰裸顶鲷、银鲳等，目前在渔获物中的出现率不足 5%，优质鱼类资源的更新能力严重缺失。局部海域生物多样性开始下降，浮游生物、底栖生物、潮间带生物种类组成发生明显演替。过度开发导致红树林面积的大幅度锐减也是造成近岸海域生物多样性减少的一个重要诱因（图 5-7）。

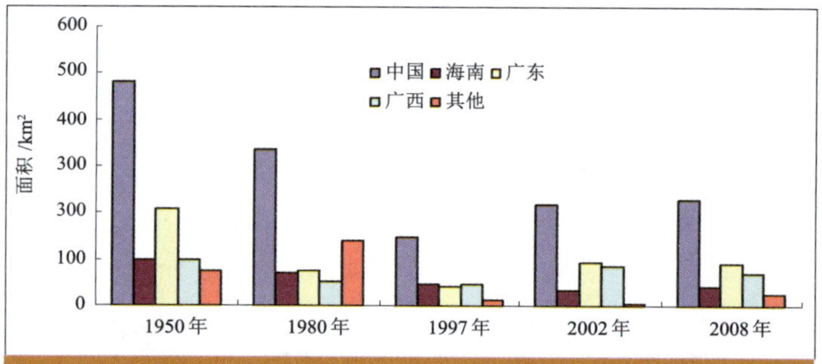

图 5-7 红树林面积变化趋势

二、水资源开发与消耗

水资源是人类生存和发展不可缺少、不可替代的物质资源。一方面其具有可更新、可供永续利用的特点；另一方面，水也是自然生态环境重要的制约因素。20 世纪 70 年代以来，由于世界人口剧增，人类开发活动范围与强度的持续增加，工业化和城市化的发展，使得人类社会对水资源的需求急剧增长。在过去的三个世纪里，人类提取的淡水资源量增加了 35 倍，其中农业灌溉用水和工业用水占了绝大多数。根据“国际人口行动”发表的资料，从 1940 年到 1990 年，全球人口从 23 亿增长到 53 亿，人均年用水量从 400 m^3 增加到了 800 m^3。虽然世界各国的用水量相差悬殊，但全球用水总量和人口的增长有着十分密切的关系。

我国水资源总量居世界第六位，但是人均占有量非常少，仅为世界人均水资源的 1/4，是世界水资源匮乏的国家之一。同时水资源的时空分布极不均衡，东南多、西北少，大部分地区每年 70% ～ 90% 的降水集中在 6—9 月。我国 1949 年总用水量仅为 1 031 亿 m^3，2002 年全国总用水量就已达到 5 497 亿 m^3，其中城镇生活用水占 5.8%，农村生活用水占 5.4%，工业用水占 20.8%，农田灌溉用水占 61.4%，林牧渔用水占 66%。自 20 世纪 80 年代以来，我国用水结构发生了一些变化，农业用水量占总用水量的比例已经呈现了下降趋势，已由 1980 年的 88% 下降为 2002 年的 61.4%。从 1980 年到 2002 年，工业用水占总用水量的比例不断增加，从 11% 提高到了 20.8%。城市生活用水虽然在各类用水中所占比例较低，但是水需求增长速度最快，且对供水的水质要求最高。

1. 生态风险表现

随着中国经济建设的发展和水资源开发利用日益广泛，水资源开发利用中的风险日益突出。水资源开发利用不合理，引起水环境恶化，主要表现在以下几个方面。

（1）水量减少，河流干涸断流、湖泊面积减小

在我国北方很多地区，由于盲目无节制的水资源开发和围垦，导致水量越来越少，河道出现断流、干涸。湖泊面积减少，降低了湖泊调蓄洪水的能力，减弱了水环境本身具有的多种生态功能。有些地方，如内蒙古的乌梁素海，因气候干燥，湖泊蒸发量大，湖泊干枯现象非常严重，导致了湖泊的含盐量和矿化度明显升高。

（2）水土流失严重，洪涝灾害频发

区域开发活动改变了水环境的物理结构，阻碍了水资源本身的生态功能的正常发挥，从而导致区域发生水土流失、洪涝灾害的现象。水土流失不仅导致土壤肥力的下降，而且将直接导致江河、湖泊的淤塞，从而使得河床抬高，降低了河道湖泊洪水调蓄的功能，导致洪涝灾害的威胁加重。

（3）水质恶化，水污染情况日趋严重

由于管理不善，区域开发和消耗水资源的过程中，通常会将所产生的污水直接排放到外界进入自然水体之中，从而导致水体被污染。《2010 年中国环境状况公报》指出，全国地表水污染依然较重。七大水系总体为轻度污染，浙闽区河流和西南诸河水质良好，西北诸河水

质为优，湖泊（水库）富营养化问题突出。长江、黄河、珠江、松花江、淮河、海河和辽河七大水系总体为轻度污染。204 条河流 409 个地表水国控监测断面中，Ⅰ～Ⅲ类、Ⅳ～Ⅴ类和劣Ⅴ类水质的断面比例分别为 59.9%、23.7% 和 16.4%。主要污染指标为高锰酸盐指数、五日生化需氧量和氨氮。其中，长江、珠江水质良好，松花江、淮河为轻度污染，黄河、辽河为中度污染，海河为重度污染。

（4）地下水超采，地面沉降严重

在很多地表水缺乏的地区，地下水就成了城市用水和工农业生产的一个重要水源地。但是很多地方由于缺乏统一的规划和管理，导致了地下水的超采，从而使得地下水位下降，更有很多地区发生地面沉降，如果长此下去，后果不堪设想。

（5）海水倒灌，污染地下水

由于区域开发对地下水无节制和无管理的开采，导致地下水水位下降，海水倒灌，从而污染地下水。长此以往，地下水也将面临枯竭的危险，经济损失将难以估量。

2．典型案例分析

（1）闽江过度调水导致咸潮上溯，加剧对闽江下游取水口的影响

调水会导致入海河流咸潮上溯距离增加。目前闽江的潮汐界已经上移到闽侯竹岐附近，咸潮已上溯到福州市南港城门（6#）和义序水厂（5#）取水口附近，多个水源保护区受到咸潮侵害（图 5-8）。当闽江调水量为 100 m^3/s 时，咸潮上溯距离增加 2.1 km，将加剧对闽江下游取水口的影响。

（2）成渝区水资源短缺将演变为潜在资源型缺水，衍生水污染风险

根据区域水资源承载力分析，随着成渝经济区人口增长和经济发展，区域人均可利用水量低于 500 m^3/ 人，到 2020 年，成渝经济区将呈现潜在资源型缺水的状态（表 5-5 和图 5-9）。

过度的水资源开发，将降低子流域的径污比、环境容量，缩小生态流量的安全空间。资源型缺水和工程型缺水均将衍生出下游地区的水质型、生态型缺水，存在长期性水污染风险。

根据现状和潜在缺水区域的分布，结合未来重点产业发展布局，预计河流的水环境压力将进一步加剧。

（3）水电梯级开发叠加影响导致珍稀特有鱼类生境逐渐丧失

流入成渝经济区的主要河流金沙江、大渡河、岷江流域水能资源丰富，具备水电梯级开发的优越条件，是水电清洁能源“西电东送”的重要输出地。目前，成渝经济区内及周边的主要江河（包括长江干流上游、金沙江、大渡河、嘉陵江、沱江、岷江上游）均已被水电梯级枢纽工程截断，对“长江上游珍稀特有鱼类保护区”形成了“合围”的态势。发展水电清洁能源与

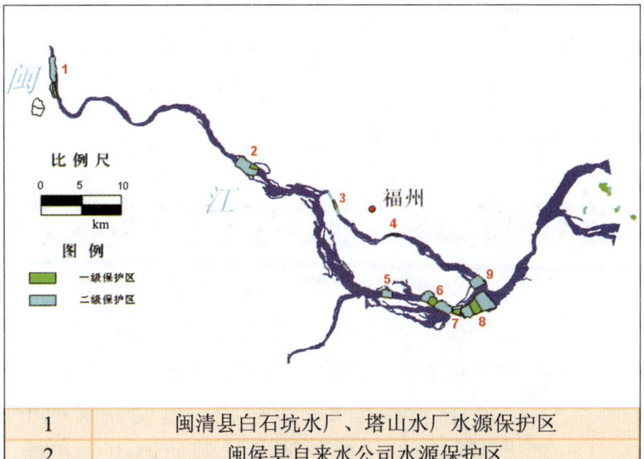

1	闽清县白石坑水厂、塔山水厂水源保护区
2	闽侯县自来水公司水源保护区
3	福州市西区、北区水厂水源保护区
4	福州市东南区水厂水源保护区
5	福州市义序水厂水源保护区
6	福州市城门水厂水源保护区
7	福清闽江调水工程峡南生活饮用水地表水源保护区
8	长乐市炎山饮用水源保护区
9	福州市马尾水厂闽江备用水源保护区

图 5-8　闽江下游水源保护区位置

表 5-5　成渝经济区 2007—2020 年水资源紧缺状态

	2007 年	2015 年	2020 年
水资源利用率 /%	24.43	33.05	39.32
人均供水量 /m^3	314	417	488
区域缺水类型	潜在工程型	潜在工程型	潜在资源型
资源型缺水地区	自贡市、遂宁市、内江市、资阳市、重庆主城区	自贡市、遂宁市、内江市、南充市、广安市、资阳市、重庆主城区和渝西地区	自贡市、遂宁市、内江市、南充市、广安市、资阳市、重庆主城区和渝西地区
潜在资源型地区	南充市、广安市、渝西地区	成都市、泸州市和德阳市	成都市、泸州市、德阳市和眉山市
工程型缺水地区	泸州、绵阳、乐山、宜宾市、达州市、雅安市和三峡库区	宜宾市、达州市、雅安市和三峡库区	宜宾市、达州市、雅安市

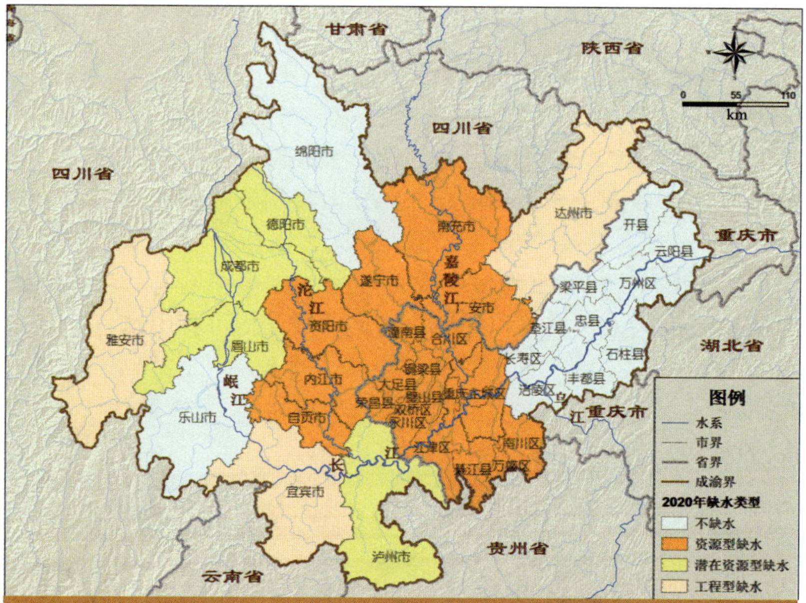

图 5-9　成渝经济区 2020 年水资源短缺类型区域

珍稀特有鱼类保护的矛盾比较突出。大坝阻隔、下游河床冲淤变化、长江干流港口和码头建设及航道疏浚、废水排放等影响叠加，长江上游珍稀特有鱼类的生境条件将进一步退化、缩小、丧失。

（4）地下水补给减少，形成大面积地下水降落漏斗

根据 2007 年河流断流情况调查，陕西榆林、延安、咸阳，渭南的北洛河、泾河、无定河等支流，山西忻州、临汾、运城汾河，受非汛期河川径流量减少、生态用水配置不合理、生态流量过程无法保证影响，非汛期部分时段出现断流。

支流断流、流量减少等因素降低了河流自净能力和水环境容量，加剧了黄河支流水质污染程度，降低了河流水生生物多样性。另外，汾河等支流断流还导致农田灌溉期水量减少，地下水补给量减少，造成地下水水位降低，对灌区生态环境进一步产生影响。

由于地表水资源短缺，过度开采地下水、不合理开发承压水现象突出，在局部地区形成大面积地下水降落漏斗。例如银川、石嘴山、咸阳、运城等地市由于地下水超采，20 世纪 80 年代初已形成约 36 个地下水降落漏斗。截至 2007 年，地下水漏斗面积达 2 443.88 km^2，其中深层地下水漏斗面积均较大，运城漏斗面积达 1 897.50 km^2，银川漏斗面积达 414.4 km^2，并引发了运城等地市地面沉降及地裂缝等地质环境问题，见表 5-7。

表 5-6　成渝经济区主要河流枯水期径污比

流域	设计枯水流量 30B3	设计枯季径污比（30B3/W）		
	m^3/s	2007 年	2015 年	2020 年
岷江中游（彭山）	75.8	4.1	2.7	2.4
沱江	91.7	4.2	2.9	2.5
嘉陵江流域	268.0	10.3	7.6	6.4
乌江流域	198.3	111.7	82.4	69.3
流域	最小生态流量 Q10%	枯季径污比（Q10%/W）		
	m^3/s	2007 年	2015 年	2020 年
岷江中游（彭山）	41.6	2.2	1.4	1.2
沱江	56.9	2.6	1.7	1.5
嘉陵江流域	164.6	6.2	4.5	3.9
乌江流域	149.2	83.8	61.9	52.1

表 5-7　2007 年评价区地下水漏斗情况调查

漏斗名称	漏斗中心位置	漏斗性质	漏斗面积 $/km^2$	中心埋深 /m	漏斗形成原因
银川漏斗	银川	承压水	414.40	16.04	生活用水超采地下水
大武口漏斗	石嘴山大武口区龟头沟	浅层水	52.50	61.62	
沣东漏斗	咸阳秦都区	浅层水	31.90	32.85	工业用水超采地下水
兴化漏斗	咸阳兴平市	浅层水	24.10	15.53	
鲁桥漏斗	咸阳三原县	浅层水	10.00	33.34	
渭滨漏斗	咸阳秦都区	浅层水	13.48	20.05	
运城漏斗	运城	承压水	1 897.50	103.12	工业用水超采地下水

（5）生态用水被挤占造成局部湖沼湿地萎缩

近年来，沿黄湿地部分重要的内陆湿地补给水源被过量截流，加之气候干旱、农业取水量增加，导致湿地水源补给不足，生态用水缺口逐年增加，地下水水位降低，湿地周边非地带性植物缺水发生退化，引发湿地萎缩。如红碱淖自然保护区湿地、鄂尔多斯遗鸥国家级自然保护区湿地等重要湿地，受工农业用水挤占生态用水影响，均不同程度出现湿地萎缩现象，世界濒危鸟类遗鸥繁殖地日渐缩小，降低了局部区域生物多样性水平，见图 5-10。

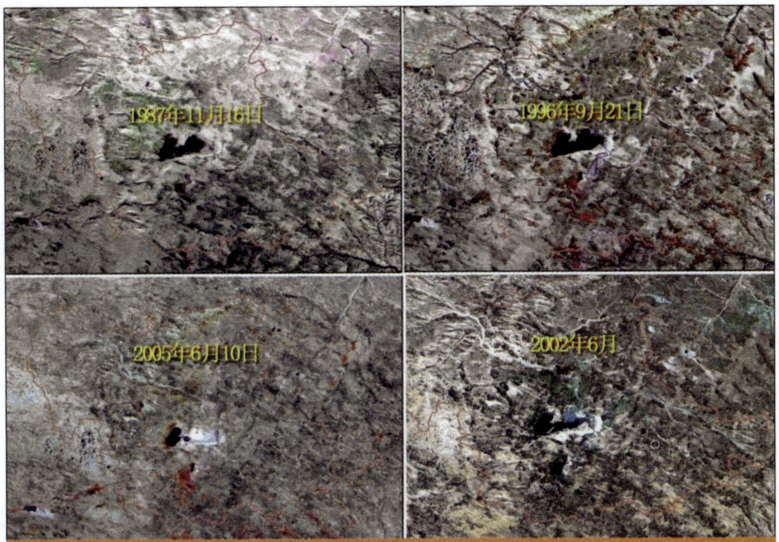

图 5-10　遗鸥自然保护区四期遥感影像

（深蓝色为泊江海子，为 9—11 月数据）

第四节　生态空间占用

区域开发活动将不可避免地改变原有的自然景观，改变区域的土地利用方式，影响生态系统过程和功能，带来相应的生态风险。开发活动对区域空间的占用与当地生态环境维持其服务功能对空间需求之间的矛盾显得尤为突出。如何合理评价区域开发过程中，产业布局和区域生态安全之间、开发结构规模与区域生态承载力之间的突出矛盾，是进行区域开发生态系统风险评价、保障区域社会经济可持续发展的重点。本节将重点从土地利用变化、海洋空间利用和自然保护区占用三个方面，辨析区域开发生态空间占用的风险源。

一、土地利用格局变化

由于人口数量的急剧增多，可利用土地资源相对减少的矛盾日益突出。人口不断向城市区域聚集，导致城市面积不断扩展；区域开发活动导致越来越多土地被占用，改变了其原有的土地利用类型。由于技术进步，人类改造、利用土地资源的能力在不断增强，如果稍有处理不当，就可能产生重要生境或生态功能区被占用、破坏生态系统平衡的风险。

土地利用对环境和生态的作用在全球环境变化研究领域受到高度重视。在人为活动占优势的景观内，不同土地利用方式和强度产生的生态影响具有区域性和累积性的特征，并且可以直观地反映在生态系统的结构和组成上。基于景观结构进行土地利用生态风险分析，可以综合评估各种潜在生态影响类型及其累积性后果。景观格局中沿某一方向的高度自相关可能预示某种生态学过程在起着重要作用。由人类活动导致的土地利用类型的变化直接干扰了生态系统的结构和功能，目前土地利用变化对区域格局的影响及土地利用变化的驱动力研究取得很大的进展，很多研究也关注土地利用变化对自然系统土壤理化性质、生物量、生物多样性的影响，但是土地利用变化的生态效应研究还比较薄弱，特别是综合生态效应的研究更为少见。

1. 生态风险表现

土地利用从景观尺度上反映了人类对自然生态系统的影响方式及程度，土地利用的变化在很大程度上反映了人类活动与自然生态条件变化的综合影响。区域各种开发活动引起的土地利用的变化，不仅影响土地资源的结构与类型，而且通过改变土地生态系统的结构和功能，影响着土地生态系统带来的安全与健康程度。目前土地利用变化作为土地生态系统风险的物理压力，给区域土地生态系统带来的风险主要来自几个方面：土地利用变化引起人类或生物的生境丧失、生态系统结构和功能的紊乱、景观破坏、水土流失、滑坡、泥石流等风险加剧。

2. 典型案例分析

（1）环渤海重点产业发展侵占大量土地资源

根据环渤海三省一市 2006—2020 年土地利用总体规划，到 2020 年，环渤海沿海地区可提供的新增建设用地指标为 2 504 km^2（图 5-11）。北岸产业带的大连，西岸产业带的唐山和沧州以及南岸产业带规划土地供给量较大，其中大连规划未来土地供给量可达到 444 km^2，占环渤海沿海地区新增建设用地近 1/6。规划新增建设用地相当一部分用于保证重点产业发展空间。

由于各地市重点产业发展用地日趋紧张，相当一部分地区将滨海滩涂、苇地、盐田等具有重要生态功能的海岸带湿地作为产业发展基地进行开发建设，虽然可从一定程度上缓解区域用地紧张局面，但也对海陆交汇带自然生态保护造成了负面影响。

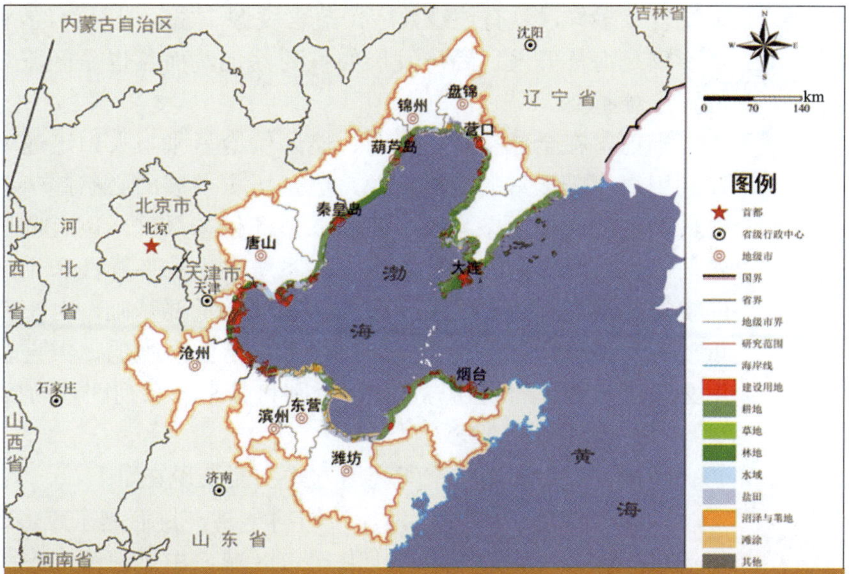

图 5-11　渤海海岸带地区规划土地利用情况（2020 年）

（2）北部湾浆纸速生林和木薯的大规模种植引发生态系统功能降低

区域规划重点产业建设呈点状逐步向带状发展趋势，生态压力主要集中在土地资源的占用、地表植被景观的破坏。从发展强度和生态特征来看，主要存在浆纸速生林和木薯的大规模种植引发的生态系统功能降低的风险。

桉树林经营带来植被类型减少、林下生物量有所降低、涵养水源功能减弱、土壤退化、局部陡坡种植引发的水土流失等生态问题已日益体现，如在湛江种植几十年桉树后，林地土壤剖面难于区分 A 层和 B 层，原生 A 层变薄甚至消失，桉树人工林连栽第 2 代林植物多样性的减少率为 50%。随着产业规模的扩大，将加剧区域原有野生动植物生境、栖息地的破碎化以及活动场所的日益减少，挤占其他热带亚热带特有经济林的经营面积并降低其产品供应能力，如在北海地区规划桉树林种植面积将达到商品林面积的 97.7%，这将导致区域生态系统的生态生物多样性协调、气候调节、涵养水源、美化景观等生态服务功能的降低，引发区域生物种群的改变、生态系统稳定性和完整性受到破坏的累积风险。

二、重要生态功能区占用

重要生态功能区是指对于保持区域生态平衡、功能，防治和减轻自然灾害的影响，保障区域生态安全、维系区域社会经济持续稳定发展具有重要意义的区域。重要生态功能区产生的巨大生态效益和生态服务主要包括：水源涵养、水土保持、气候调节、生物多样性保护等。2003 年南非召开的第五次世界保护区大会指出，要运用现代生态系统理论与方法构建生态功能保护区，保护和改善具有重要生态功能的生态系统。但区域开发过程中，将会占用某些重要生态功能区，影响这些重要生态功能区正常功能的发挥。下面将分别从海岸带空间占用和自然保护区占用两方面对区域开发活动生态风险源进行辨识。

1．海岸带空间占用

海岸带是海洋与陆地相互作用的过渡地带，由于潮位的变化，海岸线是变动的。通常情况下，水位升高被淹没、水位降低便露出来的狭长地带就被认为是海岸带区域。海岸带生态系统复杂多样，具有边缘效应，蕴含资源丰富，是社会经济地域中的“黄金地带”。海岸带区域不仅是海洋开发、经济发展的重要基地，而且也是区域对外贸易、文化交流的纽带，地理位置十分重要。

当前，在全球粮食、资源、能源供给紧张与人口迅速增长的矛盾日益突出的情况下，开发利用海岸带丰富的自然资源，已是历史发展的必然趋势。我国海洋生态系统多种多样，既有典型的红树林生态系统、河口三角洲生态系统，也有数量庞大的港湾，成为中国近海生物繁衍、生长的摇篮，也是地球生态系统中生物多样性和生产力较高的生态系统。我国海岸带的资源和环境是沿海地区经济社会发展的重要基础，对整个沿海地区的经济发展起着越来越重要的支撑作用。尽管如此，海岸带也是生态脆弱、灾害较多的地带，对海岸带的开发与利用必须进行合理的规划与管理，否则将带来一系列严重的后果。

（1）生态风险表现

区域开发对海岸带空间利用方式主要表现在：

1）海岸带渔业养殖。海岸带饵料丰富，目前越来越多的沿海国家在海岸带地区发展养殖事业。一方面，有的河口位于海岸带区域，由于河流夹带大量泥沙入海，每年滩涂均有增长趋势，如我国上海市的崇明岛；另一方面，很多地方为了养殖的需要围海造地，增加土地资源。

2）滨海旅游。我国海岸线曲折绵长，岸外岛屿众多，海岸地貌类型齐全，海岸带南北纵跨三个气候带，自然风光各异，拥有许多旅游价值很高的风景区。我国历史悠久，海洋文化积淀丰厚，海岸带人文景观也非常丰富，概括起来，我国海洋旅游景观大体可分为：海岸景观、海岛景观和海洋生态景观等。

3）围垦造田。越来越多的沿海地区和国家，由于区域经济发展的需要，在国土空间发展规划上采取围海造田，利用海岸带扩充土地资源，用于养殖、农业和工业等产业的发展。

4）能源开发。海岸带蕴含能源多种多样。有石油、天然气等非再生能源，也有潮汐能、盐差能、波浪能等可再生能源。据估算，全球约有海洋潮汐能 10 亿 kW，主要集中在浅海区，而中国的沿海潮汐能蕴藏量约有 1 亿 kW。

5）建造港口，发展海运。在海岸带区域建造港口，是发展对外贸易、繁荣区域经济重要的手段之一，国际贸易的货运量 99% 都是通过港口完成。同时随着各地经济的发展，港口数量和吞吐量都将会迅速增加。

（2）典型案例分析

1）建设用地扩张迅速，海陆带空间形态不断变化

近十多年来，环渤海沿海地区海陆交汇地带（10 km 宽海岸带）最突出的特征就是大量易于开发利用的土地类型诸如滩涂、盐田和水域等转化为建设用地，扩张速度远远高于全国平均水平。

根据 1995 年和 2007 年遥感影像解译（图 5-12）和全国第二次土地调查数据，环渤海沿海地区海陆交汇带空间形态迅速变化，沿海滩涂、湿地和水面等重要生态功能区的土地大面积转化为建设用地（图 5-13）。其中，天津滨海新区、秦皇岛、东营、烟台和滨州等地极为突出，建设用地扩张速度是全国平均水平的 2 倍。1995—2007 年，渤海海陆交汇带地区耕地面积减少了 1/4，新增建设用地 951 km^2，建设用地规模年均增加 6.1%，远远大于环渤海沿海平均水平和全国平均水平，大量沿海滩涂、盐田被占用。

2）环渤海沿海一带出现了大规模填海造地的热潮

根据遥感影像解译，2000—2008 年渤海填海造地总面积为 551.4 km^2，平均每年填海 68.9 km^2

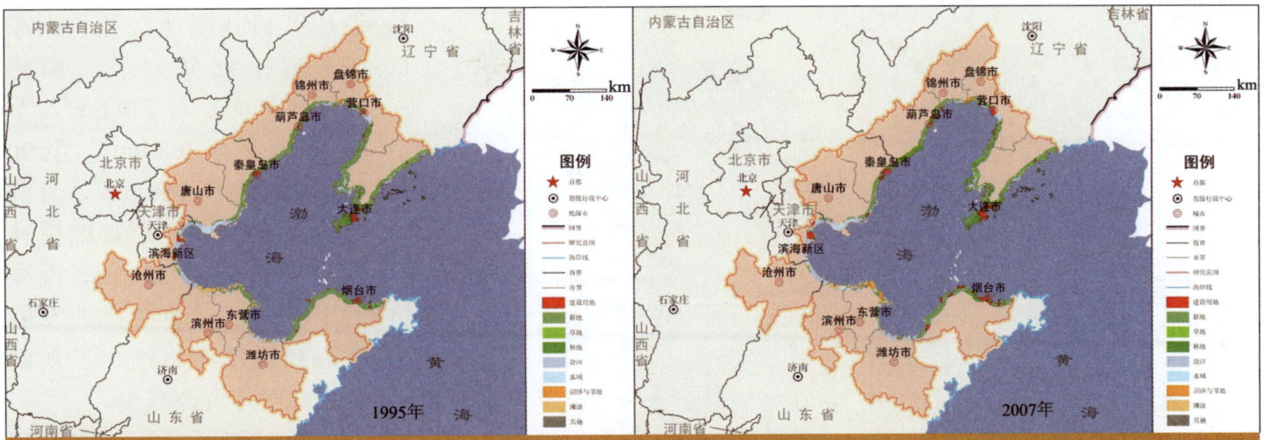

图 5-12　环渤海沿海地区 10 km 海岸带土地利用变化

数据来源：根据 1995 年 TM 影像、2007 年北京一号小卫星影像解译结果。

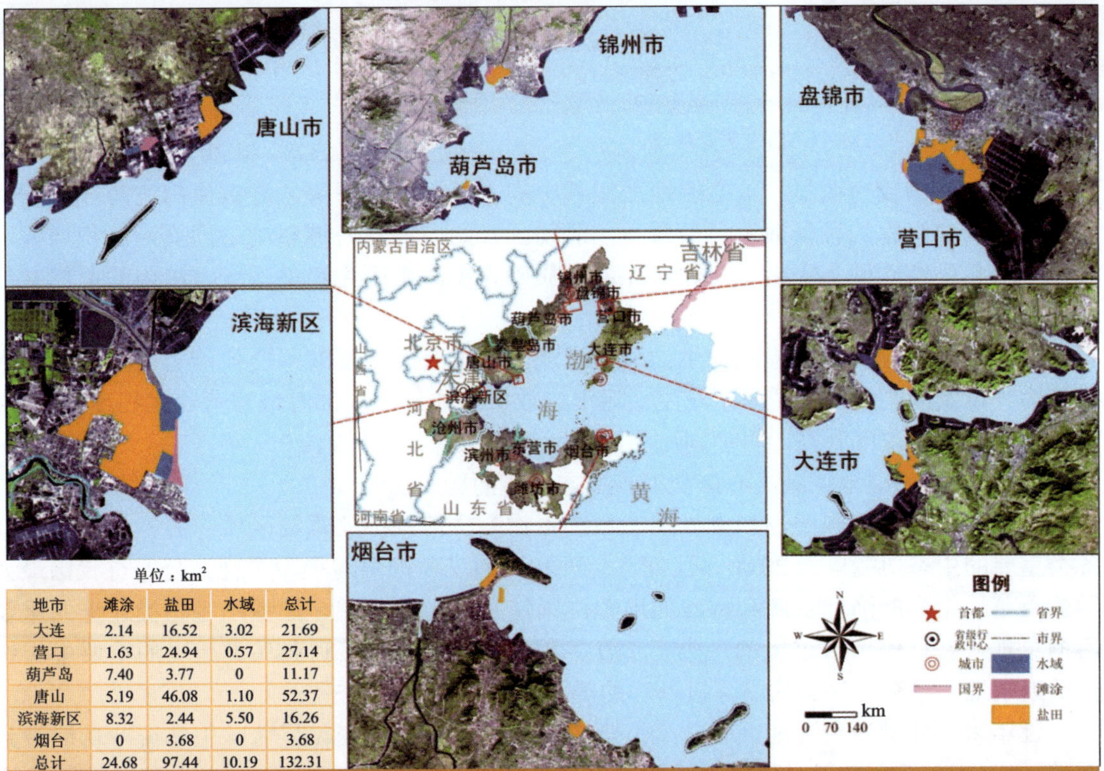

单位：km²

地市	滩涂	盐田	水域	总计
大连	2.14	16.52	3.02	21.69
营口	1.63	24.94	0.57	27.14
葫芦岛	7.40	3.77	0	11.17
唐山	5.19	46.08	1.10	52.37
滨海新区	8.32	2.44	5.50	16.26
烟台	0	3.68	0	3.68
总计	24.68	97.44	10.19	132.31

图 5-13　环渤海沿海地区建设用地转化（1995—2007 年）

数据来源：根据 1995 年 TM 影像、2007 年北京一号小卫星影像解译。

（图 5-14）；2009 年，填海造陆工程占用海域总计 94.77 km²。围填海直接占用了大量自然岸线，截弯取直、海岸线人工化趋势明显，2000—2008 年整个岸线长度增加了 4.0%，自然岸线长度减少了 10.8%。海洋开发规模扩大，对海域的侵占、对局部生态环境的永久性改变和污染物排放的增加，对海洋生态环境产生了巨大压力。

3）大规模围填海，对海湾生态环境影响显著

大规模围填海将进一步加剧红树林湿地资源减少。海西区历史围海造地、工程开发等已

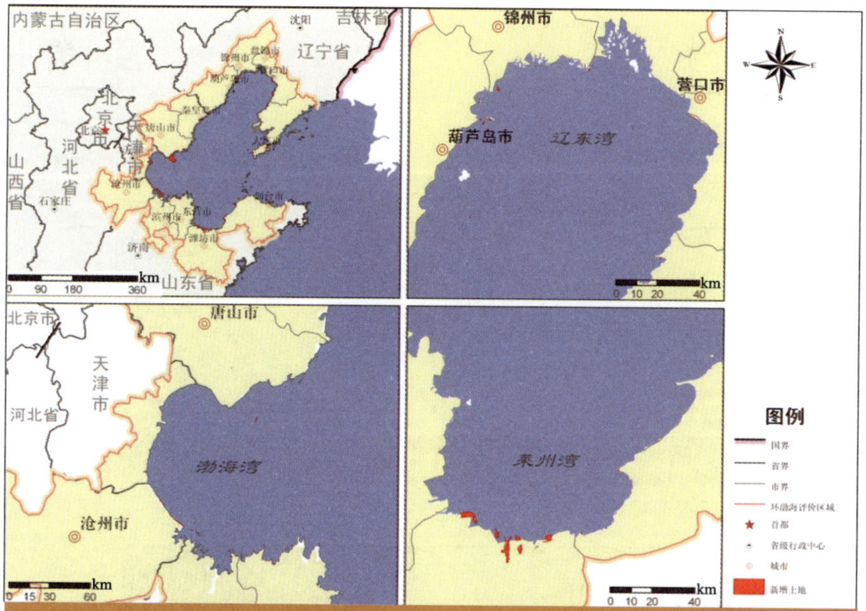

图 5-14 渤海近岸围填海新增建设用地（2000—2008 年）

数据来源：根据 2000 年、2008 年 TM、CBERS 影像解译。

造成红树林湿地资源急剧减少。20 世纪 50 年代，福建省红树林面积有 720 hm^2，至 80 年代仅存 368 hm^2，至 90 年代中期剩下 260 hm^2，且群落类型单一。广东省红树林面积同期从 21 289 hm^2 锐减到 3 813 hm^2，重点产业发展大规模围填海将进一步加剧红树林湿地资源减少。

厦门湾围填海已占用滨海湿地 110.03 km^2，占海湾总面积的 8.6%，90% 以上的红树林已遭破坏，厦门西海域和同安湾的历史围填海造成纳潮量的损失也分别高达 32% 和 20%，围填海活动对水动力条件影响较为明显，加之湿地面积减小和水环境质量下降，导致厦门湾海洋生物生境破坏，中华白海豚的种群数量日益减少，活动区开始向其他海域移动；同安湾淤积增大，底质环境由粗砂和砾砂为主转变为砂质泥或泥质砂为主，由于生境的改变，湾内的厦门文昌鱼资源已发生明显的退化。

大规模围填海将导致赤潮发生的风险增加。围填海降低了海水交换能力，减弱了海水自净能力，以及因产业发展诱发区域生活污水排放量增加导致局部海域富营养化程度有所提高，可能造成叶绿素浓度升高，将加剧海湾污染和赤潮频繁发生风险。

4）沿海滩涂湿地锐减，海岸交汇带生态环境问题突出

渤海海岸带是我国湿地和世界生态系统生物多样性保护的重要区域，海岸交汇带上分布各类重要的生态功能单元 20 个。辽河三角洲和黄河三角洲湿地类型多样，分布有我国最大面积的芦苇，丰富的渔业资源和特殊的地理位置使其成为丹顶鹤、黑嘴鸥等鸟类迁徙的重要停留栖息地，在此停留或过境的鸟类有 170 多种，是东亚 - 澳大利亚鸟类迁飞的重要中转站和停歇繁殖地，享有“鸟类的国际机场”的美誉。

近年来，环渤海沿海地区海陆交汇带受到产业发展影响变化显著，生态缓冲功能遭到严重破坏。1996—2007 年，环渤海沿海地区的滩涂湿地减少了 717.6 km^2，大部分地区滩涂湿地减少比例都超过 10%，年均减少 1% 以上，烟台、滨州减少比例分别超过了 20%、50%。10 km 海岸带上滩涂面积减少了 350 km^2，占全区减少总量的近一半，大连、营口、葫芦岛、唐山、天津和烟台等尤为突出；1987—2002 年，盘锦双台子河口湿地面积减少 240 km^2，降幅达到 60% 以上。根据测算，近 10 年环渤海沿海地区减少的沿海滩涂湿地相当于减少了整个环渤海沿海地区年入海污染削减能力的 2% ～ 10%。大量滨海天然湿地丧失，湿地植被大量永久性消失，湿地的净化能力严重削弱，导致向渤海排放的大量氮、磷、重金属、油类等污染物缺乏入海的最后屏障，进一步加剧了渤海的生态破坏和水质污染。

由于沿海地区地下水过量开采，滨海平原地表径流量减少，造成海岸带出现地面沉降、

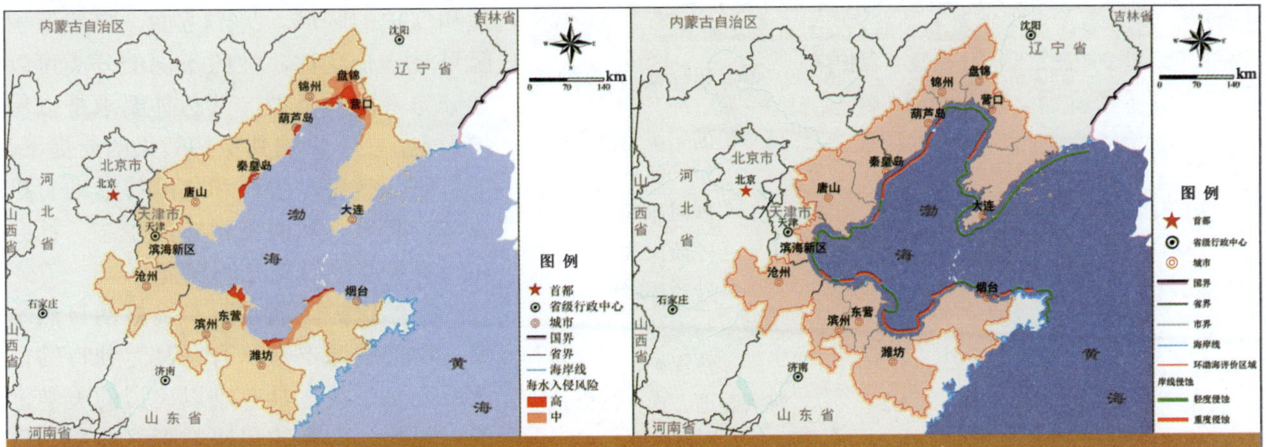

图 5-15　环渤海沿海地区海水入侵与渤海海岸带侵蚀分布

海水入侵、海岸侵蚀和土壤盐渍化等严重的生态环境问题（图 5-15）。其中，山东莱州湾南岸和烟台地区海咸水入侵已达 1 955 km^2，盘锦地区海水入侵最远距离达 68 km。

环渤海地区侵蚀海岸总长度约 1 200 km，占渤海大陆岸线长度的 46%，主要分布在北岸产业带的长兴岛—盖州、葫芦岛，西岸产业带的唐山（乐亭），以及南岸产业带黄河三角洲北岸（沾化—孤岛）、莱州湾等岸段（图 5-15）。其中，严重侵蚀岸段（＞－ 20 m/a）长度 70 km，主要分布在老黄河入海口；重度侵蚀岸段（－ 10 ～－ 20 m/a）长度 166 km，主要分布在葫芦岛六股河入海口、黄河入海口西南岸—老河入海口。

随着天然滩涂湿地面积减少，围海造地和人工岸线增加，海陆交汇带生态系统人工化趋势明显；海岸带生境趋于破碎化，植被状况趋于恶化，生态系统稳定性降低，导致生态系统服务功能降低，生态风险增加，自然生态系统总体趋于退化，“鸟类的国际机场”功能受到威胁。

5）海岸线整体上向海域延伸，自然岸线比重持续下降

随着环渤海沿海地区重点产业发展，围海造地、人工建设等大量人类活动将进一步影响现有海岸线空间形态和构成。北岸产业带沿海经济带一线众多产业集聚区，西岸产业带唐山湾“四点一带”产业基地、天津滨海新区、沧州渤海新区，南岸产业带滨州北海新区、东营港经济开发区、潍坊滨海经济开发区等均位于海岸带地区，将使得人工岸线长度大大增加，海岸线出现整体向海域延伸趋势。

预计到 2020 年，渤海海岸线总长将达到 2 849.9 km，比现状增长 3.9%；人工岸线达到 968.9 km，比现状增长 45.7%；自然岸线长度降低至 1 880.9 km，比现状减少 9.5%。未来自然岸线占海岸线总长的比例将由目前的 76% 下降到 66% 左右。其中，环渤海西岸产业带人工岸线长度增长最为突出，沧州、滨海新区、唐山分别达 7 倍、2 倍、0.6 倍以上。沧州、滨州、滨海新区、盘锦的自然岸线长度分别减少 100%、80.5%、67.5%、59.9%。

预计未来产业集聚区建设将占用重点保护岸线 23.8 km，占重点保护岸线总长 28.6%，主要集中在北岸产业带大连长兴岛和锦州西海工业区，以及西岸产业带秦皇岛至渤海新区一线（表 5-8）。今后建设活动中应当避开重点保护岸线，已占用的部分应逐步退出并开展生态恢复。

2. 自然保护区占用

自然保护区是指对具有代表性的自然生态系统、珍稀濒危野生生物种群的天然生境地集中分布区、有特殊意义的自然遗迹等所在的陆地、水体或海域等，划出一定面积予以特殊管

表 5-8 未来规划建设产业区占用重点保护岸线情况

未来规划建设产业集聚区	占用重点保护岸线 /km	重点岸线保护目标
大连长兴岛临港工业区	3.8	斑海豹国家级自然保护区
锦州西海工业区	0.3	砂质岸线
秦皇岛沿海	7.3	砂质岸线
唐山湾“四点一带”	9.7	砂质岸线
天津滨海新区	1.5	古海岸与湿地国家级自然保护区
沧州渤海新区	1.2	海兴湿地、南大港湿地

理和保护的区域。另一方面，自然保护区只是一个泛称，按照不同的分类可以划分为不同的类型，其总体要求是以保护为主，在不影响其保护效果的前提下，把科研、教育、生产和旅游等活动有机地结合起来，从而使得它的生态、社会和经济效益得以充分的发挥[18]。

自然保护区通常具有良好的自然本底，物种资源丰富，有些具有独特的自然或人文景观，具有难以比拟的美学价值，因此为人类的科研教育、休憩娱乐等提供了非常重要的场所。但是由于人类开发活动的日益加剧，导致自然保护区面积骤减，给自然保护区的生态环境保护也带来一系列的风险。

（1）生态风险表现

1）生物多样性减少及新物种入侵。保护区作为野生动植物的庇护所和主要活动区，由于人为干扰和破坏，使得野生动植物生境遭到干扰和破坏[19]，导致动植物的数量和种类不断减少，生物多样性下降。目前很多自然保护区内野生动物分布密度较建设初期大为降低，常见的一些物种已很难见到。另一方面，由于游客的大量涌入，还可能携带一些新的物种，带来区域生物物种入侵的生态风险。

2）造成自然保护区内景观破碎化。旅游开发修建大量旅游基础设施及道路等，不仅破坏了保护区内部自然景观和原始风貌，而且对自然景观和自然生境造成了负面影响，同时形成了许多干扰廊道，人为地将保护区隔离成许多小块，降低了保护区内部的连通性，加剧了保护区内生境的破碎化，进一步影响区域的生物多样性[20]。

3）野生动物的个体行为将受到影响。大量游人的进入和相关的旅游活动，可能造成保护区的野生动物时时处于惊恐和不安之中。如目前的湖面游艇活动，不仅破坏了湖周围的自然生态环境，同时也影响了野生动物的个体行为，其噪声使湖内外的野生动物纷纷逃逸，更使得一些比较敏感的生物物种的生境受到极大影响。

4）破坏保护区内原始居民的民俗风情。我国很多自然保护区内分布着许多原始居民[21]，他们有本民族的语言和生活习惯，以及特色建筑、人文景观，是自然保护区的自然组成部分及保护对象。但由于旅游开发的需要，已将原有的少部分村民迁往保护区外面，同时外来游客的进入在一定程度上也影响了当地居民的生活方式和习惯。

（2）典型案例分析

1）产业大规模建设空间需求，将激发与局部环境敏感区的矛盾

例如轩岗、岚县、霍州、彬长等煤矿矿区内有 19 个自然保护区。煤田开发、煤基化工园区大规模建设的空间需求与保护区必然存在一定冲突，在生物多样性保护战略失灵的情况下，地方可能不合理调整市级或县级保护区范围，影响到自然保护区的有效保护。自然保护区和规划矿区的相对位置见图 5-16。

山西省煤田与岩溶泉域大都重叠，形成煤、水（岩溶水）共存系统，重点产业发展可能造成泉域保护区水量衰减、引起泉域水质污染等问题。煤矿矿坑排水将减少煤系地层及其上部岩层含水层对岩溶水的越流补给和下伏岩溶含水层的补给，造成区域岩溶地下水位下降和

泉水流量衰减。

2）水电梯级开发占用珍稀特有鱼类生境

发展水电清洁能源与珍稀特有鱼类保护的矛盾比较突出。大坝阻隔、下游河床冲淤变化、长江干流港口和码头建设及航道疏浚、废水排放等影响叠加，长江上游珍稀特有鱼类的生境条件将进一步退化、缩小、丧失。目前，岷江干流中下游、赤水河依然保持着自然河流系统特征，与长江干流保持着天然的水力连通状态，生物群落栖息条件未发生重大变化。赤水河干流和部分支流、岷江下游和越溪河支流等，可能成为长江上游珍稀特有鱼类等重要生物完成其生活史的仅存的自然生境。

按照四川省《岷江下游（乐山—宜宾段）航电梯级开发规划》，在岷江下游将建设六级航电梯级枢纽工程，其中最末两级古柏和喜捷场航电枢纽在“长江上游珍稀特有鱼类国家级自然保护区”缓冲区内。规划实施后航道标准可由四级提高到三级，连通长江干流黄金水道，解决重大装备水路运输出川的问题。重大装备水运出川的目标与“长江上游珍稀特有鱼类自然保护区”矛盾冲突凸显。

除已建的葛洲坝水库和三峡水库外，长江干流三峡库区以上江段还规划建设石棚、朱杨溪和小南海水电站等三座水电枢纽，这些水电站布局将涉及现有的长江上游珍稀特有鱼类国家级自然保护区。

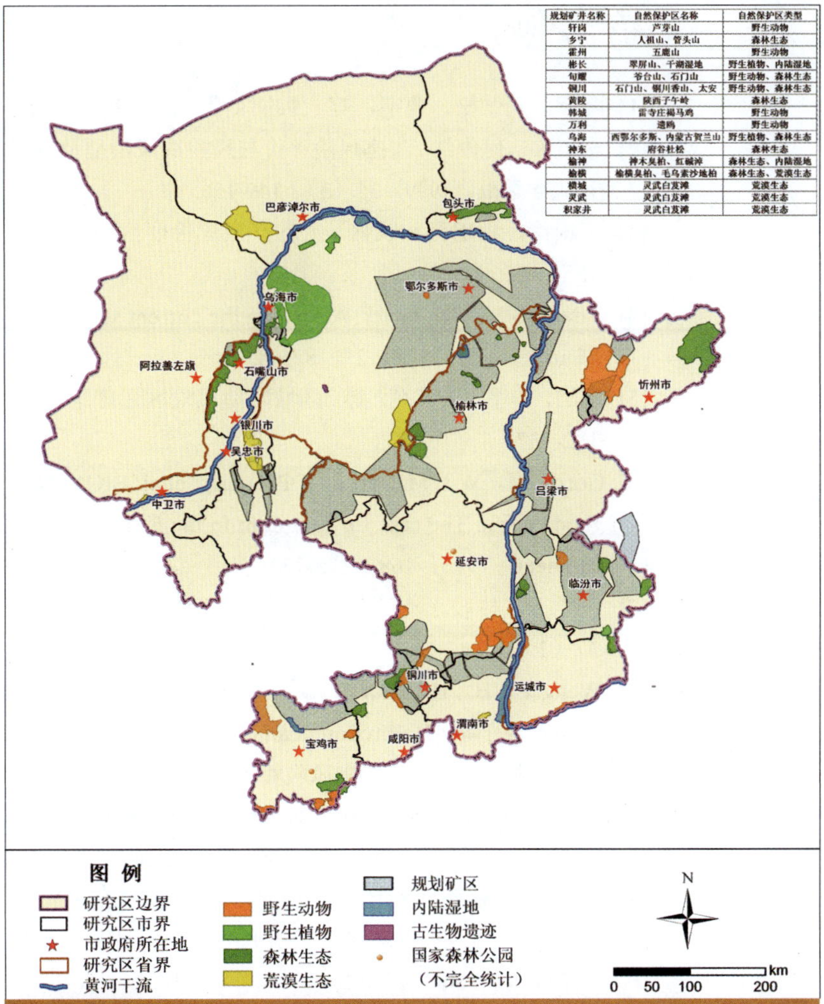

规划矿井名称	自然保护区名称	自然保护区类型
轩岗	芦芽山	野生动物
乡宁	人祖山、管头山	森林生态
霍州	五鹿山	野生动物
彬长	翠屏山、千湖湿地	野生植物、内陆湿地
旬耀	爷台山、石门山	野生动物、森林生态
铜川	石门山、铜川香山、太安	野生动物、森林生态
黄陵	陕西子午岭	森林生态
韩城	雷寺庄褐马鸡	野生动物
万利	遗鸥	野生动物
乌海	西鄂尔多斯、内蒙古贺兰山	野生植物、森林生态
神东	府谷杜松	森林生态
榆神	神木臭柏、红碱淖	森林生态、内陆湿地
榆横	榆横臭柏、毛乌素沙地柏	森林生态、荒漠生态
横城	灵武白芨滩	荒漠生态
灵武	灵武白芨滩	荒漠生态
积家井	灵武白芨滩	荒漠生态

图 5-16　评价区自然保护区与规划矿区空间相关关系

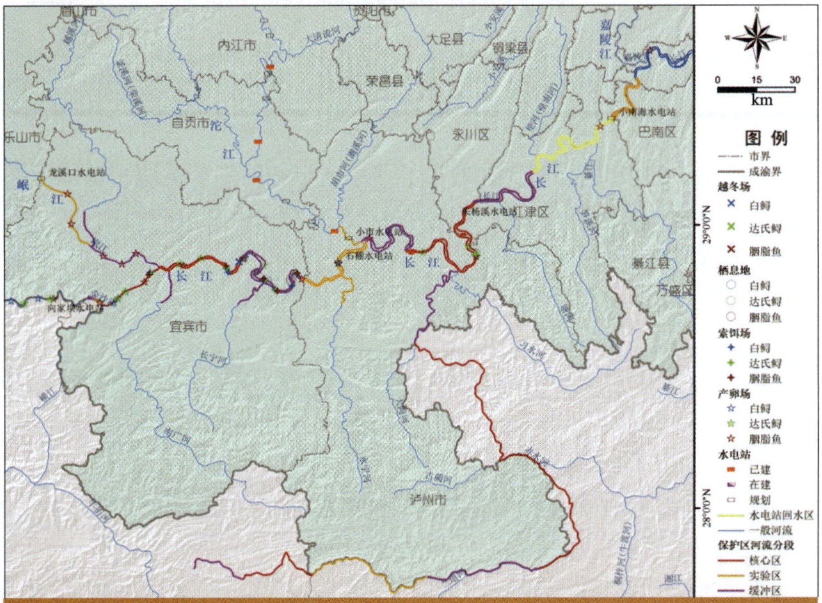

图 5-17　成渝经济区水电项目分布与鱼类三场的相对关系

参考文献

[1] 陈辉，刘劲松，曹宇，等．生态风险评价研究进展 [J]. 生态学报，2006，26（5）：1558-1566.

[2] 李自珍，何俊红．生态风险评价与风险决策模型及应用——以河西走廊荒漠绿洲开发为例 [J]. 兰州大学学报，1999，35（3）：149-156.

[3] 王根绪，程国栋，钱鞠．生态安全评价研究中的若干问题 [J]. 应用生态学报，2003，14（9）：1551-1556.

[4] Adams S M，M Power. Assessing the current status of ecological risk assessment[J]. Environmental Management，1997，21：825-830.

[5] 杨洁，毕军，李其亮，等．区域环境风险区划理论与方法研究 [J]. 环境科学研究，2006，19（4）：132-137.

[6] Gorree M，W L M Tamis，T P Traas，et al. BIOMAG：A model for biomagnification in terrestrial food chains. The case for cadmium in the Kempen，The Netherlands[J]. Science of the Total Environment，1995，168：215-223.

[7] 许学工，林毅平，付在毅．黄河三角洲湿地区域生态 [J]. 北京大学学报：自然科学版，2001，37（1）：111-120.

[8] Wenger R B，H J Harris，D S Devault. An assessment of ecosystem risks in the St. Croix national scenic riverway[J]. Environmental Management，2000，25：599-611.

[9] 周平，蒙吉军．区域生态风险管理研究进展 [J]. 生态学报，2009，29（4）：2097-2104.

[10] Noss R F. High-risk ecosystems as foci for considering biodiversity and ecological integrity in ecological risk assessments. Environmental Science & Policy，2000，3（6）：321-332.

[11] 陈辉，刘劲松，曹宇，等．生态风险评价研究进展 [J]. 生态学报，2006，26（5）：1559-1566.

[12] 刘培哲．当今世界环境科学研究的前沿领域美国的生态风险评价研究 [J]. 环境与可持续发展，1989，2：1-3.

[13] Landis W G，Wiegers J K. Ten years of the relative risk model and regional scale ecological risk assessment[J]. Human and Ecological Risk Assessment：An International Journal，2007，13（1）：25-38.

[14] 卢宏伟，曾光明，谢更新，等．洞庭湖流域区域生态风险评价 [J]. 生态学报，2003，23（12）：2521-2530.

[15] 毛小苓，倪晋仁．生态风险评价研究述评 [J]. 北京大学学报：自然科学版，2005，41（4）：646-654.

[16] 殷贺，王仰麟，蔡佳亮，等．区域生态风险评价研究进展 [J]. 生态学杂志，2009，28（5）：969-975.

[17] 黄圣彪，王子健，乔敏．区域环境风险评价及其关键问题 [J]. 环境科学学报，2007，27（5）：705-713.

[18] 陈辉，刘劲松，曹宇，等．生态风险评价研究进展 [J]. 生态学报，2006，26（5）：1558-1566.

[19] 刘世梁，杨志峰，崔保山，等．道路对景观的影响及其生态风险评价——以澜沧江流域为例 [J]. 生态学杂志，2005，24（8）：897-901.

[20] Hope B K. Assessment of risk to terrestrial receptors using uncertain analysis——a case study[J]. Human and Ecological Risk Assessment，1999，5：145-170.

[21] 付在毅，许学工．区域生态风险评价 [J]. 地球科学进展，2001，16（2）：267-271.

第六章　生态风险受体分析

区域开发中生态风险受体是指开发范围内及周边区域中可能受到的来自风险源不利作用的组成部分。受体分析的主要内容包括风险受体的选择与生态终点的确定。

区域生态风险评价方法多样，且生态风险源通常也较为复杂，存在多种风险受体分类方法，这就导致了风险受体的多样性。区域开发中生态风险评价的受体选择主要依赖于评价尺度、评价模型及风险源的类型等因素。基于生态系统的不同层次，区域开发中的生态风险受体可以分为生物种群、生物群落、生物栖息地、生态系统及景观等；基于复合生态系统理论，可将风险受体分为若干个子系统；还可从生态风险的形成机制出发，将生态系统的结构、过程与功能作为受体进行分析。这些受体分类选取方法并不矛盾，在实际工作中，通常可将各类受体选取方法有机结合，选取若干受体开展评价。

生态终点是指受体对风险的响应，或风险源对受体的危害后果，是与受体相关联的一个概念。在生态风险评价中，生态终点必须是具有生态学意义或社会意义的事件，它应具有清晰的、可操作的定义，可以预测和评价。因此，生态终点应具有可预测性、可观测性和可量度性。

区域开发对生态系统会产生不同强度与频率的干扰、压力或胁迫，风险源通过产生胁迫因子，并通过生态系统过程的传递最终对风险受体产生影响，这是生态风险产生的主要过程和机制。在区域生态风险评价中，从风险源产生的胁迫因子出发，厘清风险受体，分析风险受体对胁迫因子的响应，进一步判断生态终点，并开展暴露 - 响应分析，是区域开发的生态风险评价中的重要内容。

暴露分析和响应分析是风险分析的主要阶段，是区域生态风险评价的重要内容。通过暴露与响应分析，可以确定风险源与风险受体的接触暴露关系、方式；分析风险源与风险受体之间的接触暴露程度、范围；确定风险受体潜在的暴露途径及其可能的不利生态影响，为进一步的风险表征奠定基础。

在区域开发生态风险评价中，如何选择风险受体，如何确定各类生态风险的生态终点，如何理解生态风险的传递并开展暴露 - 响应分析，本章将对这几个问题重点进行阐述。

第一节 生态风险受体分析的内容及方法

风险受体即风险承受者，是风险源的作用对象，区域开发中生态风险受体是指开发范围内及周边区域中可能受到的来自风险源不利作用的组成部分。风险受体与风险源存在着"压力-响应"关系，是暴露反应过程中受作用体，没有风险受体也就不存在风险，因此无论是以单一风险源为主的传统生态风险评价，还是以复合风险源为主要特征的区域生态风险评价，受体分析都是必不可少的重要步骤。本节将重点介绍受体分析的内容及选择受体的步骤与原则。

一、受体分析的内容

受体分析包括受体的选取和生态终点（Ecological Endpoint）的确定。受体分析是针对风险来源说的。在了解了评价区域内存在的风险状况之后要针对这些风险源进行受体分析，即要定义生态风险评价的目的和范围，确定生态受体与生态效应，选择评价终点。这样才能制订出分析计划，以便进行暴露和生态效应评价。

受体的选取是生态风险受体分析的核心内容。经过数十年的发展，生态风险评价的热点已经从人体健康评价转入生态环境风险分析评价；评价范围则由局地范围扩展到区域水平，风险因子也从单一的化学因子，扩展到多种化学因子及可能造成生态风险的事件；风险受体从人体发展到种群、群落、生态系统、流域乃至景观水平。区域开发中的生态风险通常是多样的，存在多个生态风险源，因此，受体往往也是多样的。在区域开发生态风险评价中，选取的受体应该对风险因子的干扰具有一定敏感性，能够及时对环境因素的改变做出反应。风险受体则根据研究目的及风险评价的尺度进行选择，可以是某一环境要素，可以是生物个体、种群、群落、生态系统、流域甚至景观，也可以是生态系统的结构与功能等。

生态终点是指受体对风险的响应，可看做是一种生态后果，是与受体相关联的一个概念。它是指在具有不确定性的风险源作用下，风险受体可能受到的损害，以及由此而发生的生态系统结构和功能的损伤。对于生态风险评价，终点必须是具有生态学意义或社会意义的事件，它应具有清晰的、可操作的定义，便于预测和评价。因此，生态终点应具有可预测性、可观测性和可量度性。对陆地生态系统来说，潜在的生态终点包括植被覆盖率的变化、森林生产力的变化及某一物种的出现和消失等。而对于农田生态系统来说，生态终点则可明确地定义为作物减产等。景观生态学中生态终点指那些与干扰相关联的，能反映生态系统概念及过程的景观格局指标，如优势度、蔓延度、破碎度等。对于区域这类复合生态系统，生态终点则往往表现为生态系统的结构、过程与功能的改变。海岛生态系统可以选取区域特有物种种群及数量的减少、鸟类种群及数量的减少、珍稀濒危鸟类的消失、潮间带的退化等作为相应的生态终点。黄河中上游能源化工产业发展的生态终点主要为河流断流、剧烈土地沙漠化、水土流失、生态系统功能退化及损伤、珍稀物种典型生境退化或消失等。

二、区域开发生态风险受体的确定方法

生态系统可以分为不同的层次和等级，在进行风险受体分析时，通常经过判断和分析，选取那些对风险因子的作用较为敏感或在区域生态系统中具有重要地位的关键物种、种群、

群落乃至某个生态系统类型作为风险受体，用受体的风险来推断、分析或代替整个区域的生态风险。恰当地选取风险受体，既可以在最大程度上反映整个区域的生态风险状况，又可达到简化分析和计算、便于理解和把握的目的。

在区域生态风险评价中，对风险受体的选择，通常分为三个步骤：①确定评价尺度；②选择评价方法；③选取风险受体。

1. 确定评价尺度

由于生态风险评估是评价人类活动对生态系统的潜在负面影响，而区域生态系统具有个体、种群、群落、景观等不同层次的等级结构，因此，选择评价的尺度是开展区域生态风险评价的首要步骤。

尺度效应是生态学的核心问题之一，格局、功能与过程研究都必须考虑尺度效应。依据风险评价的尺度，风险受体的选取，可以是物种个体、种群、群落，或是生态系统乃至景观，在大尺度的生态风险评价中，也可基于复合生态系统理论，将受体分为若干个子系统。此外，也可从生态风险的形成机制出发，将生态系统的结构、过程与功能作为受体进行分析。在区域尺度上，生态受体的选择不同，生态风险源的判定不同，会使得所采用的评价模型也不相同。

区域空间结构的尺度效应是影响一个区域生态风险评价结果的主要原因之一。景观作为一个斑块镶嵌体，具有尺度容错性，同时，较大空间尺度区域中各生态系统所承受的压力都具有空间异质性。不同尺度下的区域生态风险评价结果是不相同的，因为较大尺度的生态风险评价结果并非较小尺度评价结果简单的线性叠加。因此，选择合适的研究尺度，对于顺利开展区域生态风险评价至关重要。

区域生态风险评价研究尺度的确定取决于区域生态系统中的各要素以及与风险事件相互作用的时空尺度。一般而言，可以根据风险事件的发生范围和受体所受暴露的时空分布，来确定区域生态风险评价的研究尺度。目前生态风险研究开始注重生态系统及其以上尺度，力求以宏观生态学理论为指导，将单个地点或较小区域内的生态风险问题联系起来进行研究。

研究尺度的扩大将对原有的评价方法产生影响。一般而言，生态风险评价的研究方法是在一定时期和局地范围内，通过设定一系列生态终点，来对其生态影响的发生概率做出定量计算。随着研究尺度的逐渐扩大，生态风险源复合作用和空间格局的尺度效应给区域生态风险的识别、防范和预警都带来了新的挑战，而原有基于生态毒理学的传统研究框架已难以适应区域尺度下生态风险评价的需要。

跨县、市乃至在跨省级行政单位的区域开发生态风险评价中，由于评价范围较大，评价尺度往往也较大。在海西区重点产业发展生态风险评价中，综合考虑了社会经济数据的可获得性、不同类型生态系统及其主要开发区的空间分布等因素，确定以镇级行政单位作为评价尺度；在黄河中上游能源化工区重点产业发展生态风险评价中，以生态系统作为评价尺度；在崇明生态岛开发的生态风险评价中，以基于土地利用类型的景观斑块作为评价尺度。当然，在有些区域生态风险评价中，也可选择生物种群或群落作为评价尺度。

总而言之，必须综合考虑生态系统的内在空间结构，选择合适的时空尺度，对研究区域内的多重压力和生态终点做出界定。同时，对于不同空间尺度下的区域生态风险评价，则要把握其多重风险源、生境和生态终点之间的相互作用关系，实现区域风险评价的定量化。

2. 选择评价方法

经过近20年的努力，来自不同学科背景的研究人员已开展了大量区域生态风险研究，包括具体的案例评价、方法探讨和哲学依据的思考等诸多内容。对于评价生态风险源的生态环境效应，常应用两种研究途径。第一种为直接评价研究区域内生态系统的功能与结构变化，被称为“由上而下”（top-down）；第二种为“由下而上”（bottom-up），利用在实验室获得较低层组织水平效应的研究结果，推导整个区域生态系统变化模型。前一条途径的优点是具有直接性，但是缺乏有关生物个体、群落和生态系统变化的生态毒理学资料。后一条途径是利用生物个体和种群对化学品的反应试验数据，评价群落水平的效应，其优点是能对生态系统中不同组分之间的传递效应作出预测，但难以全面反映区域的生态风险。

在区域尺度上，生态风险源的判定不同，生态受体的选择不同，会使得所采用的评价模型也不相同。区域生态风险评价往往采用多种模型相互结合的方式，对风险大小、强弱以及空间分布进行定量分析和表征。

熵值法是早期区域生态风险评价的常用模型，是典型的基于“由下而上”的评价方法，主要是选取区域环境要素为风险受体，对危害熵值进行计算，进而对风险在区域的暴露程度做出测算。这种方法简便易行，但其缺陷也显而易见。由于尺度效应，通过小尺度实验所得的结论很难通过尺度推移而扩展到更大的范围上去，而且，作为一个异质性的整体，区域内部的景观斑块存在着复杂的相互作用，同样影响了评价的准确性。

由于区域生态风险评价着重分析区域内多重风险可能带来的不利生态后果的概率，因此，一些概率评价模型，如PETAR（procedure for ecological tiered assessment of risks）方法及相对风险评价模型（relative risk model，RRM）等，也逐渐出现在区域生态风险评价之中，并结合其他分析模型，成为主要的评价方法之一。这类概率评价模型方法通常选择了多个风险源和多个受体，因此，选取的风险受体也往往处于不同层次和不同尺度。

典型的概率模型评价方法是，将针对生态风险的发生概率（不利事件发生的可能性）与不利生态影响（不利事件造成的损失）相乘，然后利用权重求和，对各级及各类生态风险进行线性综合计算。这种方法能够应用于不同类型的受体风险分析，较好地解决了区域生态系统的多重风险计算问题，但也存在一定的缺陷——它未考虑生态系统各个组成要素的非线性作用方式。复合非线性概率的计算模型，则是在判断生态系统特征的基础上，将生态过程划分为若干阶段，使用联合非线性算法，对不同类型和不同等级的生态风险做出评估。这种模型较好地解决了生态系统要素的非线性作用方式对风险评价的影响，能够更好反映危害事件和生态终点的相互作用关系，在北部湾、环渤海以及黄河中上游等一系列区域生态风险评价中得到了较好的应用。

一些学者从生态系统的格局、过程、功能出发，在生态风险传递过程的基础上，构建暴露-响应模型，对生态风险的发生、发展过程进行探讨，形成了一类较为独立的定量化评价模型。这类模型通常选取评价区域的结构、功能及景观或其他类型的生态要素作为评价受体，综合多重生态风险源，在空间上对区域生态风险的大小、分布和演化过程进行定量化的分析和评估，着重分析人为干扰活动对生态系统造成的潜在风险或已经造成的风险结果。利用空间分析模型，在区域尺度上进行风险监测，并且结合概率分析模型，在宏观上对异质性空间的风险分布和强弱进行快速而有效的量算，具有可操作性强、成本低等优点，但空间分辨率的不同必然会对部分指标的计算带来一定程度的影响。

在区域开发活动中，由于生态风险源的复杂性，形成的生态风险也较为多样，难以形成统一的生态风险评价方法。因此，基于不同的评价目的，已产生了适合不同区域及生态环境问题的多种生态风险评价方法及模型。研究人员应根据评价区域内具体的开发活动所形成的生态风险，判定其生态后果，确定评价模型，从而进一步确定生态风险受体。

如何选取区域开发的生态风险评价方法在本书第四章已有说明，在此不再赘述。

3. 选取风险受体

区域生态系统可以分为不同的层次和等级，通常经过判断和分析，选取那些对风险因子的作用较为敏感，或在生态系统中具有重要地位，或对区域生态系统健康具有指示性的的关键物种、种群、群落、生态系统乃至景观作为风险受体。在不同尺度上采用不同方法开展区域生态风险评价时，选择的风险受体类型有所不同，但是无论是何种尺度与方法，所选择的风险受体均需要遵循以下原则。

（1）敏感性原则

敏感性原则，即对生态风险源具有强烈的敏感性。生态风险的产生是风险源与风险受体的暴露反应，因此，风险受体必须能敏感地对生态风险源的压力或胁迫产生响应，否则生态风险也就无法反映。例如在大尺度的区域生态风险评价中的森林、湿地、草原、农田等生态系统，又如在水体污染物生态风险评价中的部分水生动植物等。

（2）重要性原则

重要性原则，即应在评价区域内具有重要生态功能或意义。风险受体可以是一些优势种、关键种或者珍稀物种，可以是一些重要的生态系统，也可以是重要景观。例如，黄河中上游的鄂尔多斯遗鸥自然保护区湿地和红碱淖自然保护区湿地是中国国家一级重点保护动物遗鸥的重要栖息地，两处湿地不但是黄河中上游，同时也是世界上最具保护价值的遗鸥典型生境。因此，在黄河中上游能源化工区产业发展生态风险评价中，遗鸥生境（湿地生态系统）也作为了风险受体之一。

（3）指示性原则

指示性原则，即其变化可以反映评价区域内生态环境质量的变化。以小型海洋岛屿生态系统为例，由于小型岛屿地域狭小，系统内部关键物种或种群相对较少，且制约它们的因素也相对复杂，这些给生态风险的量度带来较大困难，因此，合理的风险受体选择显得更加重要。海岛生态系统孤立，一般情况下，主要的物种为海鸟，且栖息生境相对单一，进而也导致了对栖息生境的依赖性较强，各类风险压力引起的生境退化或恶化对于它们的生存都具有直接影响。为此，可选取鸟类及其依赖的生境作为海岛生态系统风险评价的受体[1]。在较大尺度的生态风险评价中，景观的破碎度、优势度、蔓延度等指标均可以反映生态系统的健康度，因此，景观评价通常也在区域生态风险评价中出现[2]。此外，生态系统服务功能等也是常用的风险受体之一[3]。

总而言之，必须在确定了评价尺度与方法的基础上，遵循敏感性、重要性与指示性三大原则选取风险受体。

第二节　主要生态风险受体

区域生态风险评价方法多样，且生态风险源通常较为复杂，因此存在多种对风险受体的分类方法，这就导致了风险受体的多样性。基于生态系统的不同层次，区域开发中的生态风险受体可以分为生物种群、生物群落、生物栖息地、生态系统及景观等；基于复合生态系统理论，可将风险受体分为若干个子系统；还可从生态风险的形成机制出发，将生态系统的结构、过程与功能作为受体进行分析。并且，这些受体分类选取方法并不矛盾，还可同时选取，形成多类型受体有机结合的受体体系。

对这些受体自身状态开展分析评价，是区域开发环境影响评价及生态风险评价中常用的必要手段。因此，本节在介绍不同的分类系统下主要的生态风险受体的同时，将通过案例阐述生态风险受体自身的生态学概念与基本原理，并有所侧重地介绍一些对受体本身的分析评价方法。

一、基于生态系统层次的生态风险受体

区域生态系统可以分为不同的层次：由单一物种的生物形成的种群，由多种生物种群形成的生物群落，生物栖息的环境——生境，生物群落及其生境——生态系统，以及具有类似特征的生态空间——景观。在区域生态风险评价中，这些层次均为常见的受体。

在选择生态风险受体时，可以只选择同一层次的受体，如在付在毅等[4]的辽河三角洲湿地生态风险评价中，仅在生境水平上选择碱蓬滩涂生境、芦苇沼泽生境、河湖沟渠生境、农田草地生境、居民点生境作为风险受体；也可以在不同水平上选择受体，如在三峡库区的生态风险评价中，刘晓[5]将关键物种种群、多个重要生态系统及景观作为了风险受体。

下面将详细阐述种群、群落、生境、生态系统及景观的基本概念及理论，以便于读者深入理解生态系统的不同层次，并在适当的层次上选择适当的受体。

1. 种群

种群（population）是指在一定时间内占据一定空间的同种生物所有个体的集合。种群的这一定义包含了两方面含义：一方面是遗传上的——个体属于同一物种；另一方面是空间上的——个体生活在同一地区。种群中的个体并不是机械地集合在一起，而是彼此可以交配，并通过繁殖将各自的基因传给后代[6]。种群水平的分析内容主要包括特征分析、动态变化与种内关系，而种间关系的内容一般归于群落水平的分析范畴。

对生物种群特征及动态的分析、预测是以生物种群为受体的区域生态风险评价中的重要内容。

2. 群落

群落（community）是指在一定生活环境中的所有生物种群的总和。群落是具有直接或间接关系的多种生物种群的有规律的组合，组成群落的各种生物种群不是任意地拼凑在一起的，具有复杂的种间关系且有规律地组合在一起才能形成一个稳定的群落[7]。

群落的组成、结构与空间分布是群落水平要素分析的主要内容。

组成生物群落的种类成分是形成群落结构的基础。群落中的种类组成，是一个群落的重要特征。营养物质的丰富程度不同，种类数目可以相差很大。陆地生态系统生物群落中植物种类的多样性和结构的复杂性能直接影响动物的种类和数量。微生物和土壤动物是生物群落中的重要成员，促进能量和物质循环过程。

任何群落都有一定的空间结构。构成群落的每个生物种群都需要一个较为特定的生态条件；在不同的结构层次上，有不同的生态条件，如光照强度、温度、湿度、食物和种类等。所以群落中的每个种群都选择生活在群落中的具有适宜生态条件的结构层次上，就构成了群落的空间结构。群落的结构有水平结构和垂直结构之分。群落的结构越复杂，对生态系统中的资源的利用就越充分，如森林生态系统对光能的利用率就比农田生态系统和草原生态系统高得多。群落的结构越复杂，群落内部的生态位就越多，群落内部各种生物之间的竞争就相对不那么激烈，群落的结构也就相对稳定一些[8]。

大多数群落中，由一两种占优势的植物生长型决定整个群落的外貌，群落也常以此得名，如阔叶落叶林、针叶常绿林、草原等。群落是生态系统结构与功能的重要载体，以单一生态系统作为研究对象的生态评价多以群落作为评价单元。因此，在区域生态风险评价中，生物群落也可作为风险受体。

3．生境

生境（habitat）指生物的个体、种群或群落生活地域的环境，包括必需的生存条件和其他对生物起作用的生态因素。生境是指生态学中环境的概念，生境又称栖息地。生境是由生物和非生物因子综合形成的，而描述一个生物群落的生境时通常只包括非生物的环境[9]。

生境是指被物种或种群所占有的资源（如食物、隐蔽物、水）、环境条件（温度、雨量、捕食及竞争者等）和使这个物种能够存活和繁殖的空间。

生境破碎化是在人为活动和自然干扰下，大块连续分布的自然生境被其他非适宜生境——基质分隔成许多面积较小的斑块（片断）的过程。包围着生境片断的景观，对原有生境的物种并不适合，物种不易扩散，残存的斑块可以看作“生境的岛屿”。一般认为，生境破碎化是影响生物多样性最重要的“瓶颈”之一。生境的破碎化在减少野生动物栖息地面积的同时，还产生隔离的异质种群，从而影响个体行为特性，加大了生物种群间的隔离，限制了种群的个体与基因的交换，降低了物种的遗传多样性，威胁着种群的生存力种群间基因交换、物种间相互作用及生态过程。因此，生境破碎化的影响，从个体行为→种群动态→生态系统通量，作用于生态系统的各个环节。

生境破碎化是对生境的破坏，是生物多样性最主要的威胁之一，表现为生境丧失和生境分割两个方面，既包括生境被彻底的破坏，也包括原本连成一片的大面积生境被分割成小片的生境碎片，对生物种群的延续及生物多样性有着很大的负效应[10]。

4．生态系统

生态系统（ecosystem）是由生物群落与非生物环境相互作用结合而成的结构有序的系统。生态系统指由生物群落与无机环境构成的统一整体。生态系统的范围可大可小，相互交错，最大的生态系统是生物圈；最为复杂的生态系统是热带雨林生态系统，人类主要生活在以城市和农田为主的人工生态系统中。生态系统是开放系统，为了维系自身的稳定，生态系统需要不断输入能量，否则就有崩溃的危险；许多基础物质在生态系统中不断循环，其中碳循环与全球温室效应密切相关。

区域开发生态风险评价中所关注的生态系统主要分为人工生态系统和自然生态系统两大类。其中，人工生态系统包括城市生态系统、农田生态系统等，自然生态系统包括海洋生态系统、淡水生态系统、冻原生态系统、荒漠生态系统、草原生态系统、森林生态系统等。但在实际操作中，并不需要严格按照以上分类，一般可根据评价区域的实际情况进行分类。例如在崇明岛生态风险评价中，杨娟等[11]从生态系统的角度选择了农田、水体、养殖池、林地、园地、滩涂湿地、城镇和农村居民点作为风险受体。

区域开发是人类活动的重要内容，对生态系统会产生不同强度与频率的干扰，主要表现为污染累积、资源耗竭与栖息地质量下降等，这些干扰因子均可通过生态系统过程的传递最终对生态系统功能产生影响。因此，在区域生态风险评价中，在进行风险受体分析时，同样应从干扰或风险源的主要类型出发，分析干扰因子在生态系统过程中的传递，并最终确定生态终点[12]。

5. 景观

景观是自然地理学中一定区域内由地形、地貌、土壤、水体、植物和动物等所构成的综合体。景观生态学是研究不同尺度的异质性生态空间的结构、功能及其动态变化的学科。采用该学科的理论与方法，可以很方便地理解与评价产业发展所导致的生态空间变化的生态风险。在景观生态学中，景观是指由相互作用的斑块或生态系统组成，以相似的形式重复出现的一个空间异质性区域，是具有分类含义的自然综合体，是一种地理单元。

在景观生态学中，格局、斑块、廊道与基质是几个很重要的概念。景观格局一般指景观的空间格局（spatial pattern），是大小、形状、属性不一的景观空间单元（斑块）在空间上的分布与组合规律[13]。斑块只是与周围环境在外貌或性质上不同，并具有一定内部均质性的空间单元。景观尺度上的斑块通常为某一生态系统。廊道是线性的不同于两侧基质的狭长景观单元，具有通道和阻隔的双重作用。所有的景观都会被廊道分割同时又被廊道联结在一起，其结构特征对一个景观的生态过程有强烈的影响。基质则是斑块镶嵌内的背景生态系统或土地利用形式。基质是面积最大，连通性最好的景观要素。

景观要素在空间上的分布是有规律的，形成各种各样的排列形式，称为景观要素构型（configuration），从景观要素的空间分布关系上讲，最为明显的构型有五种，分别为均匀型分布格局、团聚式分布格局、线状分布格局、平行分布格局和特定组合或空间连接[14]。

景观格局对其中元素流产生影响，不同景观格局或动态演变导致区域景观功能发生变化，同时会影响到物种的丰富度、分布、种群的生存能力与抗干扰能力，以及各种生态过程，即景观结构或景观格局决定景观功能。因此，在区域开发中，优化生态系统中斑块的组成、空间配置以及基底特征，有利于生物多样性保护、生态系统管理和区域可持续发展。

一般来说，在区域开发中，生境丧失所导致的景观面积减少、景观连续性降低与生境异质性的改变是对区域生态系统过程与功能影响最大的因素。

1）景观面积。区域开发所占用的生态空间最直接的后果就是生物栖息地面积的减少，在景观空间格局上则表现为栖息地斑块面积减少，这将直接导致生物资源的丧失。

2）景观连续性。景观的连续性是指斑块之间的相互连通性，景观连续性降低则表现为景观破碎化或称生境破碎化。

3）景观异质性。景观异质性是指景观要素及其属性在空间上的变异性，或者说是景观要素及其属性在空间分布上的不均匀性和复杂性。景观异质性不仅体现在景观的空间结构变化上，而且体现在景观及其组分在时间上的动态变化。景观异质性是指景观或其属性的变异程度。景观异质性包括空间异质性、时间异质性和时空耦合异质性。景观的时空异质性对景观的功能与过程有重要影响。

区域开发的生态风险评价常常是宏观的、大尺度的。由于景观分析可操作性强，且能反映生态系统的多种功能，因此，景观也常常作为风险受体之一。

6．典型生态风险受体的定量描述方法

对于区域生态系统中的生物种群、生物群落、生境、生态系统及景观等要素，已经形成了一套成熟的定量描述指标及方法（表 6-1）。相关领域的科研人员可根据研究需要，筛选部分指标对风险受体进行分析评价。这些指标是应用生态学中常用的指标，已有成熟的计算方法，故本书仅作列举，不做赘述。

表 6-1　不同层次上生态系统风险受体的分析指标

指标层次	备选指标
种群水平	种群密度，种群性别比例，存活率，出生率和死亡率，迁入率和迁出率，动物种群个体体重与体长（均值、中值及频度分布），植物种群个体株高、生物量、种子生产力、种子萌发率（均值、中值及频度分布），种群分布方式
群落水平	群落物种组成，群落内物种丰富度，群落内各物种多度，群落内各物种密度，群落内动物种群的个体体重与体长（均值、中值及频度分布），群落内植物种群个体株高、生物量、种子生产力（均值、中值及频度分布）；群落总生物量，群落的垂直结构，群落的水平结构，各类型群落的空间分布
生境水平	生境面积，生物群落组成，关键种种群数量及分布，物种多样性，植被指数，生境适宜度等
生态系统水平	各类型生态系统的面积及分布，生物群落组成，物种多样性，外来入侵种比例，植被指数，生态系统生产力等
景观水平	斑块数量，最大斑块面积，平均斑块面积，平均斑块周长，景观多样性，破碎度、聚集度，分离度，连通度，分维数等

二、基于风险形成机制的生态风险受体

生态风险源通过破坏生态系统中部分要素的组分结构或空间格局，进一步对生态系统的物质、能量流动等生态过程产生影响，并导致生态系统功能受损，最终形成了生态风险，这是生态风险产生的基本机制。基于生态风险的形成机制，选择生态系统的结构、功能或者其中部分作为受体开展大尺度的区域生态风险评价，是目前较新的一种生态风险评价方法。

1．生态系统结构

生态风险源对生态系统发生作用的直接后果，就是生态系统的结构发生改变，因此，生态系统结构可作为受体之一开展生态风险评价。

生态系统是由生物群落与非生物环境相互作用结合而成的结构有序的系统。生态系统的结构主要指构成生态系统的各组分要素及其数量比例、组织关系以及其时空格局。从这一角度上来说，生态系统即为不同生态系统要素按照一定比例和组织关系在时间和空间上的组合。

结构决定功能，生态系统的功能完整与其结构健康密切相关。

生物与其栖息的环境是组成生态系统的基本要素，因此，生态系统的结构可分解为环境要素和生物要素。在生态系统中的环境要素是指影响生物机体生命、发展与生存的所有外部条件的总体，这里特指非生物环境或生态因子中的非生物因子，即对生物生长、发育、生殖、行为和分布等生命活动有直接或间接影响的环境因子，如温度、湿度、光照、营养有效性、盐度等。

在自然界中生物与环境是相互适应的，是统一的。环境结构的变化会最终导致生物结构的变化，同样，生物结构的变化也会反作用于环境结构，并最终使环境结构发生变化，这也是区域开发中的风险源作用于生态风险受体的重要表现形式。环境因子是导致生态系统内部结构变化最为重要的因素，因此，在开展各类区域生态评价时，均需对评价区域的环境要素进行描述与分析。同样，了解生态系统的环境要素特征，是区域生态风险评价要素分析的基础。

生态系统中生物要素分析可分为物种、种群和群落等部分。从景观生态学角度上，区域生态系统结构还包括景观。

将生态系统结构作为风险受体并开展生态风险评价，往往需要对生态系统的结构进行定量评价。生态系统结构完整性分析是对生态系统结构进行定量描述的手段之一。

所谓生态系统完整性，是指生态系统在特定地理区域的最优化状态，在这种状态下，生态系统具备区域自然生境所应包含的全部本土生物多样性和生态学进程，其结构和功能没有受到人类活动胁迫的损害，本地物种处在能够持续繁衍的种群水平。

生态系统结构完整性主要体现在以下三个方面：

1）生态系统健康，即在常规条件下维持最优化运作的能力；

2）抵抗力及恢复力，即在不断变化的条件下抵抗人类胁迫和维持最优化运作的能力；

3）自组织能力，即继续进化和发展的能力。

从生态系统内在的自组织进程来看，在外来干扰下，如果生态系统能够一直维持它的组织结构、稳定状态、抵抗力、恢复力以及自组织能力，那么就是一个完整性良好的生态系统。结构是功能的决定性因素，因此，生态系统结构完整性分析是生态系统要素分析的重要组成。

生态系统结构完整性分析常采用多个生态指标，并通过数学方法综合起来形成综合指数，来反映生态系统结构完整性状况。

表 6-2 是水生生态系统常用的生态系统结构完整性指标框架[15]。

2．生态系统功能

为了简化评价程序，在开展区域尺度的生态风险评价时，有时可不把结构作为受体，但生态系统功能是生态系统状态的最直观的表现，生态系统功能的改变往往可对人类社会产生直接影响，因此，生态系统功能往往成为这类评价体系中最为重要的风险受体。

生态系统的基本功能包括物质循环和能量流动，而生态系统服务功能是指生态系统与生态过程所形成及所维持的人类赖以生存的自然环境条件与效用，它不仅给人类提供生存必需的食物、医药及工农业生产的原料，而且维持了人类赖以生存和发展的生命支持系统。生态系统服务功能是生态系统功能中对人类社会直接贡献的部分，也是人类发展最需要关注的部分，因此，在开展区域生态系统的评价与规划时，生态系统服务功能评价是分析生态系统功能最为常用的手段之一。

生态系统为人类社会提供的服务功能是多方面的，包括提供产品，如食物、纤维和木材等；

表 6-2　水生生态系统结构完整性评价指标框架

组成	备选指数	备选指标
生物完整性	鱼类群落生物完整性指数	种类丰富度，敏感种的种类数量和特性，病鱼、有瘤鱼、鱼翅受损鱼、骨骼异常鱼、杂交种等个体比例
	附着生物完整性指数	种类丰富度，各主要硅藻功能群的相对丰富度，生物量叶绿素含量、碱性磷酸盐活性
	EPT 物种丰富度指数	蜉蝣目、石蝇目、毛翅目、摇蚊科丰富度指数
	无脊椎动物群落指数	种类总数，蜉蝣目、毛翅目、双翅目种类总数，蜉蝣、石蛾、蚊、双翅目和其他非昆虫、耐性生物个体百分比；EPT 物种种类总数
物理完整性	QHEI 生境指数	底层类型、质量，水面林冠类型和覆盖度，河道弯曲程度、发展程度、渠道化情况、稳定性；滨岸带宽度、冲积平原质量、河岸受侵蚀情况，深滩的最大深度、形态、水流速度，浅滩深度、底层稳定性、底层嵌入程度，河流梯度
	物理生境指数	单位长度溪流中大木头残骸块数，溪流中水滩出现频率，夏季、冬季水面林冠类型和覆盖度，针叶树茎密度；河床底层稳定性，底质质地，溪流横断面形态（沉积和剥蚀），堤岸稳定性，滨岸带宽度
化学完整性	水质指数	生化需氧量，溶解氧，总大肠杆菌，总氮，总磷，pH 值，电导率，碱度，硬度，有机氯浓度，各有机污染物质浓度，各种重金属浓度，叶绿素 a 含量

调节功能，如洪水调蓄、土壤保持、环境净化和疾病控制；支持功能，如固碳、释氧和营养物质循环；文化服务功能，如休憩娱乐、文化遗产、宗教和其他非物质利益。生态系统服务功能与人类的生存、发展和健康是息息相关的，但其也是一种有限的资源，并且很容易被破坏。在进行区域开发时，科学合理地对生态系统服务功能所面临的风险进行评价，是生态系统管理的必要手段，对生态系统服务功能的保育与提升具有重要意义。

将生态系统服务功能货币化后进行定量分析，是目前通用的分析方法，可将生态系统服务功能分成水文调节、土壤保持、防风固沙、气候调节、产品提供、生物多样性维持等方面，然后分别采用一定的数学模型进行评价[16]。近年来，生态系统服务功能评价已经发展得较为成熟，已有专门用于生态系统服务功能评价的计算模型，如 INVEST 等。

生态系统服务功能分类系统较为多样，一般视评价区域的实际情况而定。如环保部 2012 年启动的《全国生态环境十年变化（2000—2010）遥感调查与评价工程》项目重点调查评价 2000—2010 年全国各评价单元内森林、草地、湿地、农田、荒漠等生态系统的生物多样性维持、土壤保持、水文调节、防风固沙、气候调节、产品供给 6 项生态服务功能。又如，阮俊杰等在上海市滩涂湿地生态系统服务功能评价中[17]，对上海市沿江沿海的滩涂湿地的原材料提供及渔业生产、大气调节、净化水质、土地保护、生物多样性保持、休闲娱乐和科研教育 7 项功能进行了评价。再如，在环渤海经济区的重点产业发展战略环境影响评价中，评价了环渤海区域生态系统的气体调节、气候调节、水源涵养、土壤形成、废物处理、生物多样性、食物生产、原材料、娱乐文化 9 方面的生态系统服务功能。

三、基于复合生态系统理论的生态风险受体

开展区域开发的生态风险评价，目的在于维持或提升区域生态环境质量，优化区域产业

结构与空间布局，促进区域经济的永续发展。复合生态系统理论是可持续发展研究的重要理论，因此，复合生态系统理论在区域生态规划与评价中得到了广泛应用。同时，该理论也为生态风险评价及生态风险受体的选择提供了一条科学的思路。

20 世纪 80 年代，马世骏、王如松首先提出了“社会 - 经济 - 自然”复合生态系统理论[18]。该理论认为，以人为主体的区域生态系统是由社会、经济和自然这三个子系统在特定区域内通过协同作用而形成的复合系统。该理论在区域可持续发展研究中得到了广泛应用，已成为了目前协调社会经济发展与生态环境保护的基础理论之一。

社会系统、经济系统和自然系统是三个性质各不相同的系统，有着各自的结构、功能、存在条件和发展规律，但它们各自的存在和发展又受其他系统结构和功能的制约。因此，不能将这三个系统割裂开来，而必须将它们视为一个统一的整体，即“社会 - 经济 - 自然”复合生态系统加以分析和研究。社会、经济、自然三个子系统相互依存、相互制约，通过人这一“耦合器”耦合成为复合生态系统。显然，分析人类社会的可持续发展，就是要分析复合生态系统的发生、发展和变化规律以及复合生态系统中的物质、能量、价值、信息的传递和交换等各种作用关系。所以从某种意义上说，复合生态系统理论本质就是一种关于人类社会可持续发展的理论。该理论在第三章已有详细阐述，故此处不做赘述。

在开展区域开发的生态风险评价时，可以灵活运用复合生态系统理论，引入一些概念，对受体的状态进行描述，并最终对风险进行表征。例如，在开展区域生态风险评价时，为了描述生态系统的状态，基于复合生态系统理论，生态学家提出了生态系统健康的概念[19]。

生态系统健康的内涵包括满足人类社会合理要求的能力和生态系统本身自我维持与更新的能力两方面。因此，生态系统健康以人为主观评价者，不可能存在于人类的价值判断之外；自然生态系统健康的核心是通过生

表 6-3 海西区生态系统健康评价指标体系

类别	要素	指标	权重
状态指标	活力	归一化植被指数	0.032
		粮食单产	0.022
		单位建设用地	0.030
	组织结构	第三产业占 GDP 比例	0.033
		城市化率	0.029
	景观格局	自然景观重要值	0.067
		自然景观破碎度	0.058
		Shannon 均匀度指数	0.036
		景观优势度	0.033
	恢复力	生态恢复力	0.037
		人均水资源量	0.033
	生态功能	植被覆盖指数	0.025
		生物丰度指数	0.024
		森林覆盖率	0.027
		人均粮食占有量	0.027
	人类健康	人均 GDP	0.030
		人均生活用水量	0.033
		万人高等学校在校学生数	0.025
		万人拥有床位数	0.026
		万人拥有医生数	0.022
压力指标	人类干扰	建设用地占土地面积比例	0.091
	人口压力	单位建设用地人口数	0.045
		人口自然增长率	0.034
	发展压力	经济发展压力	0.061
响应指标	投资调整	固定资产投资占 GDP 比例	0.075
		教育经费占 GDP 比例	0.044

态系统结构与功能的完整性保障生态功能的持续供给，以满足人类需求。区域生态系统是各类自然生态系统和人工生态系统构成的复合生态系统，各子系统相互作用、相互协调，通过生物生产、生物多样性保护、水源涵养、空间供给等生态功能，满足人类生存发展需求，支持社会经济发展。因此，区域生态系统健康以生态系统健康为基础，兼受不同生态系统的相互作用以及人为压力 - 响应措施等因素的影响；生态功能的持续良好供给是区域生态系统健康评价的重要原则。

区域生态系统健康兼具自然特性与人工特性。自然特性指生态系统及其功能的演化规律、稳定性与可持续性，是区域生态系统健康的根本基础；人工特性指人类生存、发展及其对生态系统的干扰和对生态环境变化的响应等，是影响区域生态系统健康空间差异，特别是动态变化的主要因素。

在海西区重点产业发展环境影响评价中，基于活力、组织结构、恢复力、生态功能、人类健康等区域生态系统健康标准，综合考虑人为压力 - 响应措施等因素，构建海峡西岸经济区生态系统健康评价指标体系（表 6-3），并针对区域生态系统健康的自然特性与人工特性，采用均方差法和层次分析法，确定了各指标权重，对海西区生态系统健康进行了评价（图 6-1）。

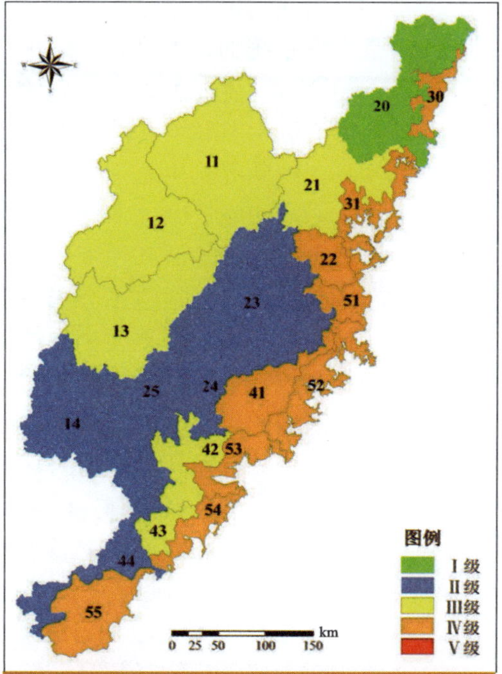

图 6-1　海西区陆域生态系统状态分布

复合生态系统理论作为可持续发展研究中的理论指导，并未严格定义生态风险的受体类型。因此，在该理论体系下开展区域生态风险评价时，风险受体的选择较为灵活多样。可将区域生态系统中的社会、经济、自然这三个子系统作为受体进行分析，也可依据该理论框架，将生态系统分解成其他若干子系统作为受体开展评价，甚至可以将整个区域生态系统作为受体。例如，在北部湾重点产业发展战略环境影响评价中，将区域生态系统分解成环境子系统、资源子系统、生物子系统与调节子系统，并将以上四个子系统作为风险受体开展评价。又如，在上海市浦东新区战略环境影响评价中，熊丽君等[20]综合考虑了该区域内的人口、经济发展、产业布局、自然条件等因素，以浦东新区作为整体，开展了基于格网的生态风险评价。应注意的是通常将评价区域整体作为风险受体时，往往需要分析受体内部的生态风险强度的空间格局。

第三节　区域开发中的风险传递及生态终点

区域开发是人类活动的重要内容，对生态系统会产生不同强度与频率的干扰、压力或胁迫，风险源通过产生胁迫因子，以及生态系统过程的传递最终对风险受体产生影响，这是生态风险产生的主要过程和机制。在区域生态风险评价中，从风险源产生的胁迫因子出发，厘清风险受体，分析风险受体对胁迫因子的响应，进一步判断生态终点，并开展暴露 - 响应分析，是区域开发的生态风险评价中的重要内容。本节将阐述区域开发产生的主要生态风险的传递过程、生态终点及暴露 - 响应分析的基本原理及方法。

一、生态风险的传递

1. 生态风险传递过程

物质与能量通过生物地球化学循环在生物体及环境中的运动，即物质循环和能量流动，是生态系统的基本过程。区域开发是人类活动的重要内容，对生态系统会产生不同强度与频率的干扰，主要表现为栖息地景观破坏、污染物增加与部分资源耗竭等方面，这些干扰因子均可通过生态系统过程的传递最终对生态系统功能产生影响。

传统的经典生态学中，生态学家通常较为关注的生态系统过程包括：生物的生理生化过程；物质和能量通过食物链或食物网在生物体之间的流动；碳、氮、磷、硫等生命要素在生物 - 地球系统之间的循环过程等。但在大尺度的区域生态规划与评价研究中，生态学家在研究生态系统过程时，往往不会聚焦于生态系统自身的微观变化，而将研究重点放在人类社会经济活动作用下的一些重要生态过程上，如污染物的累积过程、资源的损耗过程以及生态空间格局动态过程等。通过风险源与风险受体的暴露 - 响应途径，这些过程的变化可能将最终导致评价区域的生态风险，即形成生态终点。

区域开发包括人类对自然资源的开发、产业的开发与科技的开发等内容。在区域开发建设期间及运营期间，开发区域的土地利用方式、产业结构及人口密度等社会经济特征均会发生变化。因此，区域生态系统的结构与功能也将无法避免地随之而发生改变，并可能会产生污染累积性生态风险、资源耗竭性生态风险及生态空间占用性风险。

从微观上来看，不同的风险源具有不同的传递和形成机制。例如，电池制造业可将铅、汞等重金属污染物释放至环境中，这些有毒有害物质又通过地表水文作用在土壤中沉积，再经过植物、土壤动物的生理过程被富集在农产品中，最后通过接触、吸入或食入等途径进入人体，再通过一系列生理生化过程，导致人体出现一些病理反应甚至死亡[21]。这是电池制造产业的人体健康风险的传递过程和形成机制。又如，在区域开发过程中，部分湿地被圈围，农田、林地被占用，修建道路、改造水系、建立工厂，导致用地类型被改变，生态空间被占用，此外，在切割 - 廊道作用下，会导致野生动植物生境面积减少与生境破碎化，并最终导致野生动植物种群数量减少，生态系统服务功能降低[5]。这是区域开发的生态空间占用风险的传递过程和形成机制。

从风险源与风险受体的作用过程上来看，风险源是通过释放对受体的危害因子，从而对受体产生负面效应。这类危害因子，即胁迫。胁迫（stress），又称生态压力，是指来自人类或自然的对生态系统正常结构性和功能性干扰，这些干扰往往超出生态系统承受能力范围，导致生态系统发生不可逆的变化甚至退化或崩溃。

在区域开发中，各类型风险源可产生生态胁迫，并通过胁迫将生态风险施加在风险受体上，是生态风险传递和产生的基本过程。风险源（stressor）是释放胁迫的主体，受体则是胁迫作用的对象。换言之，胁迫是传递生态风险的媒介。

因此，分析风险源所产生的胁迫因子及其与风险受体之间的相互关系，揭示生态风险的传递过程，并最终确定生态终点，是区域开发生态风险评价中暴露 - 响应分析的基本过程，也是生态风险评价的核心内容之一。

2. 区域开发产生的胁迫及其对受体的作用

区域开发是一类复合生态风险源，依据不同的胁迫类型，将产生污染累积性风险、资源耗竭性风险及空间占用性风险，以下将重点探讨区域开发中各主要类型风险源所产生的胁迫因子，分析胁迫因子对风险受体的作用，阐述区域开发中生态风险的传递过程，以揭示区域开发中主要生态风险的形成机制。

（1）污染累积性胁迫

在区域开发时，由于产业发展与人口增加，将不可避免地产生污染物的排放，最终可能对生态系统产生累积性风险。

污染物的累积途径包括时间和空间上的累积。时间上的累积指长期排放致使污染物在同一区域内不断增加，在环境中污染物的浓度不断升高的过程。空间上的累积有两种，一种是指污染物通过食物链或者食物网，由于生物富集作用，污染物浓度随着营养等级不断升高的过程。例如，农田中喷洒的农药通过地表径流或土壤渗滤，使许多水体中的农药浓度显著增加，通过水体生物的富集作用进一步对生态系统产生危害。美国加利福尼亚东北部的图利湖和下克拉马斯保护区曾发生部分肉食性鸟类因 DDT 中毒死亡，这是由于当地农业排放的大量 DDT 被水生植物富集，这些植物被鱼类摄入后，DDT 又在鱼类体内进一步富集，这些鱼体内的 DDT 浓度对鸟类具有强烈的致毒效应，并最终导致食鱼鸟类大量死亡[22]。

空间上的累积在流域的梯度开发中较为常见，即由于在流域上下游类似的产业活动所排放的污染物均汇入河流，随着海拔的降低，污染物浓度从上游到下游逐渐增加的过程。例如，黄河的水质监测数据显示，自流域上游至下游，各主要支流河水氮污染有增加的趋势，造成干流氮污染沿程也呈增加的趋势[23]。

区域开发活动所产生的污染累积性胁迫包括：有毒有害物质（包括大气颗粒物、VOCs、PAHs、POPs、营养盐、重金属等）的污染、噪声污染、光污染、辐射污染、热污染等。这些胁迫的作用受体包括：生物种群、生物群落、生态系统结构、生态系统服务功能等。

例如，水体中的营养盐污染，将导致水生藻类植物群落结构发生变化，蓝藻大量滋生，并产生水华现象，其后果是鱼类因缺氧死亡，同时水生生态系统的水源涵养功能、休闲旅游功能、食物生产功能等生态系统服务功能下降[24]。又如，噪声污染及光污染等可对野生动物产生惊扰，使得野生动物活动受到限制，无法完成其正常的生命活动，最终导致野生动物种群数量减少，区域生物多样性降低[25]。而大量的有毒有害物质的污染胁迫，则直接对人体健康产生威胁，导致生态系统功能降低。

（2）资源耗竭性胁迫

资源是在一定的时间和技术条件下，能够产生经济价值或提高人类当前和未来福利的自然环境因素的总称。资源通常包括矿产资源、水资源与生物资源等。水资源和矿产资源是对生态系统具有较大影响的资源类型。区域开发将不可避免地消耗部分资源，产生一系列胁迫因子，并进一步形成生态风险。

水资源是被人类在生产和生活活动中广泛利用的资源，广泛应用于农业、工业和生活，诸如农业灌溉、工业用水、生活用水、水能、航运、港口运输、淡水养殖、城市建设、旅游和环境改造等。

区域开发对水资源的影响主要包括两个方面：第一，因为产业与人口增长对水资源的直接开发和利用导致的水资源减少，包括水利开发和水资源利用；第二，因为污染物排放导致的水体污染。水污染不仅降低水体的使用功能，还进一步加剧了水资源短缺的问题。

水资源耗竭所产生的胁迫包括水土流失、干旱。其作用受体包括生物种群、群落及生态系统结构与功能等。由于水资源枯竭而产生干旱，将引发地上植被死亡、沙漠化等生态后果，导致生态系统服务功能降低。

生物资源是自然资源的有机组成部分，是指生物圈中对人类具有一定经济价值的动物、植物、微生物有机体以及由它们所组成的生物群落。生物资源包括基因、物种以及生态系统三个层次，对人类具有一定的现实和潜在价值，它们是地球上生物多样性的物质体现，包括野生动植物资源、水产资源等。

人类区域开发活动对生物资源无节制的利用，产生的胁迫是直接的，如：捕捞、采伐等。其受体往往是生物资源本身，由于生物资源的枯竭，也将导致生态系统结构与功能的变化。

（3）空间占用性胁迫

区域开发将不可避免地占用大量生态空间，这使得生物栖息地面积减少与生境破碎化程度增加，进而造成生物资源减少，并最终导致生态系统服务功能受损的风险加剧。大量研究表明，栖息地的景观格局与区域生物多样性、生态系统生产力等功能具有显著相关性。

景观格局对其中元素流产生影响，不同景观格局或景观格局动态演变导致区域景观功能发生变化，同时会影响到物种的丰富度、分布、种群的生存能力与抗干扰能力，以及各种生态过程，即景观结构或景观格局决定景观功能。因此，在区域开发中，优化生态系统中斑块的组成、空间配置以及基底特征，有利于生物多样性保护、生态系统管理和区域可持续发展。

一般来说，一定的景观中蕴含着一定的生境，孕育着特定的物种、种群与群落。区域开发造成重要景观面积减少、景观连续性降低，其所导致的生境丧失与生境异质性的改变是对区域生态系统过程与功能影响最大的因素。

区域开发用的生态空间最直接的后果就是生物栖息地面积的减少，在景观空间格局上则表现为栖息地斑块面积减少，这将直接导致生物资源的丧失。

景观连续性降低则表现为景观破碎化或称生境破碎化。一般认为，生境破碎化是影响生物多样性最重要的“瓶颈”之一。生境破碎化导致原生境的总面积减小，产生隔离的异质种群，从而影响个体行为特性、种群间基因交换、物种间相互作用及生态过程。因此，生境破碎化的影响，从个体行为→种群动态→生态系统通量，作用于生态系统的各个环节。

景观异质性是生物多样性的前提，景观异质性有利于促进景观生态系统的能量流动和物质循环，减小扰动的传播，是生态系统生物生存的基础。景观异质性程度高，一方面，引起大的斑块减少及大斑块内部环境的物种的减少；另一方面，引起斑块内缘地带边缘生境、边缘物种数目增大。即景观异质性减少了稀有的内部种的丰度，增加了边缘种的丰度，增加了生存条件要求两个以上景观单元物种的丰度，同时提高了潜在的总物种的共存性。

景观的异质化有利于促进景观生态系统的能量流动和物质循环。

景观异质性有利于生态系统的稳定。在复杂的生态系统中生物与生物、生物与环境之间都存在着相互联系、相互制约的复杂关系，多种多样的生物及其之间的关系保证了生态系统物质、能量、信息等多渠道的畅通。不会由于某一环节的破坏而影响全局不稳定。

景观异质性是共生的基础。生物学的“共生”指无论是在生物界还是在人类社会，都是以异质为前提的，是两种生物间的通过能量、物质、信息的交换而相互影响、相互受益的过程。

系统进化的过程为异质性增加的过程，也是物种间和系统间共生关系的形成过程。系统异质性增强，使其结构复杂，形成复杂的反馈关系网。

异质性强的系统物质流、信息流种类和形式多样，为生物提供多样的生存空间，也具有多样的生产形式，为生物和人类更好地利用系统的物质和能量提供了基础，进一步促进系统共生关系的形成。

由此可见，空间占用性胁迫包括生境丧失、破碎化及低异质性。而其作用的受体包括生物种群、群落、生境、生态系统、景观，以及生态系统结构与功能等。

在区域开发过程中，由于建设的需要，生态用地被转化成建设用地，湿地、林地、农田面积减少，生境丧失，景观异质性降低。此外，由于道路的廊道切割效应，导致生境破碎化程度增加，并最终导致区域生态系统的生物群落和景观结构改变，生物多样性维持功能、气候调节功能、物质提供等生态系统服务功能降低。

3．区域开发中的生态风险传递

根据本节对风险传递过程的分析，可将区域开发所产生的风险传递过程归纳为图 6-2。

二、典型生态风险受体与生态终点

对于生态风险评价，生态终点应具有现实的生态学意义或社会意义，具有可操作、可表征，且易于观测和度量等特征。应综合考虑反应生态系统的结构终点、功能终点和群落终点以及系统功能，选择那些具有重要生态意义的生态系统关键过程作为生态终点。

1．污染累积性风险

区域开发过程中产生各种有毒有害物质在环境中迁移、吸收、转化，如果没有得到有效的控制和处理，将会在环境中残留并形成累积，带来不同形式的生态风险。对于持久性强、难降解污染物对生态系统结构的影响，可从种群、群落到生态系统水平不同尺度的不同生态表征进行判断。

污染物可直接作用于生物体自身，也可以通过食物链在生物体内富集浓缩，产生生物富集作用，并进一步对生物群落及生态系统产生影响。因此，污染累积性生态风险的受体往往是种群、群落，也可以是生态系统。在区域开发生态风险评价中，往往依据评价的尺度，并综合考虑易观测性和可度量性，选取生物种群、群落或生态系统作为风险受体。

在水体污染累积风险中常见的风险受体包括水体中的关键生物种群或典型生物群落，如某种鱼的种群、水生植物群落、水鸟群落、底栖动物群落等；在土壤污染累积风险中，常选择农作物形成的人工种群、土壤动物群落等作为风险受体；而在大气污染累积风险中，则可选择对大气污染较为敏感的指示生物如苔藓植物群落。在王辉民等[26]基于危险化学品储存的区域生态环境风险评价中，将鸟类群落与林蛙种群作为风险受体。遵循能迅速响应风险产生的危害，能反映生态系统结构和功能特征，具有可预测性，能定量化，应用范围广的原则，将研究区域中的鸟类和林蛙受影响的范围作为评价终点[27]。最后在有风险模式中，评价得出鸟类的不可接受风险范围最远可达下风向 7 km，蛙类的不可接受风险最远可达下风向 27 km。大部分敏感点的蛙类急性暴露剂量都超标，处于不可接受风险水平；80% 的敏感点的鸟类处于不可接受风险水平。结合评价结果，提出了生态风险管理对策，即防范措施、应急预案、环境监测和生态补偿。

在大尺度的以单一污染源为主的污染累积风险评价中，也可选择生态系统自身作为受体。

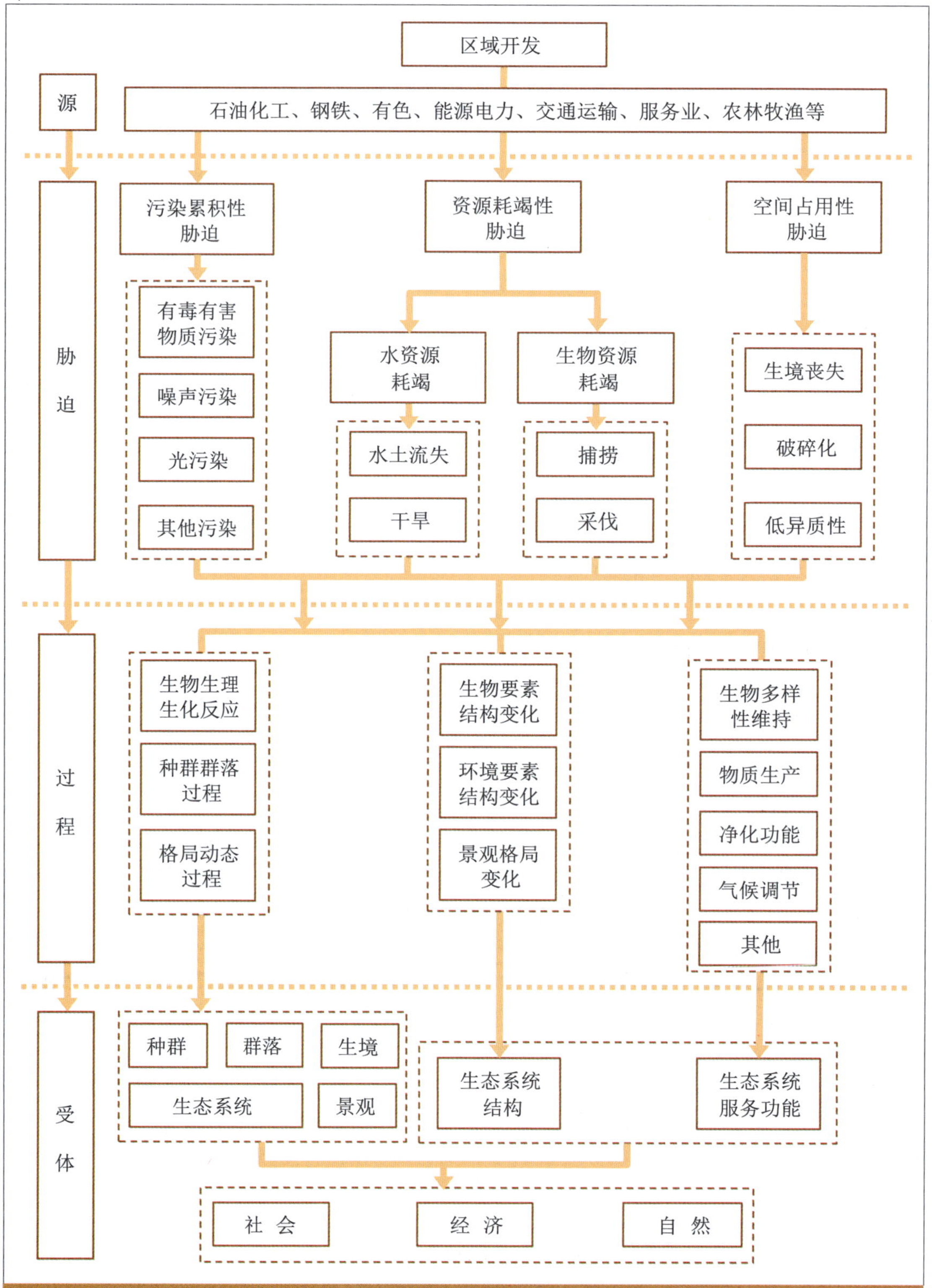

图 6-2 区域开发的生态风险传递过程示意

例如在黄河中上游重点产业发展战略实施中，水污染物排放污染地表水环境，将加剧水资源短缺矛盾，增加生态用水被挤占的概率，从而引发支流断流、湿地萎缩等生态风险；同时，水环境污染将降低河流水生生物多样性水平，甚至损伤水生生态系统功能，并可能造成河流湿地退化[28]。因此，在评价该区域的水环境污染的生态风险时，将河流湿地生态系统作为生态风险受体。

当生物个体遭受到污染累积性生态风险源的胁迫时，轻则会产生行为变化，重则生长速率下降、对病原体敏感增加等生理机能变化，直至引起死亡。因此，如以种群作为风险受体，那么，污染累积性生态风险的生态终点通常为种群密度降低、种群死亡率增加及种群增长速率下降等。同样，如以群落作为风险受体，则污染累积性生态风险的生态终点为生产力降低、物种多样性下降等。而以生态系统作为风险受体时，其生态终点为生态系统结构改变、生态系统服务功能受损甚至丧失等[29]。

典型的生态系统污染累积性生态风险受体及可能终点可参考表 6-4。

表 6-4　典型生态系统污染排放累积性生态风险受体及可能终点

生态风险类型	典型生态系统	风险受体及可能终点
水体污染	淡水生态系统	水体富营养化，水生生物种类、数量、结构变化，生物体内毒素富集，生态系统服务功能退化
	湿地生态系统	湿地退化萎缩，湿地生物种类、数量、结构变化，生物体内毒素富集，生态系统服务功能退化
	海洋生态系统	海洋赤潮暴发，海洋生物种类、数量、结构变化，生物体内毒素富集，生态系统服务功能退化
	农田生态系统	土壤质量下降，农作物歉收，农产品安全受到威胁
大气污染	城市生态系统	酸沉降、光化学烟雾等威胁人群健康
	农业生态系统	大气沉降污染农田土壤，通过植物吸收富集，威胁农产品安全
土壤污染	淡水生态系统	通过水 - 土交换污染淡水，造成水体富营养化，生物体内毒素富集，生态系统服务功能退化
	农田生态系统	土壤质量下降，农作物歉收，农产品安全受到威胁
	城市生态系统	重金属、有机物污染威胁人群健康

2. 资源耗竭性风险

区域开发是提高区域产业发展水平的高强度人类活动，这就意味着对资源的损耗也较大，因此，在区域开发中，开发区域及相关地区面临着资源耗竭风险。水资源及生物资源等除了受区域开发影响外，还对区域生态系统结构与功能有较大影响。

（1）生物资源耗竭风险

一类生物资源耗竭的原因是人类对生物资源的过度直接利用或者过于强烈的人类活动干扰，导致部分生物资源在该区域的枯竭，如长江口的刀鲚（刀鱼）、福建宁德官井洋地区的大黄鱼、海南省的降香黄檀（黄花梨）等，这类风险的受体通常可选择为生物种群自身，即刀鱼、大黄鱼与黄花梨种群，而其生态终点则是种群数量的减少、种群密度的降低[30]。

另一类生物资源耗竭风险则来源于人类对某类生物资源的开发利用，影响到其他生物资源，导致生态失衡。例如在我国南方地区常见的林浆纸产业需要所种植的浆纸林——桉树速生林，由于浆纸林的大面积栽种，对生态系统产生了大量的负效应，还导致了其他生物资源的枯竭[31]。在北部湾区域产业发展生态风险评价中的林浆纸产业的风险评价中，选择了多个尺度的风险受体如群落、栖息地、生态系统乃至景观，其生态终点为物种多样性下降、栖息地减少、景观破碎化、景观连通度下降、水土流失增加、土壤肥力下降、生态系统服务功能下降等。

（2）水资源耗竭风险

区域开发中的部分产业为高耗水行业，这将给区域生态系统带来水资源耗竭的风险。黄河中上游重点产业发展战略实施中，若非汛期重点产业用水挤占支流生态用水，将出现支流断流的生态风险，以断流河流为补给水源的湿地，可能出萎缩退化甚至消失的风险。若长期挤占地下水生态用水，以地下水为补给水源的湿地，可能出现萎缩退化现象。此外，因为区域水平衡的破坏，还可能增加干旱、沙尘暴、土壤侵蚀等风险，造成生态系统退化，导致地表裸露，遭遇大风、暴雨时，易发生水土流失，加剧土地沙漠化，损伤局部生态系统功能。因此，在该区域的生态风险评价中，在评价水资源耗竭风险时，将草原、荒漠、农田及河流湿地生态系统和以湿地为主的遗鸥生境作为生态风险受体。另外，高耗水产业规模过大，危及局部地区水资源安全，可能出现产业用水大量挤占河道内生态用水、地下水生态用水或湿地生态用水问题，触及生态用水底线。因此，水资源耗竭的生态风险的终点主要为河流断流、剧烈土地沙漠化、水土流失、生态系统退化及功能损伤、珍稀物种典型生境退化或消失等。

典型的生态系统资源耗竭性生态风险受体及可能终点可参考表 6-5。

表 6-5 典型生态系统资源耗竭性生态风险受体及可能终点

生态风险类型	受体生态系统	风险受体及可能终点
生物资源开发	淡水生态系统	水生生物数量、种类减少，群落结构单一化，生物多样性下降，服务功能受损
	湿地生态系统	湿地生物数量、种类减少，群落结构单一化，生物多样性下降，服务功能受损
	海洋生态系统	海洋生物数量、种类减少，群落结构单一化，生物多样性下降，服务功能受损
	草原生态系统	植被覆盖度锐减，草场退化，水土流失，生物多样性下降，服务功能受损，景观格局变化
	森林生态系统	植被覆盖率锐减，生物多样性下降，服务功能受损，景观格局变化
水资源开发	淡水生态系统	水量减少，水面率下降，淡水水生生物种类、数量减少，生物多样性下降，服务功能受损，景观格局变化
	湿地生态系统	湿地萎缩退化，湿地生物种类、数量减少，生态系统演替
	农田生态系统	农作物歉收，农产品安全受到威胁
	城市生态系统	饮用水水源受到影响

3．生态空间胁迫风险

区域开发活动将不可避免地改变原有的自然景观，改变区域的土地利用方式，影响生态系统过程和功能，并进一步对生态系统产生负面影响，因此而带来相应的生态风险。基于土地利用的生态空间胁迫风险分析，多以景观作为风险受体，将不同类型的土地利用斑块作为景观要素进行分析。以景观作为生态风险受体的生态终点，一般是平均斑块面积减小、景观破碎度增加、景观多样性降低、景观连续性降低等[32]。例如，张思锋等[33]应用景观生态学和生态梯度风险评价方法，通过定性评价，初步确定了榆林煤炭开采区由于生态占用而引发的主要风险源、风险受体和最大的生态效应，描述了风险源、风险受体、生态效应之间的递进传导关系。通过半定量评价，确定了榆林煤炭开采区最有可能遭受风险源影响的次级区域；

发现了次级区域内风险源对最主要风险受体的生态效应发生最典型的特定次级区域。

典型生态系统生态空间占用性生态风险受体及可能终点见表 6-6。

表 6-6　典型生态系统生态空间占用性生态风险受体及可能终点

受体生态系统	风险受体及可能终点
淡水生态系统	水面率下降，生物种类、数量减少，生态系统类型转换、服务功能退化，景观连通性降低、破碎化加剧
湿地生态系统	湿地面积减少，生物种类、数量减少，生态系统类型转换、服务功能退化，景观破碎化加剧
海洋生态系统	海洋面积减少，生物种类、数量减少，生态系统类型转换、服务功能退化
草原生态系统	草场面积减少，生物种类、数量减少，生态系统类型转换、服务功能退化，景观破碎化加剧
森林生态系统	森林面积减少，生物种类、数量减少，生态系统类型转换，服务功能退化，景观破碎化加剧
荒漠生态系统	植被覆盖度下降，生物种类、数量减少，荒漠化程度加剧，服务功能退化，景观破碎化加剧
冻原生态系统	冻原植被面积减少，生物种类、数量减少，生态系统类型转换，服务功能退化，景观破碎化加剧

4. 复合型生态风险

在大多数区域开发中产生的生态风险都不是单一的，区域生态风险往往是由多重风险复合而成。如林浆纸产业开发所产生的生态风险既包括整地所引起的生态空间占用风险，还包括抚育期间因施肥引起的营养盐污染和因杀虫引起的农药污染等，此外还有水土流失、大量水资源损耗等风险。

对于此类大尺度的复合型生态风险，往往是基于复合生态系统理论，从生态系统的结构与功能出发，根据评价区域的实际情况与研究目的，灵活设计风险受体。在这类评价中，可将区域生态系统这一整体作为受体，也可将其进行分解呈若干个子系统分别作为受体，还可将区域生态系统的结构与功能等特征作为受体进行评价。

在开展区域开发的生态风险评价时，可以同时在生物种群、群落、生境、生态系统乃至景观水平等不同尺度选择风险受体，而不同组织尺度的风险受体对应的可能的生态终点也不同（表 6-7）。

例如，在环渤海的自然灾害生态风险评价中，风险受体为环渤海沿海区域生态系统整体。由于生态系统涉及组成、结构、功能等，因此，生态终点主要指因山洪、暴雨、滑坡、泥石流等自然灾害、水土流失及风暴潮、海水入侵等海洋灾害引起的生态系统在组成、结构和功能方面严重受损，包括生物多样性的降低、生态系统组成受干扰、生态系统结构被破坏、外来物种的入侵等，以及对区域社会经济的间接性影响。

表 6-7　生态风险评价中可能的生态终点

风险受体	可能的生态终点
种群	生物量下降，死亡率增加，患病易感性增加，繁殖损伤，生长速度下降，种群分布，产量降低
群落	群落垂直结构层次减少，初级生产力下降，次级生产力下降，物种多样性和群落多样性降低，优势种和衰退种的比例下降，水华增加，食物网多样性下降
生境	物种多样性和群落多样性降低，适宜生境面积减少，植被覆盖度降低，食料减少，生境破碎度增加，连通性降低
生态系统	物种多样性和群落多样性降低，生态系统服务功能降低，生态系统健康度降低，生态系统结构完整性降低，生态系统脆弱度增加
景观	平均斑块面积减小，景观破碎度增加，景观多样性降低，景观连续性降低

又如，在黄河中上游重点产业的生态风险评价中，将景观作为风险受体，根据景观特征，

将景观分解成森林景观、灌丛景观、草原景观、荒漠景观、湿地景观、农田景观六类景观分别为生态风险受体，这些景观类型有不同的水土环境，是不同生物种群的栖息地，对各类风险因子作用的敏感程度也不相同。根据评价区生态环境特征及实施战略生态环境影响评价特点，能源化工产业实施生态风险终点主要为河流断流、剧烈土地沙漠化、水土流失、生态系统退化功能及损伤、珍稀物种典型生境退化或消失等（表 6-8）。

表 6-8 黄河中上游重点产业的生态风险受体及终点选择

生态风险受体	风险受体特点	生态风险终点
湿地景观	水陆交错带，对外界干扰极为敏感	河流断流、重要湿地退化或消失、珍稀物种典型生境退化或消失
荒漠景观	生态系统结构简单，生态稳定性差，极为脆弱	剧烈土地沙漠化、荒漠生态系统功能损伤
草原景观景观	生态系统食物链结构简单、受人为干扰极易发生退化	水土流失、草原生态系统退化、珍稀物种典型生境退化或消失
森林景观	生态功能极为重要	水土流失、森林生态系统退化、珍稀物种典型生境退化或消失
灌丛景观	生态功能极为重要	水土流失、灌丛生态系统退化、珍稀物种典型生境退化或消失
农田景观	受人为作用强	水土流失、农田生态系统功能损伤

再如，在崇明三岛生态风险评价中，杨娟[11]将崇明岛域生态系统分解成湿地、水域、森林、农田、人居环境等 5 个子系统（表 6-9）。需要指出的是，该研究特别将人居环境作为风险受体之一，是复合生态系统理论在生态风险评价中的典型应用。

表 6-9 崇明三岛生态风险源与风险受体及生态终点

风险受体	主要风险源	生态终点
湿地	过度围垦、水污染、过度捕捞、生物入侵、风暴潮、流域大型工程	面积减少、湿地净化水质功能降低、生物多样性降低、抵御灾害侵袭能力下降、湿地增长速度下降
水域	水污染、咸水入侵、流域来水量减少、流域大型工程	水质变差、可取水量减少、水生生物种类发生变化
森林	台风暴雨、风暴潮	生物多样性降低
农田	洪涝、台风暴雨、风暴潮、工农业污染物、农业病虫害	农业产量下降、农产品品质降低
人居环境	工农业污染物、洪涝、台风暴雨、风暴潮	人居环境健康程度和生命安全水平降低、建筑和公共设施受损

再如，在北部湾林浆纸产业生态风险评价中，依据复合生态系统理论与方法，区域生态系统被分解成环境子系统、资源子系统、生物子系统与调节子系统分别作为受体开展评价，而生态终点为土壤肥力下降，地表水污染加剧，耗水量增加，水源涵养能力减弱，水土流失，生物多样性水平下降，景观破碎化，景观单一化，生态系统功能下降（详见第七章）。

可见，在区域开发的生态风险评价中，针对复合型生态风险，可根据研究的实际需要，灵活选择生态风险受体，而生态终点也可多样。

三、区域生态风险的暴露－响应分析

暴露分析和响应分析是风险分析的主要阶段，是区域生态风险评价的重要内容。通过暴露与响应分析，可以确定风险源与风险受体的接触暴露关系、方式；分析风险源与风险受体之间的接触暴露程度、范围；确定风险受体潜在的暴露途径及其可能的不利生态影响，为进一步的风险表征奠定基础。

1．基本概念

（1）暴露分析

暴露分析主要是研究风险源在评价区域中的分布、流动及其与风险受体之间的接触暴露关系，这种关系可通过生态风险的暴露与响应概念模型来表达。一个完整的概念模型至少应该包括风险（或压力）源、生态压力的接触暴露途径以及相应的生态终点这三个部分。任何概念模型都是基于风险源的暴露途径而建立的，一个完整的暴露途径通常包括：风险源释放或导致风险压力；风险压力作用于受体；生态终点依赖于受体；风险压力对评估的生态终点产生不利影响。

在大尺度的区域生态风险评价中，暴露分析研究的是各风险源在评价区域中的分布、流动及其与风险受体之间的接触暴露关系。如在水生生态系统的生态风险评价中，暴露分析就是研究污染物进入水体后的迁移、转化过程，一般用数学或物理模型进行分析。区域开发的生态风险评价暴露分析相对较难进行，因为风险源与受体都具有空间分异的特点，不同种类和级别的影响会复合叠加，从而使风险源与风险受体之间的关系更加复杂。

（2）响应分析

响应分析的主要任务是分析生态风险受体对风险源的响应，换言之，即分析生态风险作用于受体的不利后果，因此，在一些生态风险评价中，又称为危害分析。响应分析过程中，区域潜在受损程度定量化表达方法的构建是响应分析的关键，也是区域生态风险评价的核心部分。响应分析是将风险源分析、受体分析和暴露分析联系起来，在干扰与生态系统之间建立起对应的关系。常用的响应分析方法包括毒性物浓度半致死量分析、重金属污染物浓度分析、区域潜在生态损失度分析以及区域压力源密集度分析等。合理的响应分析必须结合风险暴露途径或概念模型开展。

响应分析与暴露分析相关联，是区域开发生态风险评价的重要部分，其目的是确定风险源对生态系统及其风险受体的损害程度。传统的生态风险评价在评价污染物的排放时，多采用毒理实验外推技术，将实验结果与环境监测结合起来评价污染物对生物体的危害。而区域开发生态风险评价的响应分析，显然难以用实验室实验的方法进行观测，而只能根据生态学理论，结合其他学科的相关知识进行推测与评估。区域开发的生态风险评价中的暴露和响应分析是一个难点、重点部分，在进行暴露和响应分析时要尽可能地利用一切有关的信息和数据资料，弄清各种干扰对风险受体的作用机理，提高评价的准确性。响应分析的结果要尽可能达到定量化，各种风险源产生的危害之间要具有可比性。

在区域开发的生态风险评价中，暴露及响应分析是反映不同风险源对各生态系统影响的形式和程度，对此进行分析能帮助更好地进行风险种类及其程度的确定。此外，各种风险源除了直接影响受体外，还会带来次生灾害，造成生态环境和社会经济的损失，对于这类次生灾害也应该了解，以保证暴露和响应分析的准确度。

2．分析方法及案例

无论是何种类型的生态风险评价，都必须对风险源、风险受体及其暴露 - 响应关系的作用有一定的认识，这是开展生态风险评价的前提条件。在开展区域开发的生态风险评价时，同样也应当在开展了风险源识别、受体识别的基础上，厘清生态风险源对风险受体的作用过程与机制，确定生态终点，并开展暴露 - 响应分析。开展暴露 - 响应分析的一般流程见图 6-3。

在具体开展暴露 - 响应分析时，可采用表格或者概念模型框架图，以使表达更为清晰明白。例如，在黄河中上游能源化工区重点产业发展战略环境影响评价中，将风险源与风险受体及其暴露 - 响应关系在表格中进行了归纳，见表 6-10。

在区域开发的生态风险评价中，概念模型要揭示和描述区域开发绝大部分可能的风险源、胁迫因子以及其可能产生的生态影响。概念模型是对压力源、压力、生境和终点之间关系的一系列假设，它可以通过图表来表示，以此来说明风险评估各组分之间的假设关系。概念模型的建立必须是基于对区域风险源 - 生境 - 生态终点的暴露 - 响应途径全面了解的基础之上。

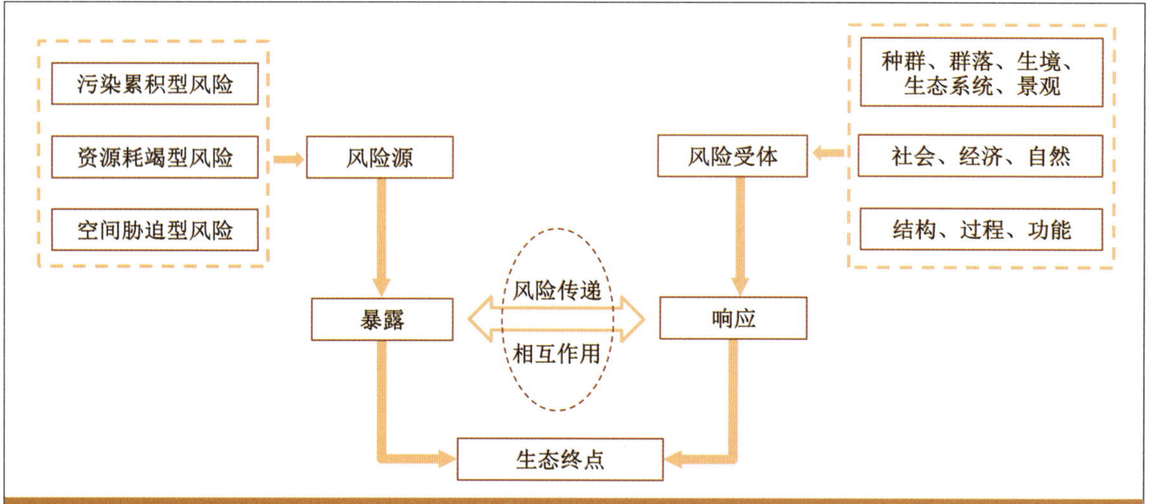

图 6-3　区域生态风险评价中暴露 - 响应分析的一般流程框架

表 6-10　黄河中上游能源化工区生态风险暴露与响应分析

风险源	受体	暴露 - 响应关系
干旱、沙尘暴	草原、荒漠、农田等景观生态系统	干旱、沙尘暴、土地沙漠化造成生态系统退化，损伤局部生态系统功能，加剧土地沙漠化
土壤侵蚀	草原、荒漠、农田等景观生态系统	土壤侵蚀，导致土地退化，地表裸露，遭遇大风、暴雨时，易发生水土流失，损伤局部生态系统功能
挤占生态用水	湿地生态系统	战略实施中，若非汛期重点产业用水挤占支流生态用水，将出现支流断流生态风险，以断流河流为补给水源的湿地，可能出萎缩退化甚至消失的风险。若长期挤占地下水生态用水，以地下水为补给水源的湿地，可能出现萎缩退化现象
粗放型煤炭资源开发	森林、灌丛、草原、荒漠等景观生态系统	煤炭资源开发将破坏地表植被、使植被覆盖率降低，增加发生水土流失和土地沙漠化的风险，可能造成生态系统功能损伤
水环境污染	湿地生态系统	战略实施中水污染物排放污染地表水环境，将加剧水资源短缺矛盾，增加生态用水被挤占的概率，从而引发支流断流、湿地萎缩等生态风险；同时，水环境污染将降低河流水生生物多样性水平，甚至损伤水生生态系统功能，并可能造成河流湿地退化

例如，在山东南五岛开发的生态风险评价研究中[1]，通过实地调研和勘测，收集了大量第一手资料，在此基础上，通过分析上文确定的开发利用风险源及相应的评估终点间的接触暴露关系，将风险源与风险受体的暴露 - 响应关系进行了概括，形成了南五岛海区开发利用压力由压力源到生态终点的接触、暴露途径示意图（图 6-4）。

根据南五岛海区开发利用压力的暴露和响应途径（图 6-4），又可构建一个概念模型用以描述南五岛海区压力源、压力、生境和评估终点间的相互作用关系（表 6-11）。在这个概念模型里，每一类压力源所释放的生态压力是有差异的，概括来讲，主要的压力类型有以下 4 类：① 污染，主要指人类排放的固体废物的污染和废水的污染；② 物理扰动，包括人为活动的干扰和噪声扰动；③ 改变沉积，主要指人类开发利用引起的路源污染物、泥沙等对潮间带底质和近海底质的改变；④ 移除原有生境，包括人为的植被破坏以及人为造成的评估物种生存所依赖生境面积的缩减。

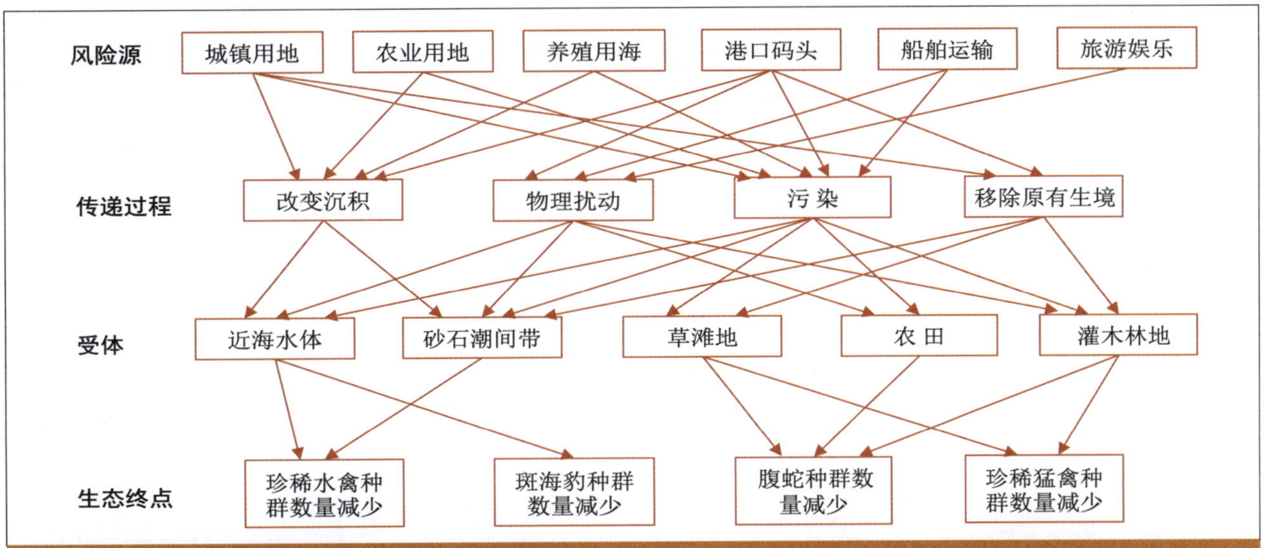

图 6-4 山东南五岛开发利用风险接触暴露途径示意

表 6-11 山东南五岛开发利用风险暴露、响应概念模型

风险源						受体	生态终点			
城镇用地	农业用地	养殖用海	港口码头	船舶运输	旅游娱乐		珍稀水禽	斑海豹	蝮 蛇	珍稀猛禽
C	C, S	D, C, S		D, C	D	近海水体	F	F		
C, S	C, S	C, S, R	C, S, R		D, S	砂石潮间带	F, N	N		
D, C, R	C					草滩地			F, N, H	F
	C					农田			F, N, H	F
D, R					D	灌木林地			F, N, H	F, N

注：1. 风险源释放风险压力，风险压力借助生境作用于评估的生态终点。

2. 由风险源释放的风险压力包括：D—物理扰动、C—污染、S—改变沉积、R—移除原有生境。

3. 风险压力与生态终点的暴露方式为：F—觅食、N—栖息、H—孵化。

又如，在大丰市沿海滩涂开发的生态风险评价中，通过实地调研和勘测，收集了大量第一手资料，在此基础上，将所有的压力或胁迫因子归纳为 4 个大类：土地平整与植被破坏、农田水利道路建设、作物种植、居民点兴建与扩张，其暴露和响应途径见图 6-5。根据该图，又可构建了一个概念模型用以描述风险源、压力、生态终点间的暴露 - 响应关系（表 6-12）。

表 6-12 大丰市沿海滩涂开发利用风险源、压力、生态终点间的暴露 - 响应关系

风险受体＼风险源	土地平整与植被破坏	农田水利道路建设	作物种植	居民点兴建与扩张
自然系统	D、S、E、M	I		D、S、E、M
生态系统功能	D、H			
景观格局	S	F、C、EE	P、CE	P、CE

注：1. 风险源释放风险压力，风险压力借助生境变化作用于生态终点。
2. 有风险源释放的风险压力包括：D—干扰，S—次生演替，E—定居，EE—边缘效应，CE—累积效应，I—切割 - 廊道作用。
3. 风险压力与生态终点的暴露方式为：M—物种多样性下降；P—污染；H—栖息地灭失；F—景观破碎化；S—景观单一化；C—景观连通度下降。

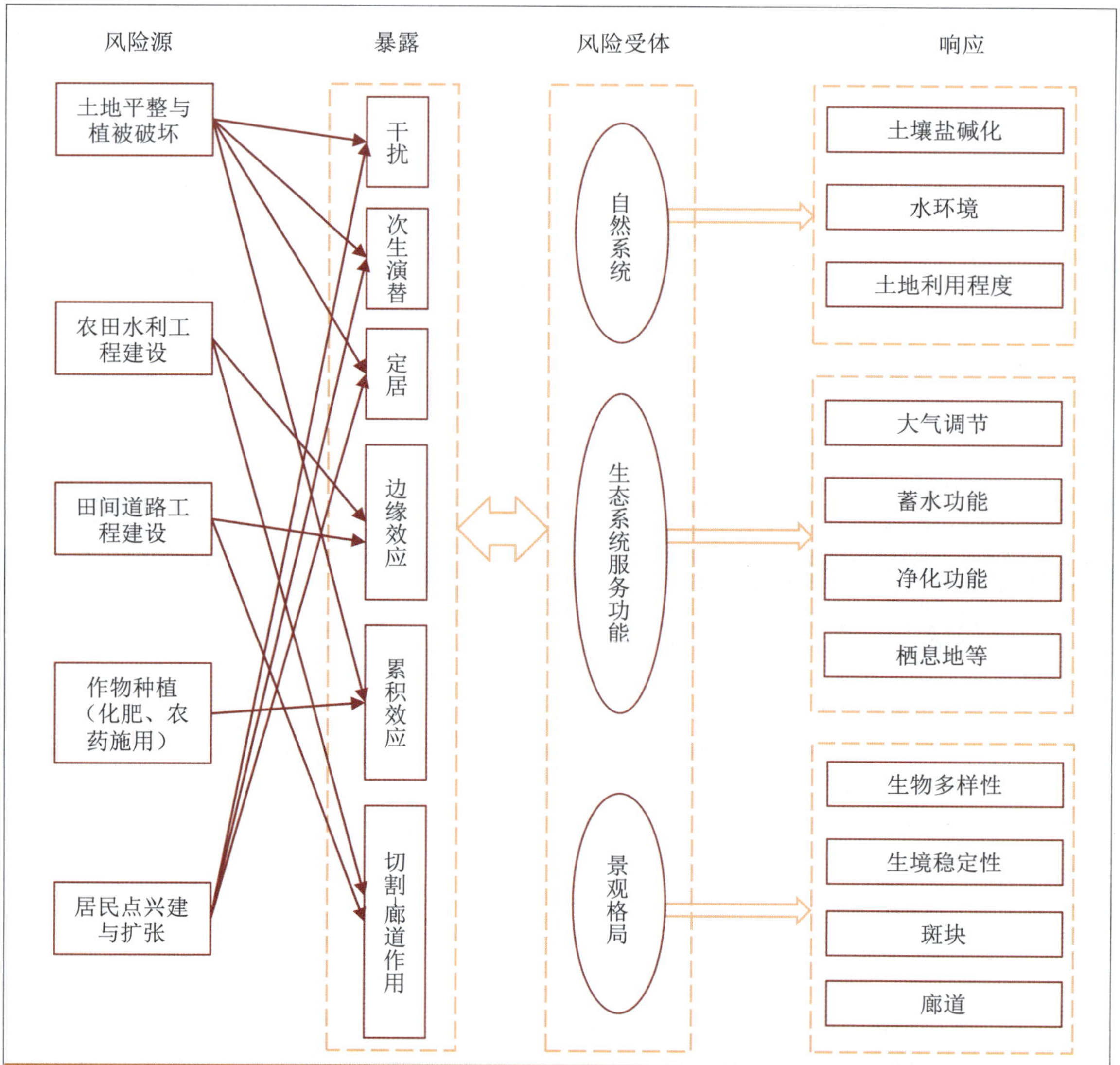

图 6-5 江苏大丰市沿海滩涂开发项目生态风险评价暴露和响应途径

总而言之，在区域开发的生态风险评价中，暴露 - 响应分析的概念模型具有多种类型，并无固定模式，无论是何种概念模型，也无论是以框架图或是表格的形式，都需在模型中清晰明确地对风险源、风险受体及其暴露 - 响应关系进行阐述，是为暴露 - 响应分析的核心内容所在。

参考文献

[1] 王小龙 . 海岛生态系统风险评价方法及应用研究 [D]. 青岛：中国科学院研究生院，2006.

[2] 黄丽华，胡志瑛，李一更，等 . 战略环评生态风险景观评价方法研究 [J]. 四川环境，2011，4：57-65.

[3] 陶晓燕，朱九龙，王世军 . 基于属性识别理论的城市生态安全评价 [J]. 生态环境学报，2010，9：2048-2053.

[4] 付在毅，许学工，林辉平，等 . 辽河三角洲湿地区域生态风险评价 [J]. 生态学报，2001，3：365-373.

[5] 刘晓，苏维词，等 . 基于 RRM 模型的三峡库区重庆开县消落区土地利用生态风险评价 [J]. 环境科学学报，2012，1：248-256.

[6] Pizzol L，Critto A，Agostini P，et al. Regional risk assessment for contaminated sites Part 2：Ranking of potentially contaminated sites[J]. Environment International，2011，37：1307-1320.

[7] Graham R L，Hunsaker C T，Oneill R V，et al. Ecological risk assessment at the regional scale[J]. Ecological Applications，1991，1：196-206.

[8] 付在毅，许学工 . 区域生态风险评价 [J]. 地球科学进展，2001，4：267-271.

[9] Odum H T. Systems ecology：An introduction[M]. John Wiley & Sons，Inc.，1983.

[10] 任海，邬建国，彭少麟 . 生态系统健康的评估 [J]. 热带地理，2000，12：310-316.

[11] 杨娟 . 岛屿生态风险评价的理论与方法 [D]. 上海：华东师范大学，2007.

[12] 李文华 . 生态系统服务功能价值评估的理论、方法与应用 [M]. 北京：中国人民大学出版社，2008.

[13] 林扬碧，陈秋波，邹伟，等 . 区域景观结构的生态风险评价方法与案例研究 [J]. 环境科学与管理，2009，4：186-190.

[14] 孙洪波，杨桂山，苏伟荣，等 . 生态风险评价研究进展 [J]. 生态学杂志，2009，2：335-341.

[15] 黄宝荣，欧阳志云，郑华，等 . 生态系统完整性内涵及评价方法研究综述 [J]. 应用生态学报，2006，11：2196-2122.

[16] 李谢辉，王磊，李景宜 . 基于 GIS 的渭河下游河流沿线区域生态风险评价 [J]. 生态学报，2009，3：5523-5534.

[17] 王敏，阮俊杰，王卿，等 . 上海市滩涂生态系统服务功能价值评价 [A]//2011 中国环境科学学会学术年会论文集（第三卷）[C]. 2011：2864-2871.

[18] 马世骏，王如松 . 社会 - 经济 - 自然复合生态系统 [J]. 生态学报，1984，4：1-9.

[19] 王如松 . 复合生态系统理论与可持续发展模式示范研究 [J]. 中国科技奖励，2008，4：21.

[20] 熊丽君 . 上海市浦东北部区域主体功能区划研究 [J]. 环境科学学报，2010，10：2116-2125.

[21] 卢宏玮，曾光明，谢更新，等 . 洞庭湖流域区域生态风险评价 [J]. 生态学报，2003，12：2525.

[22] 吴银彪．生物富集导致的食品污染与危害 [J]. 环境与健康，1999，10：45-46.
[23] 夏星辉，周劲松，杨志峰，等．黄河流域河水氮污染分析 [J]. 环境科学学报，2001，9：563-569.
[24] 袁和忠，沈吉，刘恩峰．太湖重金属和营养盐污染特征分析 [J]. 环境科学，2011，3：648-657.
[25] 崔保山，杨志峰．湿地生态系统健康研究进展 [J]. 生态学杂志，2001，6：31-37.
[26] 王辉民，高菊红，李翔．基于危险化学品储存的区域生态环境风险评价 [J]. 中国安全科学学报，2008，3：154-160.
[27] 杜军，杨青华．基于土地利用变化和空间统计学的区域生态风险分析——以武汉市为例 [J]. 国土资源遥感，2010，6：102-106.
[28] 许学工，林辉平，付在毅．黄河三角洲湿地区域生态风险评价 [J]. 北京大学学报：自然科学版，2001，1：111-120.
[29] Moraes R，Landis W G，Molander S. Regional risk assessment of a Brazilian rain forest reserve[J]. Human and Ecological Risk Assessment，2002，8：1779-1803.
[30] 欧阳志云，王如松，赵景柱．生态系统服务功能及其生态经济价值评价 [J]. 应用生态学报，1999，10：635-640.
[31] 段飞舟，任景明．区域生态风险评价及其在战略环评中的应用 [J]. 环境工程技术学报，2011，1：72-74.
[32] Hunsaker C T，Graham R L，Suter G W，et al. Assessing ecological risk on a regional scale[J]. Environmental Management，1990，12：325-332.
[33] 张思锋，张立，张一恒．基于生态梯度风险评价方法的榆林煤炭开采区生态风险评价 [J]. 资源科学，2011，10：1914-1923.

第七章

区域开发生态风险表征与评价

在前两章风险源识别和受体分析的基础上，本章主要介绍针对区域开发生态风险进行的定性评估和定量评价的一些基本思路和常用方法。区域开发生态风险评价是一个包含风险源辨识、受体分析的有机整体。而如何将二者之间进行有机的整合，梳理清二者的潜在逻辑关系，构建风险源与受体之间的定性或定量描述就成为完成区域开发生态风险评价的重要工作。本章第一节将对风险表征的基本概念和原理进行介绍。第二节和第三节将分别介绍对污染累积类风险、资源开发类风险、空间占用类风险进行的定性评估和定量评价。第四节主要介绍如何运用模型对综合类风险进行风险评价与表征。

第一节　风险表征的基本概念和方法

风险表征是对暴露于各种风险源作用下的受体的有害生态效应的综合判断和表达。通过综合判断胁迫因子的强度与受体的耐受性判断风险的大小，当胁迫因子的强度超过受体的耐受性就意味着生态风险的发生。因此，进行风险表征首先需要对风险源释放的胁迫因子进行甄别，对胁迫强度进行判断。在此基础上，选取风险受体的结构、功能中的某个特征指标作为对风险源的响应指标，并确定该指标的生态终点，生态终点的确定就是受体耐受性的底线判定。

一、风险源的表征

风险源的表征包括胁迫因子的选择和胁迫强度的确定。

污染累积类风险源的表征指标较容易选取，可以直接选择区域开发活动向外环境排放的污染物作为表征指标。污染物的排放量及排放浓度作为风险源的胁迫强度。如《北部湾经济区沿海重点产业发展战略环境评价研究》中预测了区域开发产生的入海污染物量："理想情形下区内主要污染物入海量明显持续上升。其中 COD、氨氮和石油类，中期较 2007 年分别增加 23.5%、30.1% 和 152.8%；远期较 2007 年分别增加 45.9%、57.3% 和 230.6%。"

资源开发与消耗型风险源可分为生物资源和非生物资源的开发与消耗两个角度。非生物资源则主要指水资源的开发。由于矿产资源的减少并不会产生生态风险，矿产资源开发造成的生态风险主要体现为污染物排放和空间占用，因此矿产资源不归入资源开发与消耗风险源中。水资源的开发在风险源上可通过调水量、用水量、水资源的时空分布来表征。生物资源的表征可通过生物资源的开发强度来表征，如每年渔获量、每平方公里载畜量等。

生态空间占用的风险源表征与占用空间的生态服务功能密切相关，其风险源的表征可通过生态空间占用的面积及占整个生态服务提供空间的百分比来表征。

二、风险受体的表征

风险受体的表征包括受体响应因子的确定和生态终点的确定。风险受体的选择应以风险源为依据，风险受体的选择应突出对风险源的响应。

污染累积类风险受体的表征可采用污染物在环境中的浓度，污染物的生态终点或阈值可采用环境质量标准或环境容量。污染累积的生态系统受体选择可参见第六章。

资源开发类中的生物资源开发类风险受体可选择生物资源的种群数量和种群密度。另一类生物资源耗竭风险则来源于人类对某类生物资源的开发利用影响到其他生物资源，导致生态失衡，其生态重点为物种多样性下降、栖息地减少、景观破碎化、景观连通度下降、水土流失增加、土壤肥力下降、生态系统服务功能下降等，如大规模速生桉树林种植造成的区域生态失衡。水资源开发利用的受体通过水质、调水量、用水量、水资源的时空分布来表征。

空间占用的受体分析主要用占用空间的生态服务功能来表征。生态系统主要的生态服务功能包括产品提供、涵养蓄水、土壤保持、生物多样性维持等四大方面。

1. 产品提供

$$V_P=\sum S_j\cdot V_j\cdot P_j \tag{7-1}$$

式中，V_p 为流域森林生态系统提供产品总价值；S_j 为第 j 种森林类型或果品的分布面积；V_j 为第 j 种森林类型单位面积净生长量或产量；P_j 为第 j 种森林类型木材或果品的市场价格；j 表示不同的森林类型。

2. 涵养蓄水

（1）森林生态系统

$$V_w=P_w\cdot\sum_{j=1}^{m}(K_{fj}+K_{lj}+K_{sj})\cdot S_j \tag{7-2}$$

式中，V_w 是涵养水源总价值；P_w 为单位面积修建水库的市场价格；K_{fj} 为第 j 类森林类型单位面积冠层截留降水的能力；K_{lj} 为第 j 类森林类型单位面积枯枝落叶层含水的能力；K_{sj} 为第 j 类森林类型单位面积土壤储水的能力；其他同上。

（2）草地生态系统

$$V_w=P_w\cdot Q$$

$$Q=\sum_{i=1}^{n}S_i\cdot J_i\cdot R=\sum_{i=1}^{n}S_i\cdot J_{0i}\cdot K\cdot R \tag{7-3}$$

式中，V_w 为涵养水源的价值量；P_w 为水库造价；Q 为与裸地相比较，草地生态系统截留降水、涵养水分增加量；J 为该流域多年均产流降雨量（$P > 20$ mm）；J_0 为流域多年均降雨总量；K 为流域产流降雨量占降雨总量的比例；R 为与裸地比较，草地生态系统截留降水、减少径流的效益系数；i=1，…，n 为降雨量 J_0 分区数；其他同上。

3. 土壤保持

（1）水土流失

$$A = R \cdot K \cdot LS \cdot C \cdot P \tag{7-4}$$

式中，A 为年土壤流失量；R 为降雨侵蚀因子；K 为土壤可蚀性因子；LS 为坡长坡度因子；C 为植被覆盖因子；P 为水土保持措施因子。

（2）防风固沙

$$Q = \iiint_{t\,x\,y} \left\{ 3.90\left(1.041\,3 + 0.044\,1\theta + 0.002\,1\theta^2 - 0.000\,1\theta^3\right) \cdot \left[V^2\left(8.2 \times 10^{-5}\right) \cdot V_{\mathrm{CR}} \cdot S_{\mathrm{DR}}^2 / \left(H^8 \cdot d^2 \cdot F\right)_{x,y,t} \right] \right\} d_x d_y d_t \tag{7-5}$$

式中，Q 为风蚀流失量；V 为风速；H 为空气相对湿度；V_{CR} 为植被盖度；S_{DR} 为人为地表结构破损率；d 为颗粒平均粒径；F 为土体硬度；θ 为坡度；x 为距参照点距离；y 为距参照点距离；t 为时间。

4. 生物多样性维持

（1）生境质量

$$Q_{xj} = H_j \left(1 - \left(D_{xj}^z \Big/ D_{xj}^z + K^z \right) \right) \tag{7-6}$$

式中，Q_{xj} 为土地利用与土地覆盖 j 中栅格 x 的生境质量；K 为半饱和常数；H_{j} 为土地利用与土地覆盖 j 的生境适合性。D_{xj} 为土地利用与土地覆盖或生境类型 j 栅格 x 的生境胁迫水平，公式为：

$$D_{xj} = \sum_{\gamma=1}^{R} \sum_{y=1}^{Y_\gamma} \left(w_\gamma \Big/ \sum_{\gamma=1}^{R} w_\gamma \right) \gamma_y i_{\gamma xy} \beta_x S_{j\gamma} \tag{7-7}$$

式中，W_γ 为胁迫因子的权重，表明某一胁迫因子对所有生境的相对破坏力；β_x 为栅格 x 的可达性水平，1 表示极容易达到；S_{jr} 为土地利用与土地覆盖（或生境类型）j 对胁迫因子 γ 的敏感性，该值越接近 1 表示越敏感。

栅格 y 中胁迫因子 γ（γy）对栅格 x 中生境的胁迫作用为 $i_{\gamma xy}$，其计算公式为：

$$i_{\gamma xy} = 1 - \left(\frac{d_{xy}}{d_{\gamma\max}} \right) \text{（线性）} \tag{7-8}$$

$$i_{\gamma xy} = \exp\left(-\left(\frac{2.99}{d_{\gamma\max}} \right) d_{xy} \right) \text{（指数）} \tag{7-9}$$

式中，d_{xy} 为栅格 x 与栅格 y 之间的直线距离，$d_{\gamma\max}$ 是胁迫因子 γ 的最大影响距离。

（2）生境稀缺性

$$R_x = \sum_{x=1}^{X} \sigma_{xj} R_j \tag{7-10}$$

式中，R_x 为栅格 x 的稀缺性，如果栅格 x 在土地利用与土地覆盖 j 中，σ_{xj} =1。

$$R_j = 1 - \frac{N_j}{N_{j,\text{baseline}}} \quad (7\text{-}11)$$

土地利用与土地覆盖 R_j 值越接近 1，土地利用与土地覆盖受到保护的可能性越大，如果土地利用与土地覆盖 j 在基线景观格局下消失，则 $R_j=0$；N_j 为当前土地利用与土地覆盖 j 的栅格数；$N_{j,\text{baseline}}$ 基线景观格局下土地利用与土地覆盖 j 栅格数。

三、风险表征的基本方法

目前风险表征方法主要有以下四种。

（1）商值法

商值法实质上是“常识性”方法，用同一化学物质特定毒理学终点的浓度与估计的环境浓度之比得到：商值 = 估计的环境浓度 / 毒理学终点浓度，当商值接近或超过 1 或更大，则说明环境中毒理终点的危险性出现。如商值小于 1 则说明危险较小。该方法的缺点是在小范围的研究结果很难推移到大尺度上，不能反映异质性区域景观整体情况。

（2）暴露 - 反应法

该方法是通过估测某种污染物的暴露浓度产生某种效应的数量，确定暴露 - 反应关系，做出暴露 - 反应曲线，进而估测风险值的大小。该方法的不足是对于一些非化学性毒物因子，不能很好的做出暴露 - 反应曲线，不能准确估测其风险。

（3）概率模型

该模型是将针对生态风险的发生概率与不利生态影响相乘，然后利用权重求和，对各级各类生态风险进行线性计算。这种方法能够应用于不同类型的风险受体，较好地解决了区域生态系统的多重风险计算问题，但也存在一定的缺陷，不能考虑生态系统各个组成要素的非线性作用方式。

（4）多层次的风险评价法

随着生态风险评价的发展，逐渐形成了一种多层次的评价方法，即连续应用低层次的筛选进行高层次的风险评价。它是把商值法和概率风险评价法进行综合，充分利用各种方法和手段进行从简单到复杂的风险评价。多层次评价过程的特征是以一个保守的假设开始，逐步过渡到更接近现实的估计。低层次的筛选水平评价可以快速地为以后的工作排出优先次序，其评价结果通常比较保守。如果筛选水平的评价结果显示有不可接受的高风险，那么就进入更高层次的评价。更高层次的评价需要更多的数据与资料信息，使用更复杂的评价方法或手段，目的是力图接近实际的环境条件，从而进一步确认筛选评价过程所预测的风险是否仍然存在及风险大小。它一般包括初步筛选风险，进一步确认风险，精确估计风险及其不确定性，进一步对风险进行有效性研究 4 个层次。

第二节　污染累积类风险评价

一、污染累积类风险的定性描述

区域开发活动形式多样，但往往伴随着大量污染物向外环境排放。对于水污染物和大气污染物，国家有明确的污染物排放标准和环境质量标准对其进行严格的要求和规定。目前，很多企业均能做到达标排放，但由于企业布局过于密集，污染物在某个小区域内集中排放。排放的污染物超过了区域的环境自净能力，即超过了区域的环境容量。超过区域环境容量的污染物排放，导致了区域的环境质量持续恶化，原有的生态服务功能受损，进而引起区域开发生态风险的发生。在对污染累积类风险进行评价的过程中，是否超过区域环境自净能力，是否超过区域环境容量是首要评估的问题。如《环渤海沿海地区重点产业发展战略环境评价研究》中研究表明，2007 年环渤海地区 14 个入海国控断面中仅 3 个断面达标，水质超标率近 80%；11 个超标断面中，有 10 个断面的水质为劣Ⅴ类。入海污染物超过近岸海域环境容量的排放直接导致渤海产卵场严重退化、营养级下降、多数经济种群缺失、食物网简单化，生物多样性降低，渤海生态系统总体脆弱。渤海传统优质渔业资源，如带鱼、小黄鱼和对虾等接近枯竭；近岸海域中文昌鱼栖息密度由 2000 年的 285 个 /m^2 下降到 2008 年的 71 个 /m^2。

1. 环境影响积累的分类

很多污染物排放到外环境后随着时间的推移和在空间中的累积往往发生复杂的化学、物理、生物反应和变化，对区域生态系统的结构、过程及功能造成影响。因此我们在进行区域开发生态风险的定性描述时，在关注区域环境容量以及污染物能否达标排放的基础上，还应结合区域生态目标辨识，进一步评价污染物在时间上和空间上的累积影响产生的生态风险。在构建区域开发生态风险评价指标体系的过程中应注重开发活动的累积性影响。累积性环境影响是指一种或多种环境影响在时间和空间上发生叠加、协同、复合等过程所产生的累积效应，重点关注环境影响发生累积的条件、来源、方式及其后果。影响累积可表现为空间上的累积、时间上的累积和效应上的累积。

（1）空间累积定义

空间上累积是指当两个干扰之间的空间间距小于疏散每个干扰所需的距离时，就会产生空间上的累积现象（例如大气污染烟羽的汇合）。

（2）时间累积定义

当两个干扰之间的时间间隔小于环境系统从每个干扰中恢复过来所需的时间时，就会产生时间上的累积现象（例如森林砍伐速度高于林木恢复速度）。

（3）效应累积定义

对单一项目在一段时间的环境影响而言，具有叠加、协同作用和时间滞后、边界扩大等效应。

例如，汽车、工厂等污染源排入大气的碳氢化合物和氮氧化物（NO_x）等一次污染物，在阳光的作用下发生化学反应，生成臭氧（O_3）、过氧乙酰硝酸酯（PAN）等二次污染物。光化学反应过程中一次污染物和二次污染物的混合物造成了光化学烟雾污染。再如，20 世纪 80

年代，天津污灌区土壤中 Cd 含量为 0.588 mg/kg[1]，90 年代天津近郊蔬菜园区土壤表层中 Cd 含量为 0.6 mg/kg[2]，21 世纪初 Cd 含量为 2.11 mg/kg[3]，分析原因表明天津市清静黄河口河岸周边的冶炼厂持续排放的重金属随时间在土壤中形成了累积。

对于污染累积性生态风险定性表征可依据表 7-1 进行评价。

表 7-1 污染累积性生态风险定性表征

污染物类型	生态风险概率		生态风险强度	
	大	小	大	小
常规污染物	超标排放，无环境容量	达标排放，有环境容量	生态目标敏感	区域环境功能要求低
持久性、难降解污染物	生物富集，毒性大	毒性小	排放强度大，生态目标敏感	排放较少，无生态敏感
热污染物	超标排放	达标排放	排放强度大，生态目标敏感	区域环境功能要求低

2．污染累积对生态系统结构的定性表征

对于持久性、难降解污染物对生态系统结构的影响，可从个体、种群、群落到生态系统水平不同组织尺度的不同生态表征进行判断（表 7-2）。对于生态风险评价，生态风险的表征应具有现实的生态学意义或社会意义，具有清晰的、可操作的定义，且易于观测和度量，应综合考虑反映生态系统的结构终点，选择那些具有重要生态意义的生态系统关键过程作为研究对象[4]。如广为人知的双对氯苯基三氯乙烷（DDT）作为十分有效的杀虫剂，曾在全球大范围使用。但随后的研究发现，DDT 在环境中非常难降解，并可在动物脂肪内蓄积。其带来的后果包括鸟类体内 DDT 会导致产软壳蛋而不能孵化，尤其是处于食物链顶极的食肉鸟，如美国国鸟白头海雕几乎因此而灭绝。人体内 DDT 水平升高会导致精子数目减少，已有的医学研究还表明了它对人类的肝脏功能和形态有影响，并有明显的致癌性。

表 7-2 区域开发生态风险在生态系统结构上的强度表征

尺度	生态风险强度表征		
	弱	中	强
个体	行为变化、生理反应变化、血液化学变化	生长下降、对病原体敏感增加、组织生理变化、酶的抑制和诱导、特殊蛋白活性	死亡
种群	生长速度下降、种群分布、产量降低	生物量下降、患病易感性增加、繁殖损伤	死亡率增加
群落	初级生产力下降、次级生产力下降	优势种和衰退种的比例下降	物种多样性下降、水华增加、食物网多样性下降
生态系统	代谢率降低	营养物质循环改变	种群多样性下降

3．污染累积对生态服务功能的定性表征

区域开发活动对区域生态服务功能的影响主要体现为对区域生物多样性保护及产品提供功能的影响。

生物多样性保护：不同地区保护生物多样性的价值取决于濒危珍稀动植物的分布，以及

典型的生态系统分布。因此对于区域开发生态风险对生物多样性保护的定性表征可从开发活动是否污染濒危珍稀动植物生境、是否污染典型生态系统、破坏的比例等方面进行。

产品提供：对于区域开发生态风险对产品提供的定性表征可从开发活动是否占用耕地、草地、林地以及占用的比例等方面进行。如根据国家海洋局公布的资料显示，到2000年年底渤海海域40%的区域已经受到严重污染，整个海域呈现富营养化状态，渤海作为天然海水渔场的功能已经基本丧失。

表7-3　污染累积对生态服务功能的定性表征

生态系统服务功能	影响程度	
	弱	强
生物多样性保护	污染普通动植物生境、污染人工、半人工生态系统	污染濒危珍稀动植物生境、污染典型生态系统、天然生态系统、脆弱生态系统
产品提供	污染一般产品提供区	污染基本农田、污染基本草原、污染重要渔业养殖区

二、污染累积类风险的定量评价

污染累积类生态风险源造成的生态风险是与环境容量相对应的。环境容量是指某一环境区域内对人类活动不造成影响的最大容纳量。大气、水、土地、动植物等都有承受污染物的最高限值，就环境污染而言，污染物存在的数量超过最大容纳量，这一环境的生态平衡和正常功能就会遭到破坏。

1. 水环境容量

水环境容量的测算方法可详见《全国水环境容量核定技术指南》[5]，本书在此不再详述。

2. 大气环境容量

大气环境容量的计算可采用*A*值法。*A-P*值控制法是以《制定地方大气污染物排放标准的技术方法》(GB/T 3840—91)为依据，对区域大气污染进行宏观总量控制的一种方法。它首先利用基于箱模型的*A*值法计算出控制区的某种污染物的理想容量，然后采用*P*值法，在区域内所有污染源的排污量之和不超过上述容量的约束条件下，确定出各个点源的允许排放量。显然，*A-P*值法是一种地区系数法，其最大特点是简单易行，只要给出控制区总面积及各功能区面积，再根据当地总量控制系数就能很快算出该面积上的允许排放总量。

*A*值法计算公式如下：

$$Q=\sum_{i=1}^{n}A(C_{si}-C_{b})\frac{S_i}{\sqrt{S}} \tag{7-12}$$

式中，Q为污染物年允许排放总量限值，即理想大气容量，10^4 t/a；A为地理区域性总量控制系数，10^4 km^2/a；S为控制区域总面积，km^2；S_i为城市第i个分区面积，km^2；C_{si}为第i个区域某种污染物的年平均浓度限值，mg/m^3；C_b为控制区的本地浓度。

如《环渤海沿海地区重点产业发展战略环境评价研究》在综合考虑大气污染物平流扩散、化学转化、干湿沉降净化等因素，采用区域空气质量模式方法测算环渤海沿海地区SO_2容量111.5万t/a。而根据污染源普查数据，2007年环渤海沿海地区排放$SO_2$161.7万t。则可计算出环渤海地区的大气污染风险值。

$$环渤海2007年大气风险值=\frac{SO_2排放量}{SO_2环境容量}=\frac{161.7}{111.5}=1.45$$

计算可知，环渤海 2007 年大气风险值大于 1，该区域存在十分严重的环境风险。从随后几年的实际的监测结果来看，以臭氧和细粒子等为特征的二次污染在环渤海沿海地区的发生频次逐渐增加，区域大气复合型污染已经显现。该地区降水酸化问题日趋恶化，降水 pH 值逐年下降，酸雨频率日增，2007 年大连市酸雨频率达到 51.6%。

3. 重金属污染累积环境影响

土壤中重金属污染预测可采用土壤污染物累积模式：

$$W=K(B+R) \tag{7-13}$$

式中，W 为污染物在土壤中的年累积量，mg/kg；B 为区域土壤背景值，mg/kg；R 为污染物的年输入量，mg/kg；K 为污染物在土壤中的残留率，%。

n 年后，污染物在土壤中的累积量可用下式计算：

$$W_n=BK^n+RK\frac{1-K^n}{1-K} \tag{7-14}$$

式中，R 为冶炼厂排放污染物的年输入量。据研究，一般重金属在土壤中不易被自然淋溶迁移，残留率一般在 90% 左右。

第三节　资源开发类风险评价

一、资源开发类风险的定性描述

区域资源开发对生态系统结构和功能的影响主要体现在水土资源的不可持续使用以及生物资源的不合理开发。对水资源的不合理利用包括水利水电设施开发建设、工农业发展取水等。生物资源的开发主要包括动物驯养、速生林种植、森林砍伐、渔业捕捞和草原放牧等开发活动。土地资源的占用将在空间占用类型分析评价中予以论述。

1. 水资源开发生态风险的定性表征

我国当前的水资源开发引致生态风险主要是对区域流域水资源的过度开发，表现为生产、生活、生态用水配置的不合理、不科学，对区域的生态系统造成影响和破坏。广义上讲，生态用水是指维持生态系统完整性所消耗的水分，它包括一部分水资源量和一部分常常不被水资源量计算包括在内的水分，如无效蒸发量、植物截留量。狭义上讲，生态用水是指维持生态系统完整性所需要的水资源总量。植物、动物的生长所需用水均需达到一定的质量标准，否则将导致植物、动物的生长速度下降、组织生理变化直至死亡。在种群和群落尺度，不同质量的水体也对种群类型、种群分布、种群数量、生产力水平、物种多样性等产生深刻的影响。资源性缺水是指当地水资源总量少，不能适应经济发展的需要，导致供水紧张。资源性缺水是一个相对的概念，其缺水是相对经济发展而言的。而随着区域大规模开发，经济的快速发展，必将进一步加剧对水资源的使用量，从而导致对生态用水的更大占用。

根据区域具体情况可从水量和水质两个层面对水资源进行分析。对水资源的生态风险的分析应从保证生态用水出发，以区域、流域水资源的科学配置作为抓手，突出地下水的生态意义，选取指示生物或湿地面积等指标作为着手点，对区域开发造成的生态风险进行分析和评价。对于水资源开发的生态风险评价，在突出生态用水量减少的同时，应考虑水资源空间调配时下游减脱水段水质恶化的生态风险。由于水资源的空间调配，下游必然出现减脱水段。在排入减脱水段污染物不减少的情况下，由于水量的减少，水体的自净能力下降，水体的水环境容量也相应降低。因此，即使在不增加污染物排放的情况下，也会产生下游排放的污染物超过环境容量，造成生态风险的可能。如引水式电站及跨流域调水均会造成较长的减脱水段。松江河梯级水电站建设中，由于松山引水工程将漫江水引入松江河，使松山坝下河道出现了 60 km 的脱水段。松山坝址多年平均流量为 24.2 m^3/s，平均引用流量 22.73 m^3/s，为坝址处天然平均流量的 93.9%。因此，在松山坝址至石头河口段处形成全脱水段，石头河口以下至抚松镇形成半脱水段。监测结果表明，汤河以上水质为 I 类水体，汤河口以下为Ⅳ类水体。松山引水后，汤河污染水体将作为下游漫江段的主要水体，造成水质恶化，产生了较严重的生态风险 [6]。

表 7-4　水资源生态风险定性表征

生态用水	影响程度	
	弱	强
水量	不影响生态用水水量	严重占用生态用水水量
水质	满足生态用水水质要求	污染生态用水

2．生物资源的定性表征

生物资源的不合理开发主要是指以下三个方面：

1）超过生态承载力的砍伐、捕捞、放牧、采摘挖掘等开发活动。

2）大规模单一物种种植，如大规模成片桉树林种植。

3）外来物种入侵。

与此相对应，以上三种开发活动对于生态风险的传递主要体现为以下三个方面。

1）超过生态承载力的开发，导致区域生态系统的逆向演替。如过度放牧导致的草原生态系统向荒漠化生态系统演变、过度捕捞导致的物种灭绝。

2）单一物种的大规模种植将导致区域生态系统稳定性下降，生物多样性降低。

3）外来物种入侵引起的生态问题，如大米草引发的滩涂生物多样性降低、水葫芦引发的阻碍航运、行洪，水体水质变差等生态问题。

二、资源开发类风险的定量评价

1．水资源开发的生态风险定量评价

区域开发的生态风险评价是为了避免区域开发导致区域生态系统功能降低，背离区域生态保护目标。在水资源开发的生态风险评价中，就体现为评价水资源的开发是否会造成区域生态用水的减少和生态水质的恶化。本节重点从生态用水的水量评价上进行论述，生态用水的水质评价同污染累积性风险的水质评价。当一个区域水资源开发造成的局部水资源量低于生态用水量时，必然在减水区域产生严重的生态风险。如黄河中上游地区局部仍存在非汛期水资源开发利用突破生态底线、工农业用水挤占生态用水现象。根据 2007 年评价区河流断流情况调查，陕西榆林、延安、咸阳、渭南的北洛河、泾河、无定河等支流，山西忻州、临

汾、运城汾河，受非汛期河川径流量减少、生态用水配置不合理、生态流量过程无法保证影响，非汛期部分时段出现断流，产生了严重的生态问题。经济、社会、生态环境与水量的矛盾，主要为经济增长必然要打破原有的水资源供需平衡关系和环境生态的平衡关系，需要更多的水资源和更大的环境容量。但长期以来，在水资源开发利用中，城市和工业用水挤占农业用水，农业用水又挤占生态用水的现象已非常严重[7]。为了保证水资源的可持续利用及生态系统的健康、稳定、可持续发展，首先应满足河流、湖泊和湿地生态系统对水量的需求。因此，在进行区域开发生态风险评价时，对区域的生态用水的定量评价对于区域开发活动的管理具有十分重要的作用。

《中国可持续发展水资源战略研究综合报告》指出：广义上的生态用水是指维持全球生物地理生态系统水分平衡所需用的水，包括水热平衡、水沙平衡、水盐平衡等；狭义上的生态用水是指为维护生态系统功能不再恶化并逐渐改善所需要消耗的水资源总量。报告中明确地指出了生态用水应该以生态环境现状作为评价的起点，而不是以天然生态环境为尺度进行评价。生态用水是以生态系统为依托的，而生态系统是生物与非生物（环境）之间相互关联的综合体。生态用水是指为改善或维持现状生态系统中的生物之间、非生物之间及生物与非生物之间的平衡所消耗的水，它具有水量和水质两方面的要求。生态用水是一个区域范围内可持续发展的概念。

生态用水的分类系统见表 7-5[8]。降水性生态用水是指其水分来源完全靠降水补给，而径流性生态用水的水分来源靠径流和降水共同补给。前者不受水资源开发利用的影响，但它直接影响径流的形成和分配，间接占用狭义水资源，而后者则受水资源开发利用的影响。对于未指明是降水性还是径流性的，均属于径流性生态用水。

(1) 河道外生态用水的计算方法

对于降水性生态用水类型而言，通常是计算其生态减水，而对于径流性生态用水类型而言，通常是计算其生态补水。

1）水土保持生态用水的计算方法

由于水土保持措施一般不进行灌溉，计算水土保持生态总用水没有实

表 7-5 生态用水分类系统

一级分类（依据空间位置不同）	二级分类（依据生态系统类型不同）	三级分类（依据生态功能不同）
河道内生态用水	河道生态用水	生态基流用水
		冲沙用水
		稀释净化用水
	河口生态用水	冲淤保港用水
		防潮压咸用水
		河口生物用水
河道外生态用水	水土保持生态用水	降水性人工造林（乔灌）用水
		降水性人工种草用水
		降水性淤地坝坝地用水
		降水性梯田用水
	防护林草生态用水	降水性农田防护林用水
		径流性农田防护林用水
		降水性防风固沙林用水
		径流性防风固沙林用水
		其他降水性防护林草用水
		其他径流性防护林草用水
	城市生态用水	绿地用水
		河湖用水
		环境卫生用水
	湖泊生态用水	最小水位用水
		水生植物用水
		稀释净化用水
	湿地生态用水	生物栖息地用水
		沿岸带及沼泽湿地用水
		稀释净化用水
	地下水回灌生态用水	地下水回灌用水

际意义，而有意义的是计算水土保持间接占用狭义水资源的量，可采用定额法计算：

$$W_k = \frac{1}{10\,000} q_k \times A_k \tag{7-15}$$

式中，W_k 为第 k 类水土保持措施生态用水量，或称生态减水量、生态占用水量，万 m^3；q_k 为第 k 类水土保持措施生态用水定额（或称生态占用水定额），m^3/hm^2，k 为梯田、坝地、造林、种草等，q_k 值可采用水保法，根据典型径流小区试验资料，经过消除大区（流域）和小区的点面差异和地区差异而确定；A_k 为第 k 类水土保持措施有效保存面积，hm^2。

2）植被生态用水的计算

水土保持造林种草和防护林草生态用水的计算方法相同，可统称为植被生态用水计算方法。植被生态用水计算方法分为两种：一是径流性植被生态用水计算方法；二是降水性植被生态用水计算方法。

①径流性植被生态用水计算方法

通常是计算生态补水，采用定额法

$$W_i = \frac{1}{10\,000} q_i \times A_i \tag{7-16}$$

式中，W_i 为第 i 类植被年平均生态用水量，或称生态补水量，万 m^3；q_i 为第 i 类植被年平均灌溉定额，m^3/hm^2，i 为乔木、灌木、草本；A_i 为第 i 类植被面积，hm^2。

q_i 值可按下式确定：

$$q_i = 10\left(ET_i - P_i\right) \tag{7-17}$$

式中，ET_i 为第 i 类植被年平均蒸散发量，mm，可通过实验或下式确定；P_i 为第 i 类植被生长期年平均降水量，mm，当 $ET_i < P_i$ 时，不需要灌溉。

$$ET_i = k_i \times ET_0 \tag{7-18}$$

式中，k_i 为第 i 种植物系数；ET_0 为参考植物蒸散量，mm，其值只与气象因素有关，ET_0 可采用国际粮农组织（FAO）推荐的彭曼 - 蒙蒂斯（Penman-Monteith）方法计算。

② 降水性植被生态用水计算

通常是计算生态减水，有两种计算方法，一种是定额法，另一种是水保法。水保法参见水土保持生态用水计算方法。采用定额法：

$$W_j = \frac{1}{10\,000} q_j \times A_j \tag{7-19}$$

式中，W_j 为第 j 类植被年平均生态用水量，或称生态减水量、生态占用水量，万 m^3；q_j 为第 j 类植被年平均生态用水定额（或称生态占用水定额），m^3/hm^2，j 为乔木、灌木、草本；A_j 为第 j 类植被面积，hm^2。

3）城市生态用水的计算

①城市绿地生态用水的计算

通常是计算生态补水，采用定额法：

$$W_{绿地} = \frac{1}{10\,000} q_{绿地} \times A_{绿地} \tag{7-20}$$

式中，$W_{绿地}$ 为绿地生态用水量，或称生态补水量，万 m^3；$q_{绿地}$ 为绿地灌溉定额，m^3/hm^2；$A_{绿地}$ 为绿地面积，hm^2。

城市绿地一般可分为行道树和草坪，多数情况下行道树和草坪混种，因此，二者容易区分的城市可将细分为 $q_{行道树}$和 $q_{草坪}$，而二者不容易区分的城市可取其平均值，即定额仍为 $q_{绿地}$。

②城市河湖生态用水计算

采用水量平衡法。

水面蒸发量：

$$Q_e = 10 \times A \times E \tag{7-21}$$

式中，Q_e 为水面蒸发消耗量，m^3；A 为水面面积，hm^2；E 为当地蒸发能力，mm。

水体渗漏量：

$$Q_s = 10 \times A \times r \tag{7-22}$$

式中，Q_s 为水体渗漏量，m^3；A 为水面面积，hm^2；r 为年渗漏水深，mm（按照河湖河床上沉积物的渗透系数计算）。

河湖总需水量：

$$Q_h = Q_e + Q_s + V \times f \tag{7-23}$$

式中，Q_h 为城市河湖总需水量，m^3；V 为城市河湖水体体积，m^3；f 为换水周期，次/a。

③ 市环境卫生生态用水

按照定额法计算：

$$W_{环卫} = A_{环卫} \times q_{环卫} \tag{7-24}$$

式中，$W_{环卫}$为城市环境卫生生态用水量，m^3；$A_{环卫}$为建城区面积，hm^2；$q_{环卫}$为环境卫生用水定额，m^3/hm^2，采用历史资料和现状调查法确定。

（2）河道内生态用水的计算方法

河道内生态用水的计算可以用历史流量评估法。历史流量评估法是基于河流历史记录的流量特征，一般认为历史流量足以展现河流生态系统在自然状态（生态平衡）下的正常运行模式。河川生物因长期适应流量变化，所以评估是采用河川平均流量的百分比或采用日流量历时曲线的某个概率流量，即可代表维护该生态系统最低保护标准的流量。如 Tennant 法[9] 就是研究鱼类在不同年平均流量百分比时的生活状态，进而归纳出河川年平均流量的 10% 为维持河流生态功能的低限，定为河流的基础流量。Jowett[10] 也曾采用几年一遇之枯水流量、日流量延时曲线大于 96% 为生态基流量。日本采用集水面积大小来估算生态基础流量的方法[11]，其估算标准为每 100 km^2 集水面积维持 0.67 cm/s 为生态基础流量。该法在水文资料缺乏的流域是一种简捷的算法，但在水系复杂的流域估算值则难以反映整体河流生态系统的基本需求。

（3）流域或区域生态用水的计算

流域或区域河道外生态用水包括两类：生态减水和生态补水。前者不参与水资源供需平衡分析，而后者则参与水资源供需平衡分析，因此二者不能直接相加，要分别计算。

2．生物资源开发的生态风险定量评价

生物资源开发的生态风险定量评价可使用与以下几个指标相近的计算方式予以说明。

（1）森林采伐指数

用来衡量人类活动对森林的干扰强度，计算公式为：

$$森林采伐指数 = \frac{评价区伐木体积}{评价区森林木材总蓄量} \times 100\% \tag{7-25}$$

（2）单位草地面积羊单位

用于评价草地承载牲畜的状况，是反映草地生态受胁强度的一个指标。计算公式为：

$$单位草地面积羊单位=\frac{羊单位数}{评价区域草地面积}\times 100\% \quad (7\text{-}26)$$

（3）总允许渔获量

主要根据渔业资源的再生能力，特别要根据当前资源量水平所能承受的捕捞强度和渔获量予以确定。总允许渔获量是在一个给定的捕捞期限内（一年、一个渔汛等），为了将捕捞努力量限制到某一预先确定的水平（如通常以$f_{0.1}$或f_{MSY}等作为限制的捕捞努力量水平），而限定从一个(或几个)渔业资源中允许捕捞的总渔获量。确定总允许渔获量是控制捕捞努力量的一种间接方法，是在剩余产量模式的基础上推算出来的。它是以渔获量与平均资源量和捕捞量f、捕捞死亡系数F的关系式$Y=F\bar{B}=qf\bar{B}$的基本假设为依据，若资源量一定，限定渔获量即自然限制了捕捞努力量f和捕捞死亡水平F（图7-1）。若当前渔业状况属于捕捞过度，其捕捞努力量f超过最大持续产量相对应的捕捞努力量f_{MSY}，即$f>f_{MSY}$。为了将捕捞努力量限制到f_{MSY}水平，则应以TAC_{MSY}作为总允许渔获量。此TAC_{MSY}即为生物学允许渔获量。如要将捕捞努力量限制到$f_{0.1}$水平，则应以$TAC_{0.1}$作为总允许渔获量。采用总允许渔获量作为渔业管理措施，对长寿命的稳定资源要比短寿命的不稳定资源更为合适。

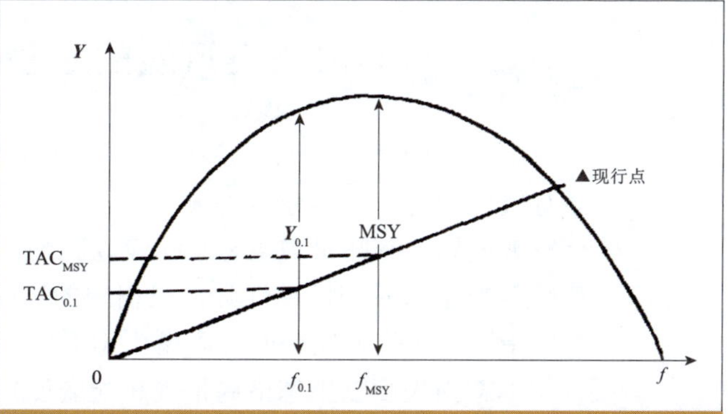

图 7-1　渔获量与捕捞努力量关系

第四节　空间占用类风险评价

一、空间占用类风险的定性描述

任何生态系统都建立在一定的空间基础上，而区域开发最本质的开发就是对区域土地的开发，是对区域土地利用性质的改变。因此生态空间的保护与区域开发成为一对十分尖锐的矛盾，是造成区域生态风险的直接原因之一。开发活动之前的天然、半天然的生态系统被人工生态系统所代替，原有的生态服务功能消失。从对生态系统结构影响的角度来看，即生物个体、种群、群落生活所必需的生长环境、栖息环境、繁殖空间、捕食环境等遭到破坏，进而导致个体、种群、群落的死亡或是消失。大量研究表明，全球物种灭绝的最大原因除了乱捕滥杀以外就是人类对物种的生活环境造成破坏。

区域开发活动除了直接占用生态空间对生态系统造成生态风险以外，还体现出跨空间、放大型的生态影响特征。一些在生态学上具有重要价值的区域，如自然保护区、森林公园等往往发挥着更大的生态服务功能，对生态系统稳定起到十分关键的作用。如果这类区域遭到占用和破坏则会对更大区域的生态系统造成影响，如上游水土保持林遭到砍伐，则该区域开发活动造成的生态风险不仅仅局限于对砍伐区域的生物栖息环境的破坏，其更大的生态风险体现为对下游地区造成的洪水风险。因此，这些具有重要生态服务功能的生态空间是区域开发生态风险评价中需要重点关注的区域。

对于生态空间胁迫空间传递的定性表征可从全国生态功能区划中着手。首先判断开发区域的主要生态服务功能，在此基础上辨识区域开发活动所占用的生态空间与生态功能区划的相关性，即判断开发活动所占用土地的生态服务功能是否为生态功能区划中的主要、主导的生态服务功能。进而，根据区域开发生态风险在生态系统功能上的表征做进一步的研究和分析（表 7-6）。

表 7-6 生态空间胁迫生态风险定性表征

生态风险类型	生态风险强度	
	弱	强
生态空间占用	不占用重要生态功能区	占用自然保护区、森林公园、水源保护区、风景名胜区等生态敏感区、占用重要生态功能服务区

二、空间占用类风险的定量评价

由于不同景观生态系统在维护生物多样性、保护物种、完善生态系统的结构和功能等方面有较大差异，各类景观生态系统对环境扰动的相对耐受程度各异，对外界干扰抵抗能力也有较大差异。有些景观生态系统较为脆弱，对外界干扰敏感，在风险源作用下极易受到损害，有些景观生态系统抗逆性强，在相同的风险源作用下仍能保持其基本的功能。评价以生态损失度指数表示遭遇灾害时各类型生态系统所受到的生态损失及可能的损失程度。

生态损失度以生态格局指数和脆弱度指数来衡量。

（1）景观格局指数

生态格局指数反映生态系统的人为干扰强度及生态稳定性，可选择景观破碎度 C_i、景观分离度 S_i、优势度 Do_i 作为测度景观格局的指数，通过各指数简单叠加反映各受体受到干扰的程度，计算公式为：

$$E_i=aC_i+bS_i+c\mathrm{Do}_i \tag{7-27}$$

其中景观破碎度公式为：

$$C_i=\frac{n_i}{A_i} \tag{7-28}$$

式中，C_i 为景观 i 破碎度；n_i 为景观 i 斑块数；A_i 为景观 i 总面积。

景观分离度公式为：

$$S_i=\frac{D_i}{a_i},\quad D_i=\frac{1}{2}\sqrt{n_i/A},\quad a_i=\frac{A_i}{A} \tag{7-29}$$

式中，S 为景观 i 的分离度；D_i 为景观 i 的距离指数；n_i 为景观 i 的斑块数；a_i 为景观 i 的面积指数；A_i 为景观 i 的总面积；A 为景观总面积。

优势度公式为：

$$\mathrm{Do}=\frac{(R_d+R_f)/2+L_p}{2}\times 100\% \tag{7-30}$$

式中：

$$\text{密度}R_d=\frac{\text{景观}i\text{的斑块数目}}{\text{景观斑块总数}}\times 100\% \tag{7-31}$$

$$频率R_f=\frac{景观i出现的样方数}{总样方数}\times 100\%\tag{7-32}$$

$$景观比例L_p=\frac{景观i的面积}{样地总面积}\times 100\%\tag{7-33}$$

（2）脆弱度指数

生态脆弱度表示景观生态系统对外界施加胁迫或干扰的抵抗力，反映了不同景观生态系统的敏感度。脆弱度指数也体现了不同生态系统的易损性，可根据不同景观生态系统的敏感度和抗干扰能力，赋以脆弱度指数值。

评价过程要结合评价区生态环境特点，考虑到湿地生态系统位于水陆交错带，对外界干扰极为敏感；荒漠生态系统结构简单，生态稳定性差，生态系统极为脆弱；草地生态系统食物链结构简单；受人为干扰极易发生退化，也是较脆弱的一类生态系统；而城市生态系统受人为作用强，可以通过管理输入负熵的生态系统类型，往往比其他生态系统类型更为稳定。按此特点，对评价区景观类型赋以脆弱度指数并进行归一化处理，得到各自的脆弱度指数。

（3）生态损失度指数

不同景观生态系统由于脆弱程度各异，受人类干扰的强度不同，在相同风险下，不同景观生态系统生态损失度也不同。本次评价以景观格局指数 E_i 和脆弱度指数 F_i 的乘积表示生态损失度 R_i，即：

$$R_i=E_i\cdot F_i\tag{7-34}$$

战略生态风险综合生态损失度计算式为：

$$\mathrm{ER}=\sum_{i=1}^{N}\frac{S_{ki}}{S_k}R_i\tag{7-35}$$

式中，ER 为生态风险综合指数；N 为第 k 个风险小区 j 类景观组分的面积；S_k 为第 k 个风险小区总面积。

第五节　综合类风险评价

现实开发活动的生态风险不能简单归纳为污染累积类、资源开发类和空间占用类。其产生的生态压力往往包括三者中的两种，甚至包括完整的三类风险源。因此对包括多种风险源的生态风险评价就需要综合三种风险表征的方法。

一、区域生态风险综合评价概念模型

1. 指标选取的理论依据

区域开发生态风险是在已知区域开发活动及其对生态系统产生影响的前提下，由开发活动引起生态系统结构变化，经过生态过程传递，最终反映在生态系统功能降低，从而背离区域生态保护目标的可能性。因此，区域开发生态风险评价的对象主要是开发区域生态系统结构的完整性和稳定性、生态系统功能的可持续性和主要过程的可持续性等[12]。区域生态风险评价具有两方面特性：一个是整体性，依据生态系统整体性的基本原理（整体大于部分之和），区域生态风险评价应对地域空间内多种生态系统组成的空间载体进行综合风险的考量，而不是对各类生态系统风险评价结果的简单加和，其评价结果可反映区域整体的风险水平[13]；另一个是空间异质性，区域生态风险评价的受体和风险源在区域内存在空间异质性，即不同风险源在整个区域内的风险强度范围不同，同一风险源对区域内不同类型的生态系统以及相同类型不同区位的生态系统的危害结果不同，这种地域分异现象在非区域风险评价中不必考虑，而在区域生态风险评价中却至关重要[14]。考虑到生态系统的空间异质性，可借助 RS 和 GIS 技术将区域尺度的空间范围分解成小尺度的空间单元，首先评价每个空间单元上的生态风险，再将评价结果表达在区域尺度上，实现区域生态风险评价。空间单元的风险评价主要包括两方面内容：其一为基于风险源的综合风险概率评价；其二为基于受体的生态损失程度评价。在此基础上计算区域生态风险指数[4]。

2. 区域开发生态风险评价指标体系

区域开发生态风险评价指标体系可由生态风险指数、生态损失度和生态系统脆弱性 3 个层次的指标体系构建。其中，生态风险指数由两方面指标来体现，即风险概率和生态损失度指数。风险概率的计算多基于数据观测结果；而生态损失程度（用生态损失度指数度量）取决于不同生态系统在维持区域生态结构和功能方面的作用（用生态指数来度量），以及该生态系统的脆弱性（用脆弱性指数来度量）。

将单一风险源类型的风险评价扩展到多类型风险源评价时，体现生态风险整体性的一个环节就是将各风险源类型的风险对区域风险的贡献率进行权重赋值，即风险指数，风险指数也可通过指标体系的方法来确定。脆弱度指数也可通过指标体系的方法来确定，但由于生态指数计算中所选用的指标也是影响脆弱性程度的重要因素，为了避免重复并有所区别，脆弱度指数更多侧重于相对性度量。确定方法可首先根据水热条件、地理位置及相关研究成果进行人为判断，将每两个生态系统之间的相对损失程度进行量化，量化结果排列成矩阵，计算矩阵的特征向量，即可得到不同区域内不同生态系统的脆弱度指数。

二、“相对风险模型”在区域开发生态风险评价中的应用

林浆纸产业的发展需要配套相应的速生林基地，而林基地的选址属于空间占用类风险源、林基地农药和化肥的施用属于污染累积类风险源、速生林对土壤中水分的汲取属于资源开发类风险源。因此，林基地的建设包括了三种生态风险源，具有综合类生态风险评价的典型特征。本节以林浆纸产业为例，评估其对陆生生态系统产生的相对风险，根据相对风险模型和 GIS 辅助工具得到其风险表征，采用相同的分析方法和模型，分析其他重点产业的生态风险，经过 GIS 空间分析，得出经济区重点产业发展生态风险分级分区结果。

1. 模型介绍

相对风险模型（Relative Risk Model，RRM）是 Landis 和 Wiegers 于 1997 年提出的一种区域复合压力风险评价模型[15]。RRM 模型通过分析风险源、受体和生态终点的相互作用关系，采用分级系统对研究区内各类风险源及生态系统进行等级评定。RRM 得到的生态风险关系是一种相对风险关系，可用于区域内不同评价小区间风险程度的比较。

RRM 自出现以来，国外相继开展了多个实例应用研究工作，均证明了它的实用性。在国

内，针对该模型的应用和研究较少，王小龙[16]将该方法引入到海岛生态系统风险评价中，付光辉[17]将该方法引入到土地整理的生态风险评价中。采用 RRM 模型评价区域生态风险反映的是生态风险在不同区域间的空间差异，该生态风险值是一个相对的数值，其数值大时并非代表风险源在生态系统中的释放或引起的绝对暴露量就大。

由于仅考虑浆纸林基地建设和管理过程中的风险源，不考虑自然风险源和其他人类活动风险源，在使用 RRM 分析的过程中，部分生境如建设用地、天然林地、耕地等几乎不受浆纸林基地建设、风险源的影响，因此，本次评价引进“敏感因子风险度”的概念，并将其应用于区域浆纸林基地建设生态风险评价。

2. 模型基本公式

RRM 模型通过综合计算区域敏感因子风险度、权重、暴露系数和响应系数之积，累积计算区域的相对风险。

风险计算公式采用下式计算：

$$R_S=\sum\left(S_{ij}\times H_{jl}\times X_{jl}\times E_{im}\right) \tag{7-36}$$

式中，R_s 为相对风险值；i 为风险敏感因子的标号；j 为风险源类型的标号；m 为生态终点类型的标号；S 为敏感因子风险度；H 为风险源压力密度；X 为风险源 - 受体暴露途径的暴露系数；E 为受体 - 生态终点的响应系数。

风险管理是浆纸林基地建设生态风险评价的重要组成部分。根据 RRM 模型评价结果，针对不同的区域、不同的风险敏感因子或风险源提出风险规避的方法和手段，以达到降低区域风险的目的。浆纸林基地建设生态风险评价的风险管理对于浆纸林基地生态环境的保护以及基地的可持续开发利用具有重要指导意义。

3. 风险源压力密度

表 7-7 列出了分析的风险源在经济区的分布情况，采用归一化方法计算风险源压力密度，除“受保护区所占比例”“地被物归还比例”为逆指标外，其他均为正指标。风险源压力密度见表 7-7。

对于正指标：

$$y_{ij}=\frac{x_{ij}-\min(x_i)}{\max(x_i)-\min(x_i)} \tag{7-37}$$

对于逆指标：

$$y_{ij}=\frac{\max(x_i)-x_{ij}}{\max(x_i)-\min(x_i)} \tag{7-38}$$

对于区间型指标：

$$y_{ij}=1-\frac{\left|\bar{x}_i-x_{ij}\right|}{\max\limits_{i=1\cdots m}\left|\bar{x}_i-x_{ij}\right|} \tag{7-39}$$

式中，y 为风险源压力密度；x 为风险源；x_i 为第 i 种风险源标号；x_{ij} 为第 i 种风险源在 j 小区的强度；y_{ij} 为第 i 种风险源在 j 小区的风险源压力密度。

表 7-7 经济区各类风险源压力密度归一化数据

地区	风险源								
	整地			抚育					采伐（每年）
	林基地选址		林地清理	速生林的生长		肥料使用	森林病虫害	地被物归还比例	
	未利用土地所占比例	受保护区域所占比例		桉树种植面积占商品林面积比	桉树种植需水量占供水量比	幼林期桉树施肥量			
	空间占用类			空间占用类	资源开发类	污染累积类	空间占用类	资源开发类	
广西	0.00	0.17	1.00	1.00	1.00	1.00	0.50	0.00	0.00
粤西	1.00	0.00	0.50	0.00	0.00	0.00	0.50	1.00	0.00
海南	0.35	1.00	0.50	0.85	0.41	0.11	0.50	0.00	0.00

4. 风险源敏感因子确定与敏感度评价

采用 RRM 模型对经济区浆纸林基地建设生态风险进行评价，应对区域内的风险源、受体等进行压力的判断与分析。目前，采用 RRM 模型对区域生态风险进行评价多采用 ArcGIS 软件的数据分析功能，结合区段赋值的方法进行经济区风险分区。本次评价引入“敏感因子风险度”的概念开展生态风险评价。根据筛选出的敏感因子对浆纸林基地建设生态风险的潜在反应程度，对其进行分段赋值，本次评价将敏感因子的风险度分 5 级赋值，分别为 1、3、5、7、9，以此进行等级的分配，然后分别分析各敏感因子的暴露系数和响应系数，最后累积分析区域相对生态风险分区。

筛选出的敏感因子及敏感度释义见表 7-8。

表 7-8 敏感因子释义及敏感度赋值

分级	低风险	较低风险	中风险	较高风险	高风险
敏感度赋值	1	3	5	7	9
归一化	0.111	0.333	0.556	0.778	1
土地利用	沼泽、水田	林地	草地	旱地	未利用土地
生物多样性保护	城市建设用地、工业用地、未利用地	旱地、园地等	非原始林地、草地	—	原始林地、湿地、自然保护区
坡度	0° ～ 5°	5° ～ 10°	10° ～ 20°	20° ～ 25°	25° 以上
水源涵养	流域面积＜ 500 km^2 的一级河流流域、其他河流流域，如耕地、园地、居民点与工矿用地、水域	流域面积＞ 500 km^2 的一级河流流域			
		地貌类型以丘陵为主、地表覆盖主要为针叶林、疏林地和灌丛等植被，年降水量＜ 1 700 mm	地貌类型以低山和中山为主，地表覆盖以森林植被为主，年降水量＜ 1 700 mm	地貌类型以低山和中山为主，地表覆盖以森林植被为主，年降水量＞ 1 700 mm	大起伏山地，极大起伏山地
土壤质地	石砾、沙	粗沙土、细沙土、黏土	面沙土、壤土、黏壤土、沙黏壤土	沙壤土、粉黏土、壤黏土	沙粉土、粉土

（1）土地利用

土地利用作为一种驱动力影响着生态环境，可能导致土壤侵蚀、土壤质量下降、土壤植被破坏，同样也可能提高水土保持能力，或者恢复地表植被等。不同土地利用类型也导致生态风险敏感度的不同（图 7-2）。

（2）生物多样性保护

生物多样性的调查统计是一个工作量浩大的工程，故在进行分析时，往往可以根据经验来划分，生态风险敏感程度大小依次为湿地、自然保护区＞农地、园地、河流等＞城市建设用地、未利用土地等。

如图 7-3 所示，北部湾经济区生态风险敏感度较高的区域主要分布于广西西南与东南沿海区域，粤西南部沿海区域，海南东部与南部沿海区域。重要地区红树林湿地主要分布于广西东南、粤西西南与粤西东部、海南南部的沿海区域。大部分地区生物多样性保护为中风险区域。

（3）坡度

坡度越陡，汇流的时间越短，径流能量越大，对坡面的冲刷就越强烈，侵蚀量就越大；此外，在地表产生径流的情况下，随着坡长的增加，径流量或径流深度也随之相应地增加，导致侵蚀作用加强（图 7-4）。

（4）水源涵养

从地貌类型、土地利用类型、降雨量分布、植被类型分布等角度对水源涵养生态风险敏感度进行综合分析（图 7-5）。

北部湾经济区水源涵养高生态风险敏感区域主要分布在广西东部近海与西北部区域、粤西东北部区域和海南省西南部近海区域，这一地区地貌类型属于中山或低山，水系发达，降水丰富，年降雨量都在 1 800 mm 以上，森林植被类型为亚热带常绿阔叶林，是国家级自然保护区和重要的水源涵养地。其他大部分地区为低与较低生态风险敏感区，主要分布有耕地、生活、工业用地等。

5. 暴露 - 响应系数确定

参考已经开展的相对风险模型评价研究，将“风险源 - 受体 - 生态终点”的暴露 - 响应途径拆成两段：一段研究“风险源 - 受体”的暴露程度；另一段研究“受体 - 生态风险”的响应程度，

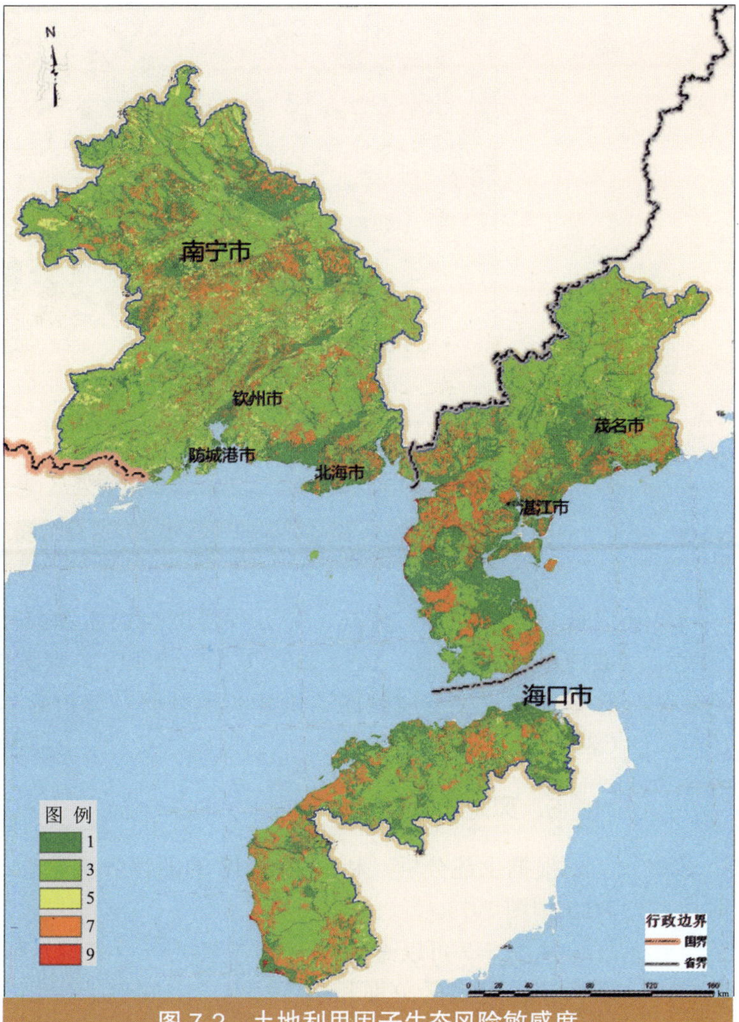

图 7-2　土地利用因子生态风险敏感度

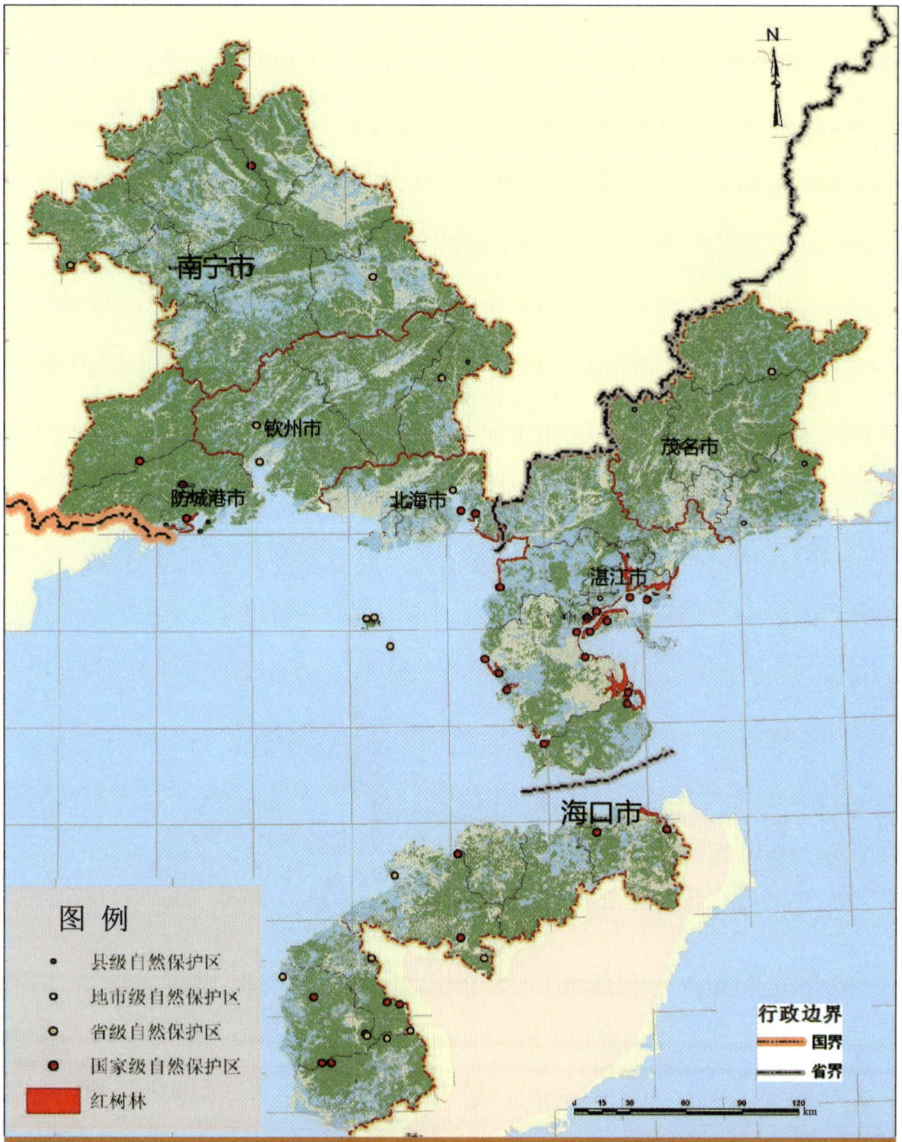

图 7-3 生物多样性因子空间分布

以低、较低、中、较高、高五种程度来描述暴露和响应的相对强度，并量化为相应的暴露系数或响应系数，0、0.3、0.5、0.7、0.9 和 1。根据图 7-6 的暴露 - 响应途径示意，基于对浆纸林基地建设生态风险的认识和实地调研，分析各暴露途径的暴露系数和响应途径的响应系数（表 7-9）。

6. 风险表征

根据上述分析，利用 ArcGIS 的数据分析功能，表征经济区林浆纸产业相对生态风险（表 7-10 和图 7-7）。

从图 7-7 可以看出，对于林浆纸产业来说，较高生态风险区及高生态风险分区所占比例较大，占经济区总面积的 39.2%，主要包括生物多样性保护重点地区、水源涵养重点地区、坡度＞ 25° 的地区等，浆纸林基地的建设禁止在这些区域进行。

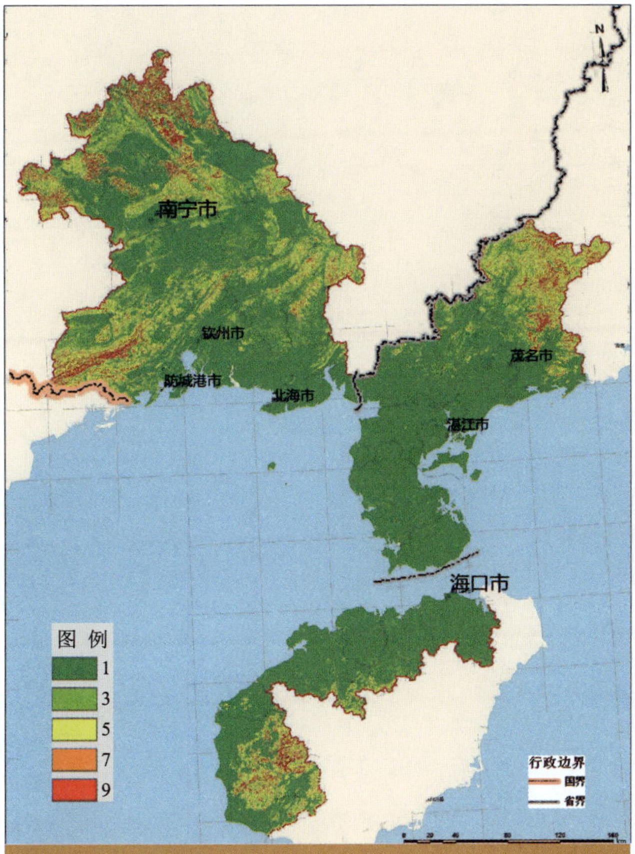

图 7-4　坡度因子生态风险敏感度

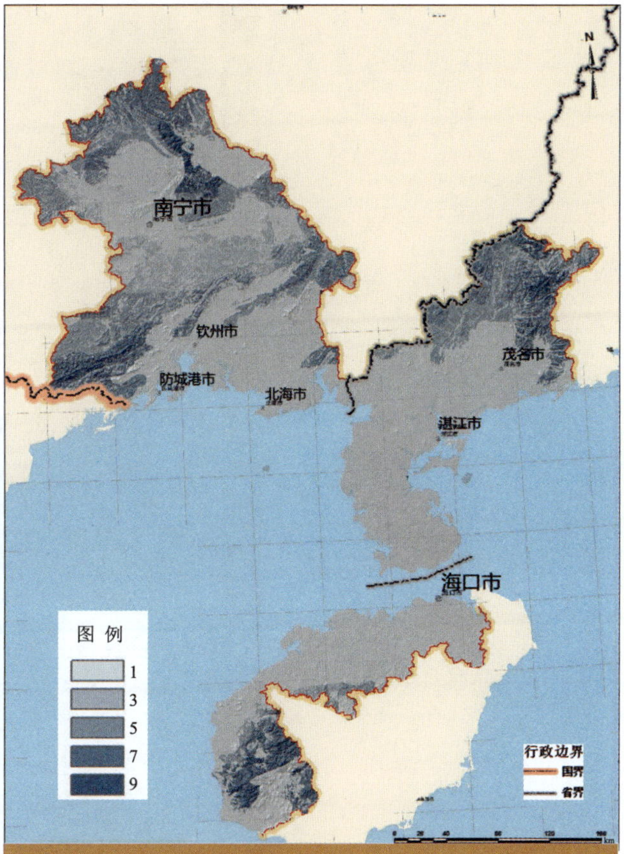

图 7-5　水源涵养因子生态风险敏感度

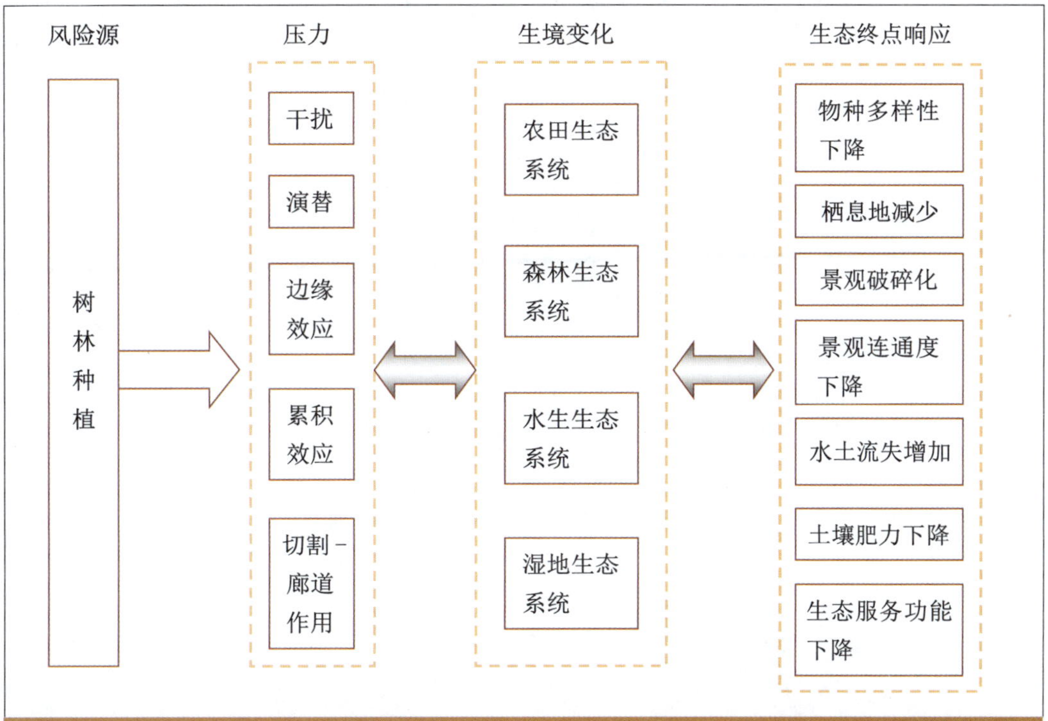

图 7-6　浆纸林种植暴露 - 响应途径示意

表 7-9 北部湾经济区林浆纸产业生态风险暴露和响应系数

风险源									受体	生态终点					
整地			抚育			采伐									
林基地选址	林地清理	植被破坏	速生林的生长	肥料使用	农药施用	森林病虫害	地被物清理	成材林轮伐		土壤质地	坡度	植被	生物多样性	水源涵养	水文
D：0.3 C：0.3	D：0.7	D：0.5	C：0.5 SH：0.3	P：0.5	P：0.5		D：0.9 C：0.7	D：0.5	环境子系统	FD：0.5	SE：0.7				SP：0.3
			C:0.9	P：0.5 C：0.5	P：0.5 C：0.5			P：0.3 C：0.1	资源子系统				F：0.3 S：0.1	WE：0.5 WW：0.5	
D:0.5 S:0.7	S:0.7 E:0.5	D:0.7	S：0.7 I：0.5	D：0.3	D：0.3	D：0.3	D：0.7 S：0.3	D：0.5 E：0.3 C：0.5 I：0.3	生态子系统	BD：0.7		BD：0.7 F：0.5 S：0.9	BD：0.7		BD：0.3
S:0.7	S：0.9	S：:0.7	S:：0.1 SH：0.3			D：0.3 S：0.3		S:0.5	调节子系统	FW：0.3		FW：0.3	FW：05	FW：0.3	FW：01

注：1. 干扰为 D；演替为 S；边缘效应为 E；累积效应为 C；切割 - 廊道作用为 I；污染为 P；空间异质性为 SH；

2. 土壤肥力下降为 FD；地表水污染加剧为 SP；耗水量增加为 WE；水源涵养能力减弱为 WW；水土流失为 SE；生物多样性水平下降为 BD；景观破碎化为 F；景观单一化为 S；生态系统功能下降为 FW。

表 7-10　北部湾经济区林浆纸产业相对生态风险分区结果

	低生态风险区		较低生态风险区		中生态风险区		较高生态风险区		高生态风险区	
	面积 / km^2	占经济区的比例 / %	面积 / km^2	占经济区的比例 / %	面积 / km^2	占经济区的比例 / %	面积 / km^2	占经济区的比例 / %	面积 / km^2	占经济区的比例 / %
广西	16 503	20.05	6 377	7.75	785	0.95	11 513	13.99	7 149	8.69
广东	12 822	15.58	3 237	3.93	1 853	2.25	3 155	3.83	3 099	3.76
海南	6 726	8.17	1 070	1.30	681	0.83	4 577	5.56	2 760	3.35
合计	36 051	43.80	10 684	12.98	3 320	4.03	19 245	23.38	13 008	15.80

低生态风险分区主要是建设用地、工业园地以及未利用土地等，约占经济区总面积的 43.8%。经济区大部分区域处于相对生态风险低和较低的区域，两者面积约占整个区域的 56.8%。浆纸林基地选址应主要布局在相对低生态风险区和较低生态风险区（图 7-8）。

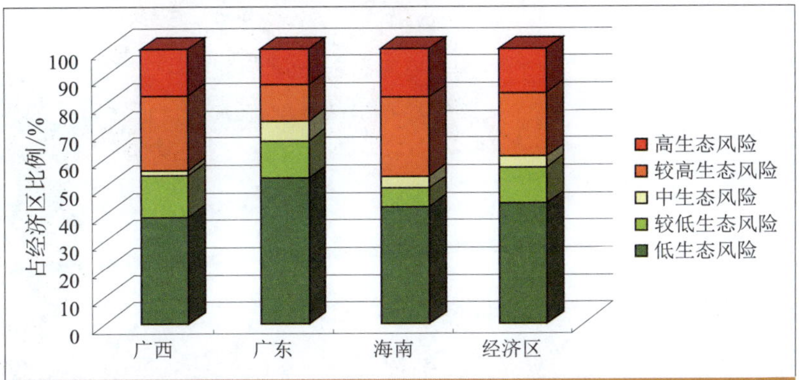

图 7-7　北部湾经济区相对生态风险分区比例

三、基于回顾性分析反推模型的生态风险计算

生态风险评价大体可以分为回顾性生态风险评价、预测性生态风险评价和监视性生态风险评价三类 [18]。回顾性生态风险评价是风险事件已经发生或正在发生，已产生明确的环境危害时，结合污染现场数据与毒性试验数据来评价风险水平。系统的耐性和恢复能力是评价的重点。

生态系统过程往往十分复杂，在时间上、空间上、响应关系等方面都会因研究区域的不同而表现出不同的现象。因此，建立符合区域特征、反映区域特色的生态风险评价模型对于正确评价区域生态风险具有十分重要的作用。而回顾性分析是对已有概念模型的修订和完善。通过对已经出现或者正在发生的生态问题进行逆向研究，分析导致生态问题的风险源以及生态问题与风险源之间的暴露 - 响应关系，建立起生态问题与区域开发活动之间的逻辑模型。通过回顾性分析可以判断已有模型的适用性，同时为模型进行更进一步修改提供了方向和可能。最后通过回顾性分析可以对模型中的参数进行校准，使模型更适用于区域生态风险评价。如云南农业大学植物保护学院的王峰等在 2002 年对松材线虫传入云南的生态风险进行了评估，撰文之时资料表明松材线虫疫区在扩大，并逼近云南，但据监测云南当时尚未发现松材线虫，较普遍分布的是拟松材线虫 [19]。随后云南对松材线虫持续跟踪监测，但还是于 2004 年在瑞丽市局部林区发生了松材线虫病。2008 年该学院的胥勇等对当时的风险模型进行回顾性分析，在原有模型相关评价因子不齐（如寄主松树、传媒昆虫分布情况）等的条件基础上提出了应用 BIOCLIM 生态位的松材线虫传入云南的风险评估模型 [20]。

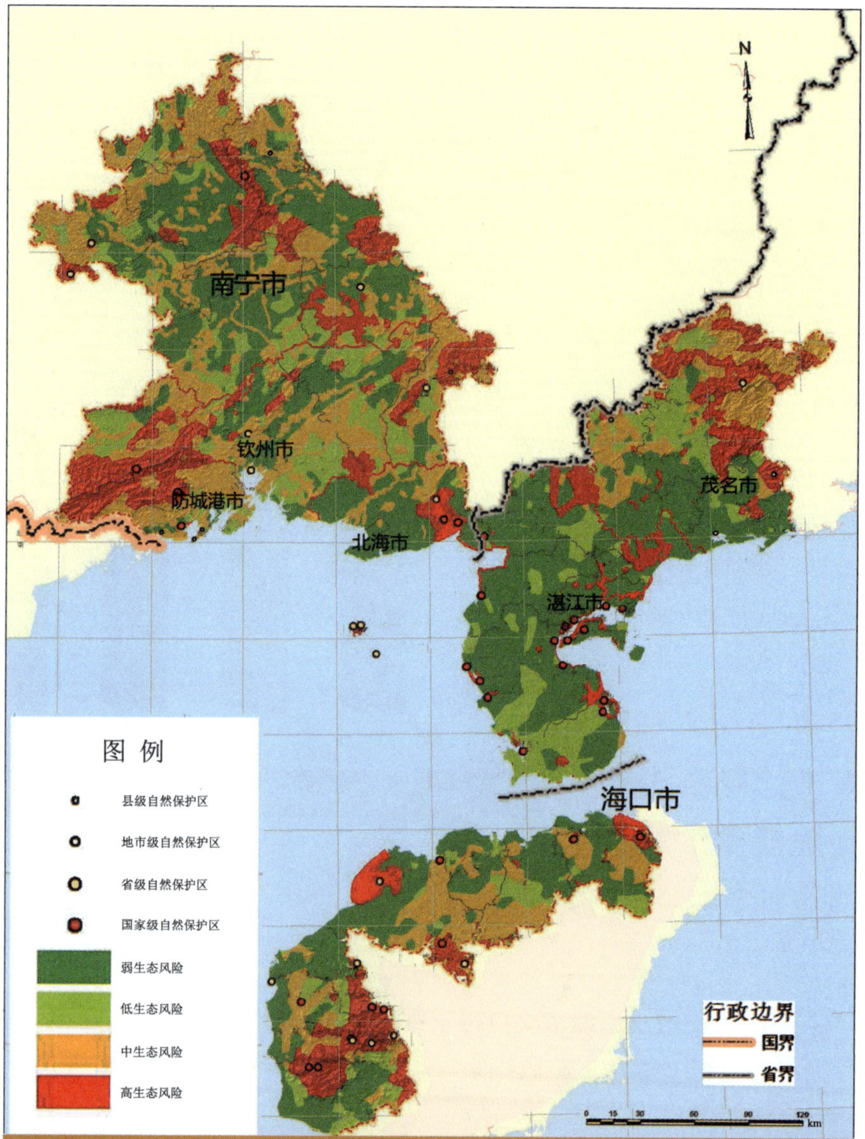

图 7-8 北部湾经济区陆域相对生态风险分区

参考文献

[1] 京津渤区域环境综合研究组 . 京津渤区域环境演化开发与保护途径 [J]. 北京：科学出版社，1989：101.

[2] 潘洁，陆文龙 . 天津市郊蔬菜污染状况及对策 [J]. 农业环境与发展，1997，54（4）：21-30.

[3] 王祖伟，张辉 . 天津污灌区土壤重金属污染环境质量与环境效应 [J]. 生态环境，2005，14（2）：211-213.

[4] 蒙吉军，赵春红 . 区域生态风险评价指标体系 [J]. 应用生态学报，2009，20（4）：983-990.

[5] 中国环境规划院 . 全国水环境容量核定技术指南 . http://www.caep.org.cn [2003-6-10].

[6] 吕军，刘伟，张琪．松山引水工程坝下脱水段的工程影响评价与处理 [J]. 东北水利水电，2006，24：41-42.

[7] 徐扬民，傅春．生态用水及其定量分析方法的研究评述 [J]. 南昌水专学报，2004，23：1-4.

[8] 杨爱民，唐克旺，王皓，等．生态用水的基本理论与计算方法 [J]. 水利学报，2004，12：39-45.

[9] Tennant D L. In stream flow regimens for fish，wildlife，recreation and related environmental resources[J]. Fisheries，1976，1（4）：6-10.

[10] Jowett I G. In stream flow methods：A comparison of approach. Regulated Rivers：Research and Management，1997，13：115-127.

[11] Li Z M. The estimation of minimum flow in Streams of Taiwan——A case study of eastern Taiwan[J]. Research of Soil and Water Conservation，2001，8（4）：146-50.

[12] 肖笃宁，陈文波，郭福良．论生态安全的基本概念和研究内容 [J]. 应用生态学报，2002，13（3）：354- 358.

[13] 彭建，王仰麟，吴健生．区域生态系统健康评价——研究方法与进展 [J]. 生态学报，2007，27（11）：4878- 4885.

[14] 付在毅，徐学工．区域生态风险评价 [J]. 地球科学进展，2001，16（2）：267-271.

[15] Landis W G，Wiegers J K. Design considerations and suggested approach for regional and comparative ecological risk assessment[J]. Hum. Ecol. Risk Assess. 1997，3：287-297.

[16] 王小龙．海岛生态系统风险评价方法及应用研究 [D]. 北京：中国科学院，2006.

[17] 付光辉，刘友兆．土地开发整理项目规划设计中引入生态风险评价的思考 [J]. 广东土地科学，2007，6（2）：18-22.

[18] 殷浩文．生态风险评价 [M]. 上海：华东理工大学出版社，2001.

[19] 王峰，喻盛甫，冯士明，等．松材线虫传入云南的风险评估 [J]. 云南农业大学学报，2002，17：421-422.

[20] 胥勇，周平阳，王扬，等．应用 BIOCLIM 生态位模型对松材线虫传入云南的风险评估 [J]. 云南农业大学学报，2008，23：746-753.

第八章　区域开发生态风险管理

生态风险管理是从整体角度考虑政治、经济、社会和法律等多种因素，在生态风险识别和评价的基础上，生态风险管理者根据不同的风险源和风险等级，针对风险未发生时的预防、风险来临前的预警、风险来临时的应对和风险过后的恢复与重建 4 个方面所采取的规避风险、减轻风险、抑制风险和转移风险的防范措施和管理对策。生态风险管理是整个生态风险评价的最后一个环节，其管理目标是将生态风险减至最小，管理决策的正确与否将决定风险能否得到有效控制。整个生态风险管理工作在风险表征的基础上展开，针对不同风险源的特点和不同的风险等级，在风险来临前发布相应的风险预警等级，并在风险来临时综合经济、技术、法律和政策手段采取不同控制措施，以及在风险发生后采取不同的恢复和重建措施。

区域生态风险管理，则基本都是基于区域生态风险评价的结果，依据不同风险级别、不同破坏程度、不同风险特征采取的管理对策。区域生态风险管理是个复杂的、动态的、综合的过程，完整的区域生态风险管理体系从整体上考虑风险来临前、风险到来时和风险过后的全部过程，包括：针对风险来临前的预防而建立的长期风险动态监测机制；针对风险到来时的应对而建立的应急决策机制；针对风险过后要完善恢复重建规划机制 [1]。

在整个区域开发生态风险管理中，在决策和规划层面强化生态风险管理显得尤为重要，因为决策和规划失误是导致所有重大生态风险的最根本和最源头的原因，如毁林开荒、围湖造田等，因此，要从源头控制环境污染和生态破坏，规避或减轻生态风险造成的危害，要在制定政策—规划—计划等决策链条的各个环节开展区域生态风险管理 [2]。

第一节　污染累积生态风险管理

一、基于环境质量目标的环境容量控制

环境容量（environment capacity）是在人类生存和自然生态系统不致受害的前提下，某一环境所能容纳的污染物的最大负荷量，或一个生态系统在维持生命机体的再生能力、适应能力和更新能力的前提下，承受有机体数量的最大限度。

环境容量是在环境管理中实行污染物浓度控制时提出的概念。污染物浓度控制的法令规定了各个污染源排放污染物的容许浓度标准，但没有规定排入环境中的污染物的数量，也没有考虑环境净化和容纳的能力，这样在污染源集中的城市和工矿区，尽管各个污染源排放的污染物达到（包括稀释排放而达到的）浓度控制标准，但由于污染物排放的总量过大，仍然会使环境受到严重污染。因此，在环境管理上开始采用总量控制法，即把各个污染源排入某一环境的污染物总量限制在一定的数值之内。污染物排放总量控制制度，是污染防治的重要途径和手段，也是核定企业污染物排放总量指标的依据，通过合理利用环境容量，对污染类风险源起到控制作用。

1．环境容量（或环境质量目标）的确定

采用总量控制法，必须研究环境容量问题，而环境容量总是基于特定的环境质量目标，不同的环境质量目标下，环境容量是不同的。

环境质量目标有时也简称环境目标，是指能基本满足区域社会经济活动和人群健康要求的必须在一定时期内达到的各种环境质量指标值的总称。它包括大气环境质量目标，水环境质量目标，噪声控制目标，景观和环境美学目标等。

环境质量目标依不同的功能区而不同，因此，要确定环境质量目标，首先必须进行环境功能区划。环境功能区划是从整体空间观点出发，根据自然环境特点和经济社会发展状况，把规划区分为不同功能的环境单元，以便具体研究各环境单元的环境承载力及环境质量的现状与发展变化趋势，提出不同功能环境单元的环境目标和环境管理对策。

环境目标应根据不同功能区的环境要求来确定，并选择相应的环境质量标准。其基本程序是：先初步确定环境目标，然后编制达到目标的方案，论证方案的可行性；当可行性有问题时，须反馈回去再修改目标和达标方案，直到综合平衡，最后确定目标为止。

环境目标必须有时间和空间约束，同时应能反映客观实际，而不是规划者或决策者的主观要求和愿望；环境目标应与区域发展目标进行综合平衡，只有两个目标都能达到，才是协调和理想的，当两个目标出现矛盾时，就要在环境目标与发展目标之间进行调整，以保证目标间的协调和统一；环境目标应具有在现有技术及经济条件下的可达性以及目标本身的时、空可分解性，并且要便于管理、监督、检查和施行[3]。

2．水环境容量控制

水环境容量是在确定的污染源分布、排污方式并在水质目标约束下，满足设计风险条件的单位时间的最大允许纳污量。水环境容量是制定地方性、专业性水域排放标准的依据之一，环境管理部门利用它确定在固定水域允许排入多少污染物。

水环境容量是以环境目标和水体稀释自净规律为依据的。一切与环境目标和水体稀释自净规律有关的因素（如水环境质量标准，水体自然背景值，水量及水量随时间的变化，水环境的物理、化学、生物学及水力学特性，以及排污点的位置和方式等）均能影响水环境容量。水质数学模型是这些因素相互关系的数学表达式。因此，水环境容量可以通过选择适当的水质数学模型进行计算求得。

案例 1：水环境容量控制——嘉陵江支流梁滩河水环境容量及总量控制规划[4]

风险：嘉陵江支流梁滩河现状负荷严重超标，但局部河段容量有富余。整体来看 COD、NH_3-N 分别超出总环境容量的 3.5 倍和 10.3 倍。

控制措施：采取现状削减方案或优化布局方案。

根据 2007 年污染源普查数据，计算出各控制断面 COD、NH_3-N 的实际值，再根据实际值做出现状削减方案与优化布局方案。从未来重庆长远发展考虑，只有合理利用河流容量，才能使容量利用最大化，达到重庆市可持续发展战略要求。现状削减方案计算出的梁滩河容量为：COD 为 34.40 g/s，NH_3-N 为 1.24 g/s。优化布局方案计算出的梁滩河容量为：COD 为 37.46 g/s，NH_3-N 为 1.36 g/s，从容量的利用率来看，优化布局方案比现状削减方案的 COD 容量利用率高 7.58%，NH_3-N 容量利用率高 8.15%。从削减量来看，通过一些管理手段如排污权的交易等，可让一些控制断面的削减率降低或不削减，以提高全流域的容量利用率。为了满足国家“十二五”规划要求，梁滩河各监测断面中除了白市驿镇和含谷镇能维持现状外，其余河段都要修建污水处理设施，才能使该地区污水排入量在该段河流允许容量范围内，其中现状削减方案中削减量超过 90% 的乡镇，还需要搬迁、淘汰一部分企业才能使梁滩河满足其水质功能区划标准。

3. 大气环境容量控制

大气环境容量是指在满足一定空气质量标准下，考虑污染物在大气中迁移、转化等诸因素后，某一区域范围内最大限度接纳污染物的能力，即大气的污染物承载能力。

国家环保总局于 2004 年印发了《城市大气环境容量核定技术报告编制大纲》，作为国家验收 113 个大气污染防治重点城市和“两控区”城市大气环境容量核定的基本技术要求，容量核定指标为 SO_2、PM_{10} 和 NO_2（或 NO_x）。根据 *AP* 值法和多源模式的计算分析，分别得出城市控制区和城区控制区的环境容量核定结果。城市控制区的环境容量主要依据 *A* 值法确定，城区控制区的环境容量要在 *A* 值法容量测算的基础上，应用 *P* 值法或各类多源模式进行调整，得出实际环境容量结果。

案例 2：大气污染物环境容量控制——SO_2 和 PM_{10} 排放总量控制[5]

主要风险：应用 ADMS 模型计算出抚顺市区控制区 SO_2 和 PM_{10} 实际环境容量分别为 4.8 万 t/a 和 5.35 万 t/a。根据抚顺市各类污染物浓度年均值分布情况，SO_2 及 PM_{10} 一类区虽然超标比率为 100%，但其面积仅为 1.3 km^2，占测算面积 416 km^2 的 0.3%，对市区容量影响小，因此在其他区域达标的情况下，不对此区域特别关注。SO_2 二类区超标面积为 75.4 km^2，超标比率为 18.1%，三类区不超标；PM_{10} 二类区超标面积为 102.5 km^2，超标比率为 24.6%，三类区超标面积为 4.0 km^2，超标比率为 27.2%。抚顺市区控制区 SO_2 和 PM_{10} 实际排放量分别为 6.42 万 t/a 和 6.76 万 t/a。在 90% 的达标保证率下制定削减方案。

为了达到抚顺市大气环境质量目标，考虑采取以下削减方案，其具体措施和实际效果见表 8-1。

根据大气污染物容量测算，抚顺市 SO_2 排放量应减少 1.61 万 t/a，PM_{10} 排放量应减少 1.57 万 t/a。PM_{10} 达标天数为 356 天，达标保证率 94.5%；SO_2 达标天数为 361 天，达标保证率 94.0%。

表 8-1　削减措施及污染物削减量

序号	措　施	实际效果分析
1	减少二次扬尘量 30%	二次扬尘引起的 PM_{10} 环境浓度由 0.132 mg/m^3 减少为 0.092 mg/m^3，削减 30%
2	小锅炉治理：1 蒸 t/h 以下燃用原煤的锅炉、茶浴炉改烧液化气等清洁能源	市区控制区内 122 家燃用原煤的小锅炉改用清洁能源后 PM_{10} 可削减 336 t/a；SO_2 可削减 3 354 t/a
3	建成区平房改造：减少面源污染	2010 年前，削减 60% 的平房排放
4	拆除分散供热锅炉：停运供热锅炉 93 台	拆除锅炉后，可削减燃煤 25 万 t；PM_{10} 可削减 4 330 t/a；SO_2 可削减 4 995 t/a
5	大锅炉改造：除尘器更新、陈旧锅炉关停	PM_{10} 可削减 5 387 t/a；SO_2 可削减 2 560 t/a
6	工业末端治理	PM_{10} 可削减 2 909 t/a；SO_2 可削减 3 440 t/a
7	削减线源排放量 55%	PM_{10} 可削减 280 t/a；SO_2 可削减 136 t/a

4．土壤环境容量控制

土壤环境容量又称土壤负载容量，是一定土壤环境单元在一定时限内遵循环境质量标准，既维持土壤生态系统的正常结构与功能，保证农产品的生物学产量与质量，又不使环境系统污染超过土壤环境所能容纳污染物的最大负荷量。不同土壤其环境容量是不同的，同一土壤对不同污染物的容量也是不同的，这涉及土壤的净化能力。

计算土壤环境容量的方法有多种，最简单的是重金属物质平衡模型：

$$Q_{总}=M\times S(R-B) \tag{8-1}$$

式中，$Q_{总}$为某污染区域土壤环境总容量；R 为某污染物的土壤评价标准，即造成作物生育障碍或作物籽实残毒积累达到食品卫生标准时的某污染物浓度；M 为耕层土壤质量；S 为区域面积；B 为某污染物土壤背景值。

土壤环境容量是对污染物进行总量控制与环境管理的重要指标，对损害或破坏土壤环境的人类活动及时进行限制，进一步要求污染物排放必须限制在容许限度内，既能发挥土壤的净化功能，又能保证该系统处于良性循环状态。在一定区域内，土壤环境容量是判断土壤污染与否的界限，可使污染的防治与控制具体化。提高环境容量应该从两个方面，即降低土壤环境的本底值和减少进入土壤的污染物质着手[6]。

土壤环境容量充分体现了区域环境特征，是实现污染物总量控制的重要基础。以区域能容纳某污染物的总量作为污染治理量的依据，使污染治理目标明确。以区域容纳能力来控制一个地区单位时间污染物的容许输入量，在此基础上可以制定合理、经济的总量控制规划，可以充分利用土壤环境的纳污能力。

二、污染物迁移控制

污染由污染源头开始向周边区域、下游区域或下风向区域扩散传递，污染的影响强度一方面取决于在污染源头的污染程度，同时还取决于污染传递过程，包括传递动力、传递速度、传递范围、传递对象、传递方式等因素。除了前述的通过对污染源进行控制外，人类还可以通过对污染物迁移过程进行阻断来达到对生态风险的最大限度的控制和消除。

1. 大气污染迁移控制

大气污染迁移是指空气污染物从排放的地区，通过地方性或者区域性风向为下风向的受体平流或者水平传送过去，有时也可指空气污染物的大气转移。所以控制上风处的污染及传递过程对整个地区都会有较大的影响。

案例3：大气污染迁移控制[7]

污染源及迁移途径：扬农电厂位于仪征市西南部的化学工业园内，在长江岸边，该地区地处北亚热带季风气候区，距仪征内河胥浦河仅1 000多m，距仪征主城区也不足3 000 m，扬农电厂污染排放方式为连续稳定排放，在常风速条件下可能会对主导风向（1月为东北风，7月为东南东风）下风向的城市居民产生影响，在静风条件下污染物因扩散动力小而在周围区域产生污染沉积形成污染。

控制措施：常风速条件下，主导风向下的污染物（SO_2和烟尘）扩散对城市居民生活影响不大，防护绿地布局主要应选择在主城区与电厂之间的位置。研究这一区域内地面污染沉积变化，发现在常风速条件下污染物地面沉积可分为5个等级，污染物地面沉积在2 000 m范围内很小，2 000～3 000 m范围内逐渐增大，3 000～4 000 m范围内达到最大，4 000～5 000 m范围内逐渐减小，5 000 m以外污染逐步减至零。静风条件下，污染物扩散动力小，基本在污染源附近分布，浓度随扩散距离的增大而减小。污染物地面沉积可分为4个等级，500 m范围内地面污染逐步增加，500～1 000 m范围内污染达到最大值，1 000～4 000 m范围内污染逐步减少，4 000 m以外污染几乎不存在。故在电厂与主城区之间设置两处防护绿地，一处在污染源四周距污染源500 m，宽50～100 m；另一处在污染源与主城区之间距污染源约4 000 m，宽500 m。通过科学分析而确定的防护绿地的位置，能够起到阻断污染物随风传播扩散而达到控制目的。

2. 水污染迁移控制

水污染迁移是指水污染物在环境中所发生的空间位置的移动及其引起的富集、分散和消失的过程。污染物在环境中迁移常伴随着形态的转化。

水污染物在环境中的迁移主要有三种方式：一是水的机械迁移作用，即污染物在水体中的扩散作用和水流的搬运作用；二是物理-化学迁移，即发生在水体中的物理-化学迁移作用，对无机污染物而言，是以简单的离子、络离子或可溶性分子的形式在环境中通过一系列物理化学作用，如溶解-沉淀作用、氧化-还原作用、水解作用、络合和螯合作用、吸附-解吸作用等实现的迁移。对有机污染物而言，除上述作用外，还有通过化学分解、光化学分解和生物化学分解等作用实现的迁移。物理-化学迁移是污染物在环境中迁移最重要的形式。这种迁移的结果决定了污染物在环境中的存在形式、富集状况和潜在危害程度。三是生物迁移，污染物通过生物体的吸收、代谢、生长、死亡等过程所实现的迁移，是一种非常复杂的迁移形式。某些生物体对环境污染物有选择吸收和积累作用，某些生物体对环境污染物有降解能力。生物通过食物链对某些污染物（如重金属和稳定的有毒有机物）的放大积累作用是生物迁移的一种重要表现形式。

案例4：血吸虫病的防控[8]

血吸虫病是乙类传染病，中国共有7个省份是血吸虫病的流行区，包括安徽、江苏、江西、四川、湖南、湖北、云南。中国现有血吸虫病人80万左右，其中每年出现的急性病例有一两千例。血吸虫病的宿主钉螺一般生活在草滩、池塘、沟渠等野外多水区域。人们如果接触了野外不明水域的水，血吸虫的幼虫尾蚴就容易进入人体，造成感染。同时，受感染者的大便中会带有毛蚴。如果在野外随意排泄，毛蚴通过水进入钉螺体内，就会造成大规模扩散的恶性循环。

控制措施：疾病的传播需要条件，血吸虫感染人体需具备三个条件，即传染源、传播途径和易感人群。现以都昌县刘仲行政村为例来说明如何从切断传播途径上来防治血吸虫病：①封洲轮牧。将村庄所属洲滩划分为耕牛放牧区和禁牧区，每隔 1 年 2 区轮换，耕牛进入放牧区前普治 1 次。②改水。在刘仲自然村实施自来水工程，将乡自来水厂的自来水引入每户家庭，并投入使用；对茶园山自然村旁的一个水塘进行改造，建成一个具有生态环境效应的公共洗衣塘。③改厕。杨家和枫树 2 个自然村结合新农村建设工程，对家庭厕所全部使用三格式无害化厕所，同时对其他自然村重点家庭也实施家庭无害化厕所；在东岸咀沿湖渔船停泊密集处的高坡上建设一个现代化、多功能的三格式无害化公厕；在村中心小学建设中型沼气池处理粪便。

3．土壤污染迁移控制

土壤污染物大致可分为无机污染物和有机污染物两大类。无机污染物主要包括酸、碱、重金属（铜、汞、铬、镉、镍、铅等）、盐类、放射性元素铯、锶的倾倒物、含砷、硒、氟的化合物等。有机污染物主要包括有机农药、酚类、氰化物、石油、合成洗涤剂、3,4- 苯并芘以及由城市污水、污泥及厩肥带来的有害微生物等。

进入土壤的污染物，因其类型和性质的不同而主要有固定、挥发、降解、流散和淋溶等不同的迁移转化途径。

重金属离子，主要是能使土壤无机和有机胶体发生稳定吸附的离子，包括与氧化物专性吸附和与胡敏素紧密结合的离子，以及土壤溶液化学平衡中产生的难溶性金属氢氧化物、碳酸盐和硫化物等，大部分被固定在土壤中而难以排除，虽然一些化学反应能缓和其毒害作用，但仍是对土壤环境的潜在威胁。

化学农药的迁移转化，主要是通过气态挥发、化学降解、光化学降解和生物降解最终从土壤中消除，其挥发作用的强弱主要取决于自身的溶解度和蒸气压，以及土壤的温度、湿度和结构状况。例如，大部分除草剂均能发生光化学降解，一部分农药（有机磷）能在土壤中产生化学降解。目前使用的农药多为有机化合物，故也可产生生物降解，即土壤微生物在以农药中的碳素作能源的同时，就已破坏了农药的化学结构，导致脱烃、脱卤、水解和芳环烃基化等化学反应的发生而使农药降解。

土壤中的重金属和农药都可随地面径流或土壤侵蚀而部分流失，引起污染物的扩散；作物收获中的重金属和农药残留物也会向外环境转移，即通过食物链进入家畜和人体内。

重金属在土壤中的迁移转化受金属的化学特性、土壤的物理特性、生物特性和环境条件等因素影响。土壤环境中重金属的迁移转化过程分为物理迁移、化学迁移、物理化学迁移和生物迁移。其迁移转化形式复杂多样，是多种形式的复杂结合。

在土壤污染物迁移转化过程中实施污染控制，主要是改变重金属在土壤中的存在形态，使其固定从而降低其在环境中的迁移性和生物可利用性。

例如，对已受汞污染的土壤，可施用石灰 - 硫磺合剂。在施入硫以后，汞即被牢固地固定在土壤中；用石灰和土壤的酸性，可降低作物根系对汞的吸收；施硝酸盐或磷肥，可减少汞向作物体内的迁移，降低土壤中汞化合物的毒害作用。镉常常累积于土壤表层，而很少发生输出迁移，也不可能像有机污染物那样可能发生降解作用。对于小面积严重污染土壤的治理常用客土法或换土法；在旱田土壤中加入石灰性物质或使用促进还原的有机物，使镉生成不易被植物吸收的 $Cd(OH)_3$、$CdCO_3$ 或 CdS 沉淀；水田土壤中可施加磷酸盐类物质，使之生成磷酸镉沉淀。提高土壤的 pH 值，施用钙、镁及磷肥等改良剂，以降低土壤中铅的活性，减少作物对铅的吸收。在被 Cr^{3+} 污染的土壤中，施用石灰石、硅酸钙或磷肥等调节土壤呈微碱性，使铬形成 $Cr(OH)_3$ 加以固定，可减少铬对作物的危害；用有机肥，使土壤处于还原环境，有效减轻或消除六价铬对植物的危害。另外，有机肥能够通过吸附作用，降低六价铬对植物的毒害。在土壤中施加各种铁、铝、钙、镁的化合物，可使砷生成不溶性物质而加以固定，例如，施加 $MgCl_2$ 可使土壤污染性砷形成 $Mg(NH_4)AsO_4$ 沉淀，从而降低砷的活性；土壤中施加硫粉，可提高土壤固砷的能力；降低土壤 pH 值，加强土壤排水，可降低砷的活性[9]。

三、污染生态环境修复

对污染环境进行修复，就是借助外界的作用力，使环境的某个受损的特定对象的部分或全部恢复成为原来初始的状态。

污染环境的修复技术包括物理方法、化学方法和生物方法三大类。其中生物修复方法已成为环境保护技术的重要组成部分。生物修复是利用生物的生命代谢活动减少环境中有毒有害物质的浓度或使其完全无害化，使污染了的环境能部分或完全恢复到原始状态的过程。

1．水体污染修复

对受污染的江河湖库水体进行修复，已是社会经济发展及生态环境建设的迫切需要。目前，对污染水体修复的方法主要有化学法、物理法和生物法。

例如，去除藻类与控制其生长是湖泊水库水体恢复与保护的难题。目前国际上采用的技术主要有三类：①化学法，如加入化学药剂杀藻、加入铁盐促进磷的沉淀、加入石灰脱氮等，但是易造成二次污染；②物理法，疏挖底泥、机械除藻、引水冲淤等，但往往治标不治本；③生物法，如放养控藻型生物、构建人工湿地和水生植被，开发水体生物修复技术，是当前水体生态修复的热点。

水体修复技术包括以微生物为处理功能核心的生物处理技术、具有复合生态系统的生态塘处理技术、以植物和微生物为主要处理功能体的湿地处理技术、土壤处理技术和河湖等自然净化能力的处理等。

案例 5：苏州河支流（新泾港）底泥生态生物修复[10]

新泾港地处长宁区，为苏州河六大支流之一，也是对苏州河污染贡献率较大的支流之一，此河完全呈严重富营养化状态，黑臭十分严重。

修复措施：利用生物修复技术，将留学生企业“上海玉垒环境生物技术有限公司”的产品 YL 活性生物复合剂（含分子筛）H15 按 0.36 kg/m^2（LD 50 ＞ 400 mg/L）剂量，投入新泾港试验的胶状污泥中。此次试验 YL 剂——H15（含分子筛）单位面积费用 52.00 元 /m^2，历时七个月试验底泥有机污染降解率达到 30% 以上。其中，底泥有机质去除率 2.04% ～ 62.5%、TN 去除率 2.1% ～ 66.1%、TP 去除率 3.91% ～ 40.8%；底泥渗出液 COD 去除率 20% ～ 86.4%、底泥渗出液 TN 去除率 13.3% ～ 80.5%、底泥渗出液 TP 去除率 33.8% ～ 91%；底泥黑臭明显减弱，色泽由黑转褐，趋向矿化过程；底泥中 H15 菌剂回收，存活状况良好。

案例 6：人工湿地处理技术

随着人工湿地技术的不断进步，人工湿地在我国的应用越来越广泛，目前已有许多人工湿地工程投入运行，并达到了良好的效果。

2002 年，中国科学院南京地理与湖泊研究所和云南玉溪市环科所设计的抚仙湖人工构造湿地开始投入运行，检测结果表明，各项污染指标的去除率分别为 COD 87.8%、BOD 68.7%、SS 96.3%、TP 32.4%、TN 36.0%，出水水质也由处理前的Ⅳ类水质提高到Ⅲ类水质[11]。

2002 年官厅水库潜流人工湿地处理系统，对官厅水库受污染水体进行处理，结果表明当进水中的 TN 和 TP 浓度分别在 5.0 ~ 9.0 mg/L 和 0.65 ~ 0.85 mg/L 时，潜流人工湿地对它们的去除率分别为 50% 和 40% 左右，在夏季，系统对 COD 和氨氮的去除率可达 50% 和 70%[12]。

2．土壤污染修复

案例 7：无锡胡埭电镀厂土壤污染修复[13]

无锡市胡埭电镀厂位于胡埭镇内，因产业结构调整需要，该企业于 2009 年初停产关闭，另作开发之用。由于建厂初期，电镀废水没有得到有效处理，企业场地土壤受到污染，经检测，污染因子为铬、铜、镍、铅、锌等重金属，土壤污染情况十分严重，污染土方量约为 4 000 m^3。

修复措施：采用“原位 + 异位处理处置”的修复模式，即重度污染土壤采用淋洗技术，中、轻度污染土壤采用固化 / 稳定化技术的修复方案。修复工程于 2011 年 3 月正式启动，并于 8 月修复完工，8 月月底委托区环境监测站对该项目进行验收监测，共计取固化后土壤样品 36 个，淋洗后土壤样品 6 个，地下水样品 1 个。监测数据显示，固化后土壤全部达到验收标准，合格率 100%。地下水数据达到地下水Ⅲ类标准。统计显示共处置重度污染土壤约 900 m^3，中度和轻度污染土壤约 3 100 m^3。

第二节　资源消耗生态风险管理

一、资源保护目标的确定

1．土地资源保护目标

为积极贯彻党中央、国务院关于扩大内需促进经济平稳较快发展的重大决策部署，确保国家土地调控政策全面、准确、规范执行，促进严格规范管理，落实最严格的耕地保护制度和节约用地制度，国土资源部从 2009 年 3 月至 11 月开展保增长保红线行动（简称“双保行动”）。从 2010 年起，“双保行动”改为“双保工程”（保经济发展，保耕地红线工程）。

2．水资源保护目标

《中国 21 世纪议程》中提出的我国水资源保护与可持续利用的总体目标是：积极开发利用水资源和实行全面节约用水，以缓解目前存在的城市和农村严重缺水危机，使水资源的开发利用获得最大的经济、社会和环境效益，满足社会、经济发展对水量和水质日益增长的需求，同时在维护水资源的水文、生物和化学等方面的自然功能，维护和改善生态环境的前提下，合理、充分地利用水资源，使得经济建设与水资源保护同步发展。

3. 其他自然资源保护目标

2000 年，国务院印发了由当时的国家环境保护总局会同有关部门制定的《全国生态环境保护纲要》，确定了重点资源开发的生态环境保护目标。

（1）森林、草原资源开发利用的生态环境保护

对具有重要生态功能的林区、草原，应划为禁垦区、禁伐区或禁牧区，严格管护；已经开发利用的，要退耕退牧，育林育草，使其休养生息。实施天然林保护工程，最大限度地保护和发挥好森林的生态效益；要切实保护好各类水源涵养林、水土保持林、防风固沙林、特种用途林等生态公益林；对毁林、毁草开垦的耕地和造成的废弃地，要按照“谁批准谁负责，谁破坏谁恢复”的原则，限期退耕还林还草。加强森林、草原防火和病虫鼠害防治工作，努力减少林草资源灾害性损失；加大火烧迹地、采伐迹地的封山育林育草力度，加速林区、草原生态环境的恢复和生态功能的提高。大力发展风能、太阳能、生物质能等可再生能源技术，减少樵采对林草植被的破坏。

（2）生物物种资源开发利用的生态环境保护

生物物种资源的开发应在保护物种多样性和确保生物安全的前提下进行；依法禁止一切形式的捕杀、采集濒危野生动植物的活动；严厉打击濒危野生动植物的非法贸易；严格限制捕杀、采集和销售益虫、益鸟、益兽；鼓励野生动植物的驯养、繁育；加强野生生物资源开发管理，逐步划定准采区，规范采挖方式，严禁乱采滥挖；严格禁止采集和销售发菜，取缔一切发菜贸易，坚决制止在干旱、半干旱草原滥挖具有重要固沙作用的各类野生药用植物；切实搞好重要鱼类的产卵场、索饵场、越冬场、洄游通道和重要水生生物及其生境的保护；加强生物安全管理，建立转基因生物活体及其产品的进出口管理制度和风险评估制度；对引进外来物种必须进行风险评估，加强进口检疫工作，防止国外有害物种进入国内。

（3）海洋和渔业资源开发利用的生态环境保护

海洋和渔业资源开发利用必须按功能区划进行，做到统一规划，合理开发利用切实加强海岸带的管理，严格围垦造地建港、海岸工程和旅游设施建设的审批，严格保护红树林、珊瑚礁、沿海防护林；加强重点渔场、江河出海口、海湾及其他渔业水域等重要水生资源繁育区的保护，严格渔业资源开发的生态环境保护监管；加大海洋污染防治力度，逐步建立污染物排海总量控制制度，加强对海上油气勘探开发、海洋倾废、船舶排污和港口的环境管理，逐步建立海上重大污染事故应急体系。

（4）矿产资源开发利用的生态环境保护

严禁在生态功能保护区、自然保护区、风景名胜区、森林公园内采矿；严禁在崩塌滑坡危险区、泥石流易发区和易导致自然景观破坏的区域采石、采砂、取土；矿产资源开发利用必须严格进行规划管理，开发应选取有利于生态环境保护的工期、区域和方式，把开发活动对生态环境的破坏减少到最低限度；矿产资源开发必须防止次生地质灾害的发生；在沿江、沿河、沿湖、沿库、沿海地区开采矿产资源，必须落实生态环境保护措施，尽量避免和减少对生态环境的破坏；已造成破坏的，开发者必须限期恢复。已停止采矿或关闭的矿山、坑口，必须及时做好土地复垦。

（5）旅游资源开发利用的生态环境保护

旅游资源的开发必须符合环境保护的目标与要求，确保旅游设施建设与自然景观相协调；

科学确定旅游区的游客容量，合理设计旅游线路，使旅游基础设施建设与生态环境的承载能力相适应；加强自然景观、景点的保护，限制对重要自然遗迹的旅游开发，从严控制重点风景名胜区的旅游开发，严格管制索道等旅游设施的建设规模与数量，对不符合规划要求建设的设施，要限期拆除；旅游区的污水、烟尘和生活垃圾处理，必须实现达标排放和科学处置。

二、资源开发控制

1. 土地资源开发控制

依据土地利用总体规划，实施土地用途管制制度，明确土地承包者的生态环境保护责任，加强生态用地保护，冻结征用具有重要生态功能的草地、林地、湿地。建设项目确需占用生态用地的，应严格依法报批和补偿，并实行“占一补一”的制度，确保恢复面积不少于占用面积。加强对交通、能源、水利等重大基础设施建设的生态环境保护监管，建设线路和施工场址要科学选比，尽量减少占用林地、草地和耕地，防止水土流失和土地沙化。加强非牧场草地开发利用的生态监管。大江大河上中游陡坡耕地要按照有关规划，有计划、分步骤地实行退耕还林还草，并加强对退耕地的管理，防止复耕。

案例 8：耕地资源耗竭风险：国家 18 亿亩耕地红线 [14]

耕地保护是事关国家安全、粮食安全、社会稳定和代际公平的重大课题。根据国家统计局提出的我国粮食消费标准和农业部等有关部门的研究，到 2010 年我国人均粮食需求量为 420 kg，全国粮食需求总量为 5.88 亿 t；2030 年人均粮食需求量为 440 kg，全国粮食需求总量为 7.04 亿 t。如果实现粮食 95% 自给目标，按照我国土地资源生产能力与人口承载量测算，2010 年和 2030 年分别需要耕地 18.24 亿亩和 18.5 亿亩。在保证耕地数量的同时要保护和提高耕地质量，要做到耕地的质量等级不降低，土地生产能力不降低。

控制措施：国家划定了 18 亿亩耕地红线。建议站在构建保障科学发展新机制的高度，构建耕地保护工作体系，综合运用经济、法律、科技手段，确保 18 亿亩耕地红线不动摇。可以通过提高土地利用总体规划的整体控制作用、促进土地利用节约集约、提高耕地的综合生产能力、构建土地利用及政策的绩效评估体系等措施来实现。

2. 水资源开发控制

水资源的开发利用要全流域统筹兼顾，生产、生活和生态用水综合平衡，坚持开源与节流并重，节流优先，治污为本，科学开源，综合利用。建立缺水地区高耗水项目管制制度，逐步调整用水紧缺地区的高耗水产业，停止新上高耗水项目，确保流域生态用水。在发生江河断流、湖泊萎缩、地下水超采的流域和地区，应停上新的加重水平衡失调的蓄水、引水和灌溉工程；合理控制地下水开采，做到采补平衡；在地下水严重超采地区，划定地下水禁采区，抓紧清理不合理的抽水设施，防止出现大面积的地下漏斗和地表塌陷。

案例 9：2012 年 1 月 12 日国务院颁布的水资源利用和管理三条红线 [15]

中国是一个干旱缺水严重的国家。扣除难以利用的洪水径流和散布在偏远地区的地下水资源后，中国现实可利用的淡水资源量仅为 11 000 亿 m^3 左右，人均可利用水资源量约为 900 m^3，并且其分布极不均衡。全国城市缺水总量为 60 亿 m^3。据监测，目前全国多数城市地下水受到一定程度的点状和面状污染，且有逐年加重的趋势。日趋严重的水污染不仅降低了水体的使用功能，进一步加剧了水资源短缺的矛盾，对中国正在实施的可持续发展战略带来了严重影响，而且还严重威胁到城市居民的饮水安全和人民群众的健康。当前水资源过度开发、粗放利用、水污染严重三个方面的问题已非常突出[16]。

控制措施：划定水资源利用和管理三条红线，主要是严格控制用水总量过快增长、着力提高用水效率、严格控制入河湖排污总量。

第一条红线是建立水资源开发利用控制红线，严格实行用水总量控制。红线明确，到2020年，全国年总用水量控制在6 700亿 m^3。这里的红线是强化刚性手段，对于取水总量已经达到或者超过总量控制指标的地区，暂停审批新增用水的建设项目，对取水总量接近取水许可控制指标的地区，限制审批新增用水。此外，还要完善配套措施，通过严格的水资源论证、严格实施取水许可和水资源有偿使用制度、强化水资源统一调度等来实现全国用水总量控制目标。

第二条红线是建立用水效率控制红线，坚决遏制用水浪费。据了解，有关部门确定的红线是，到2015年，全国万元工业增加值的用水量要比现状下降30%以上，这是一个约束性指标。此外，全国农业灌溉水的有效利用系数要从0.5提高到0.53以上，该指标原来是预期性、一刀性指标，现在也将成为约束性指标。这两个指标分别反映了工、农业用水效率。

第三条红线是建立水功能区限制纳污红线，严格控制入河排污总量。该红线指标要求全国主要江河、湖泊水功能区达标率要提高到60%以上。各地区要按照水功能区水质目标要求，从严核定水域纳污能力，严格控制入河湖限制排污总量：水功能区水质目标要作为各级政府水污染防治和污染减排工作的重要依据。对排污量已经超过水功能区限排总量的地区要限制审批新增取水和入河排污口。

案例10：吉林省划定“十二五”用水红线以控制水资源消耗风险源[17]

吉林省作为水利和农业大省，也将实现工程水利向资源水利，传统水利向现代水利、可持续发展水利的华丽转身。今后五年，吉林省将实施中部城市引松供水工程、建设1 000万亩高效节水灌溉等工程项目，加快推进水利改革发展，为吉林省经济社会发展提供可靠的基础保障。作为一个水资源短缺的省份，吉林省人均水资源占有量、耕地亩均水资源量分别为全国平均水平的2/3和2/5。随着工业化、城镇化深入发展，极端天气造成的灾害事件增多，吉林省水利发展面临的形势更为严峻。

控制措施：吉林省制定了《中共吉林省委、吉林省人民政府关于贯彻〈中共中央、国务院关于加快水利改革发展决定〉的实施意见》，推出了一系列加快水利改革发展的政策措施，“十二五”期间还划定了“150亿 m^3”用水红线，将吉林省用水量控制在150亿 m^3 以内，万元GDP用水量、万元工业增加值用水量分别降至104 m^3 和81 m^3，农业灌溉用水有效利用系数提高到0.55以上，水功能区水质明显改善，城市饮用水水源地水质达标率超过90%，城乡供水保证率显著提高。到2020年，基本建成符合吉林省水资源分布特点、满足经济社会发展需求的水资源优化配置体系。

3. 生物资源开发控制

地球表面的资源可归纳为两类，即可再生资源和不可再生资源。对于不可再生资源，人类在使用过程中一定要考虑替代资源。对可再生资源我们也应采取可持续利用的方式，要科学合理地使用资源，要考虑资源的过度利用会导致资源耗竭风险。

案例 11：渔业资源，禁渔时间和禁渔区域红线[18]

现代化的渔业生产借助大型渔船和先进的鱼群探测仪器、捕捞工具，其捕捞效率极高。任何大种群生物和富饶渔场，如果不加限制，都可能在不长的时间内枯竭。海洋、河流生态系统遭受破坏之后，恢复起来是十分困难的。长江流域的南京市，为确保鱼类资源的可持续利用，采取了一系列禁渔措施。

控制措施：①设定禁渔时间，南京市规定禁渔时间为每年的 4 月 1 日到 6 月 30 日，在这段时间内严格禁止任何捕鱼活动。②严控捕捞强度。长江禁渔期制度实施以来，南京市不断压缩机动渔船数量，严格控制捕捞强度，逐步降低非选择性捕捞比例，其中专项特许捕捞证每年递减 15%。③加大渔民转产转业力度。帮助渔民转产转业，是巩固禁渔成效，实现长江渔业健康、可持续发展的根本举措。④建立水产种质资源保护区。2009 年 4 月，经农业部确认，南京市长江江段大胜关水域被正式列入国家级水产种质资源保护区，总面积达 7 421.03 hm^2，核心区面积 403.43 hm^2。⑤加大增殖放流力度。从 2003 年开始，南京市连续 6 年向长江投放水生珍稀动物和长江特色经济鱼类 1 500 多万尾。2009 年，投入资金 130 万元，放流苗种 800 余万尾。2010 年 4 月 13 日，共投放“四大家鱼”等滤食性鱼类 100 万尾。⑥提高禁渔生活补贴标准。南京市将禁渔期间渔民补助纳入财政预算，由市、区、街道（镇）三级财政共担，每年解决 680 位专业渔民的生活困难。2010 年，禁渔补贴标准提高，南京市城区渔民生活补助由每人每月 300 元提高到 360 元，农村则从原来的 234 元提高到 260 元，与城镇居民最低生活保障水平对接；补助范围扩大，首次将临时捕捞渔民纳入补助体系。⑦落实机动渔船油价补贴政策。实施 4 年来，在降低渔业生产成本，维护渔民利益，保护渔业资源和生态环境，促进长江渔业可持续发展方面取得了显著成效。

案例 12：东北人参资源的耗竭和补救保护[19-20]

明代以前山西太行山区是我国人参生产区之一，由于垦田、森林的砍伐和大量采挖，至明代中期就已灭绝。东北的人参在明代和清代前期资源也非常丰富，野生人参每年出产两三万公斤以上。1609 年明御史熊廷弼禁绝对建州女真互市，两年之内烂掉人参 10 万 kg 左右。这样丰富的人参资源竟在几百年的时间内采挖已绝，其原因除无计划大量采挖之外，森林资源的减少使人参失去赖以生存的自然环境也是主要的。有着“百草之王”美誉的野山参，生长于长白山区，近 300 年来，长白山作为野山参的唯一产区，储量和产量明显减少，1981 年野山参年产 128 kg，1992 年产量已经不足 10 kg，现在年产连 3 kg 都不到。由于人们对人参资源灭绝似的采挖，野生人参资源一年比一年减少，导致野生人参已濒临灭绝，人参亟待保护。

控制措施：为了保护现有野山参资源，加强人为干预，采取有效补救措施，建立野山参基因库。是保护珍稀植物的重要举措，在长白山区鸭绿江、松花江、图们江三江源头海拔 700 ～ 1 800 m 的区域内，用 10 年的时间建成野山参基因库，活动从 2008—2017 年每年播种 2.5 万粒原种，建立 20 处原种基因库，播种后完全自然生长繁衍。

三、资源恢复与更新

对于资源开发生态风险源头区域及传递过程所涉及的区域，生态系统及其生态功能均会受到一定程度的影响，如果不进行系统功能恢复，资源开发所造成的风险的后遗症将加重风险区域的负面效应。风险过后要完善恢复重建规划机制，对风险造成的破坏和影响进行进一步的评估，对破坏区的生态恢复建设进行调整和修正。

1. 生物多样性恢复

生物多样性是指一定范围内多种多样活的有机体（动物、植物、微生物）有规律地结合所构成稳定的生态综合体。通常由遗传多样性、物种多样性和生态系统多样性三个组成部分。生物多样性是人类赖以生存的条件，是经济社会可持续发展的基础，是生态安全和粮食安全的保障。生物多样性的减少对自然和人类的影响有时可以预见有时很难预见，可以是短期的也可能是长期深远的，但对于局地退化的生物多样性，通过我们的知识和现代的科技手段是可以恢复的。

案例 13：腾格里沙漠东南缘的沙坡头的人工固沙恢复生物多样性[21]

遭到破坏的生态系统要想恢复是需要条件的，超过一定限度的破坏是不能自行修复的。人为干预后，随着生态系统的逐步建立和恢复，生物多样性可以逐渐丰富。地处腾格里沙漠东南缘的沙坡头人工固沙植被始建于 1956 年，46 年来不仅确保了包兰铁路沙漠地段的畅通无阻，而且对区域生态环境的恢复产生了巨大的影响，成为我国干旱沙漠地区交通干线荒漠化防治与生态恢复的成功模式。

恢复措施：长期定位监测结果表明：人工固沙植被建立 4 ～ 5 年后，沙丘表面物理结构初步得到稳定，并由大气降尘形成的无机土壤结皮逐渐演变形成土壤微生物结皮。荒漠藻类、苔藓和地衣等隐花植物在结皮层中得到了大量的繁衍：固沙植被建立 46 年后出现藻类 24 种；苔藓仅有 5 种，少于天然固定沙丘结皮上的种类，此外，地衣也在植被区出现，这说明固定沙丘景观逐渐趋于稳定的状态；相对于流沙区，固沙植被区近地面风速降低了 40%，土壤有机质含量增加了 60%，其中氮、磷、钾等荒漠生态系统主要限制养分因子及土壤理化性质得到了改善，沙丘表层成土过程明显；土壤水分循环的时空变异驱动了植被的演变，为大量的草本的侵入和定居创造了条件；此外，对鸟类、昆虫和土壤动物及荒漠动物的生存产生了积极的影响。46 年后，固沙植被区共有鸟类 28 种，昆虫 50 种，动物 23 种。生物多样性的恢复使原有的相对单一的固沙植被演变成一个结构、组成和功能相对复杂的荒漠生态系统。

2. 生态系统生产力恢复

生态系统由它的生命部分和物理环境部分组成，生命部分是其关键。生命生产是生态系统很重要的一个生态过程，包括植物的初级生产、动物的个体生产和种群增长、微生物种群增长等，这些生命的生产生态过程是许多其他生态过程的基础。当生态风险实际发生并影响到生态系统的生产能力时，风险过后进行生态系统生产力恢复极为重要，尤其是初级生产力的恢复。

案例 14：退化草场生产力恢复[22]

主要风险：草地退化已成为制约北方农牧业发展的主要瓶颈，这一现象在位于我国三大生态脆弱带之一的北方农牧交错带盐池县尤为突出。盐池县农牧交错区草场面积 55.7 万 hm^2，据有关部门统计，近几年，由于气候干旱少雨，草原面积减少，全县草场均有不同程度的沙化退化现象存在，天然草地生产力完全依附于自然条件，干旱年植被极差，年际间、季节间变率较大，且主要受降雨量和人为活动影响较大。同时，人类不合理经济活动影响，导致草场资源遭到不同程度的破坏，加快了脆弱生态区草场退化速度，草畜矛盾日趋尖锐，目前，每年草地大约以 1.2 万 hm^2 的速度沙化退化，占全县草场面积的 2.2%，每年相当于 1 592 只羊失去放牧草场，造成畜牧业直接经济损失达 12.7 万元。原因总结为超载放牧、滥垦和不合理利用土地、乱采滥挖和鼠害。

恢复措施：①建立合理的放牧制度。为有效保护植物的萌发和早期生长发育，极大提高植物的生长潜力，恢复草地植被；对天然草地施行阶段性禁牧是遏制生态环境恶化和实现畜牧草可持续发展的最佳利用方式。②控制家畜数量，实行以草定畜。压缩非生产性羊只，提高适龄母羊比例，扩大舍饲、半舍饲，加强饲养管理及后勤服务，实行短期育肥，加速畜群周转，减轻草场压力，为天然草场提供休养生息的机会。③开发饲料新产品，提高秸秆利用率，缓解草畜矛盾。④加强畜牧业基础设施建设、改良家畜、优化畜群结构。在天然草场返青期进行禁牧，大力发展科学合理的舍饲养殖，缓解春季牧草欠缺与放牧对天然草场破坏的矛盾，使退化的天然草地有休养生息的机会。⑤草场改良。对于梁地植被盖度较小的地方应采用带状整地，种植或补植饲料灌木，对于缓坡地或平滩地应采用浅耕播种技术，利用这类地方含水量较好的优势，种植冰草、无芒雀麦、沙打旺、草木樨等优良牧草。实施围栏封育、压缩耕地等措施。⑥鼠、虫害的防治。加大灭鼠资金投入，利用生物毒素、微生物制剂等途径；加大鼠类天敌的繁殖；加强无公害灭鼠剂及鼠类不育剂的研制，将鼠害程度控制在最低限度，为草场植被恢复创造条件。

案例 15：珍稀野生物种麋鹿种群数量的恢复[23-25]

主要风险：麋鹿是一种原产于我国的世界珍稀动物，又是一种适应湿地生活的大型草食动物，由于自然环境的变迁、乱捕滥杀、土地开垦等原因导致在 1900 年麋鹿种群在我国灭绝。1985 年以国家重引进重大工程启动为标志，20 头青年麋鹿从英国乌邦寺回归故土，落户于北京南海麋鹿苑。保护生物学家认为脊椎动物的目标种群通常需要由 250 ～ 500 个个体组成，这实际上很难达到。但在严格的种群遗传管理下，可减少为 50 或更少个体组成的核心种群。从调查结果看，大多数麋鹿迁地保护设施的管理者甚至根本没有目标种群的概念，少数具有扩大种群的计划。但由于本身容量和其他条件的限制，很难在适当的期限内建立合乎保护生物学要求的目标种群，原因包括近亲交配、分布点少、疾病影响、密度制约。目前，在北京和大丰麋鹿种群中，种群的性比已经基本平衡，种群的有效种群数目接近实际种群数目，这种种群结构有利于保存种群的遗传异质性，随着麋鹿种群的不断繁衍，由于在圈养的生态系统中缺乏麋鹿的天敌，使得麋鹿种群处于不健康的发展状态，在人工管理之下，除了进行人工补饲、生境管理、疾病控制等措施外，人工调控种群结构也是圈养种群管理的重要手段。

控制措施：①不断调整和完善管理政策。一个圈养种群不可能无限地扩大下去，野生动物保护主管部门应根据麋鹿圈养种群发展的实际情况，解决其达到最适容量（目标种群）后剩余动物的出路问题。过剩的动物可源源不断地向动物园、野生动物园及有条件的圈养设施输出，鼓励他们建立结构良好的、较小的核心种群，这样有利于充分调动社会力量繁荣麋鹿迁地保护事业。②明确建立迁地保护种群的目的。重视野生动物保护是现代世界动物园的发展趋势，在继续发挥其公益性的群众游憩和教育作用之外，也应该将濒危野生动物的迁地保护作为自己的主要功能之一。③采取措施克服奠基者效应。首先是应多次重复引进；其次是雄性动物不可太少，性比最好是 1 ∶ 1，在此时种群的基因库容量最大；其最后要尽快达到一定大小的目标种群，在未达到前不要输出。在容量有限、不可能建立较大种群的情况下则应建立较小的核心种群，按照种群遗传学原则严格管理。④在管理中引入异质种群的概念。纵观目前迁地种群现状，存在着许多分散的、几乎难以自我维持的、相互孤立的小种群，而不同部门间存在的种种壁垒又使得这种隔离状态难以打破。因此在管理中引入异质种群的概念十分必要。主管部门应帮助建立对异质种群的统一管理，建立亚种群间的遗传交流机制。这样才能帮助克服每个迁地保护设施由于容量过小难以建立自我维持种群的问题。

第三节　空间占用生态风险管理

一、生态空间保护

1. 产业规划布局

根据我国区域经济发展的总体战略、产业发展趋势和生产力布局态势，环境保护部开展了五大区域重点产业发展战略环境影响评价的工作，产业规划布局是其中的重点内容之一，其目的是通过优化产业布局，调整产业结构，确定产业规模，评估大尺度、中长期的生态风险，提出降低或规避生态风险的措施，从决策源头确保生态安全和人民健康，在此基础上，提出优化经济增长、推进产业转型、合理产业布局的对策与保障机制的建议。

为加强生态空间保护，各地提出了生态红线的概念。空间上的生态红线划分是在分析区域生态环境现状特征的基础上，依据区域所选定的单一或综合性质的生态指标，通过科学叠加，确定出需要严格保护的生态空间，从而划定红线。2005 年深圳将一级水源地保护区、风景名胜区、自然保护区、基本农田保护区、森林及郊野公园、坡度大于 25° 的山地、林地、高地、主干河流、水库及湿地、生态廊道和绿地、岛屿和海滨陆地等生态价值较高的区域划为“基本生态控制线”。2008 年昆明市在新的土地利用总体规划修编中，将生态系统比较敏感或具有最关键生态功能的区域划定为生态红线区。2008 年云南省以生态脆弱性和生态系统服务功能为依据在土地利用规划中划定了生态红线区。刘雪华等 [26] 综合考虑了生态系统敏感性、生态系统服务功能和自然生态风险的三个综合因子，在环渤海区域划定了重点产业发展的“红线”区域。

下面通过环渤海产业发展控制及江苏沿海滩涂开发控制两个案例进行生态空间保护红线划定论述。

案例 16：环渤海重点产业发展生态红线划定 [26]

环渤海区域是东北亚经济圈的中心地带，是我国面向朝鲜、韩国、日本等国家的重要口岸。该区域分布有 18 个国家级产业区和 97 个省级规划重点产业聚集区，区域内钢铁、石化、装备制造、电力、造船、建材和港口货运等产业均在我国占有重要地位。产业开发活动的迅猛开展也给该区域带来了沉重的环境负担，“三废”排放、人为干扰加剧以及人口流动和新的人口聚集区的形成对区域海水入侵、地面塌陷、土壤盐渍化、水土流失、生物多样性降低、赤潮等生态问题均有不同程度的负面作用。正确引导产业区合理布局，防止生态环境的进一步恶化对该区域的发展具有重要意义。

控制措施：通过划定生态红线区来控制产业布局及发展。为保证环渤海沿海地区重点产业的合理布局，在红线划定过程中既考虑生态系统本身的敏感性（图 8-1）和服务功能在空间分布上的差异性（图 8-2），也将自然生态风险（图 8-3）作为重要因素加以引入。这里的生态红线区（图 8-4）是为保证产业和生态环境的共同安全而必须加以严格管理和维护的区域，包括生态系统敏感性极高区域、具有重要或特殊生态系统服务功能价值的区域和自然生态风险极高的区域。

生态红线划定见图 8-4。生态红线区内需要严格按照法律法规和相关规划实施强制性保护，严禁不符合生态环境功能定位的建设开发活动。对于允许开发的区域进行了进一步分级，划分了生态黄线区和可开发利用区。生态黄线区是重要性级别仅次于生态红线区的区域，其生态系统敏感性、生态系统服务功能和生态风险方面的重要性比红线区低，但是仍在生态环境保护中发挥重要的作用。开发利用这些区域，应该有目的地限制对于环境影响较大的开发活动进入，或者在能够补偿产业所造成的生态环境影响的基础上有条件地批准开发建设活动的开展。可开发利用区是推荐未来产业进行布局的区域，在这些区域发展产业对生态环境功能的损害相对较小，是生态成本相对较低的区域，建议产业区选址或者进一步空间扩展首先考虑这些区域。生态红线区、生态黄线区和可开发利用区的空间分布情况为红线区域占整个区域的 23.2%，生态黄线区占整个区域的 37.9%，可开发利用区占整个区域的 38.9%。将生态红线区域依据保护原因和空间位置划定为 14 个区域，其位置和划定原因见表 8-1。

表 8-1 环渤海生态红线区分布及其划定

红线区域	划定原因
大连南部海岸带	蛇岛—老铁山、城山头、大连斑海豹国家级保护保护区、旅顺口风景名胜、金石滩森林公园等重要景观单元所在地，具有较高的生物多样性保护、休闲娱乐价值
大连东北部海岸带	风暴潮高风险区
大连营口东北部山区	碧流河水库、朱家偎子水库、英那河水库等主要城市水源地所在地，植被状况良好，暴雨山洪等生态风险较高
盘锦辽河口湿地	双台河口国家级自然保护区所在地，也是盐渍化、海水入侵等生态风险较高区域
锦州国家级保护区	医巫闾山国家级自然保护区、国家级森林公园和风景名胜区所在地
锦州葫芦岛秦皇岛西部山区	天然森林分布地，重要城市水源地乌金塘、桃林口、洋河水库、柳江盆地国家级自然保护区所在地，森林生态系统分布区
秦皇岛海岸带	水土流失、风暴潮发生的高风险区。北戴河、山海关等有较高娱乐和人文价值的区域
唐山北部	潘家口、大黑汀、陡河等主要水源地所在地，森林分布地
唐山南部海岸带	湿地分布主要区域，分布有唐海等湿地保护区
滨海新区南部湿地	地面塌陷、海水入侵和风暴潮高发地区。分布有北大港和南大港等湿地保护区
滨州东营海岸带	黄河三角洲国家级保护区所在地，分布有大量的滩涂湿地和苇田，具有很高的生态系统服务功能，是珍稀濒危物种迁徙的重要廊道，在维护生态系统的稳定性方面有很高的价值，该区域还是海水入侵和风暴潮的高风险区
东营莱州湾西岸	广南、广北水库所在地
潍坊南部	山地区，植被覆盖率较高
烟台中部	分布有门楼、庵里等一级水源地、昆嵛山国家级自然保护区，并且植被状况良好，生态系统服务价值较高

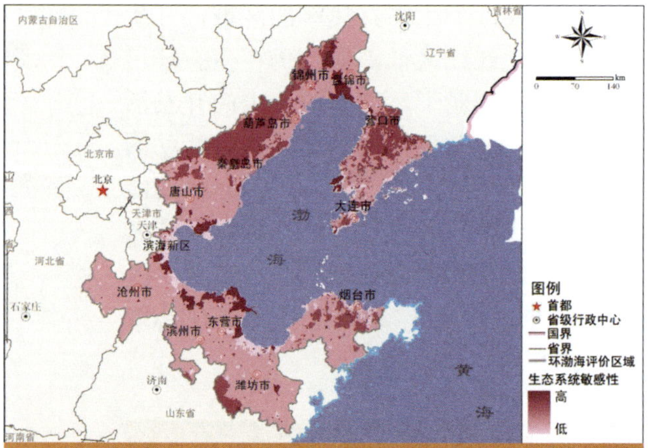

图 8-1 环渤海生态系统敏感性分级

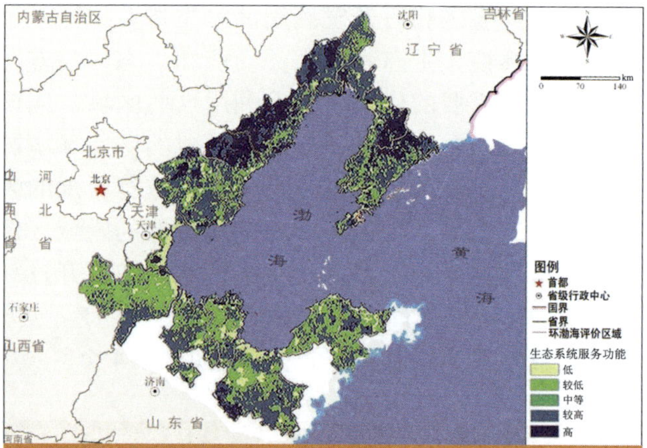

图 8-2 环渤海生态系统服务功能分级

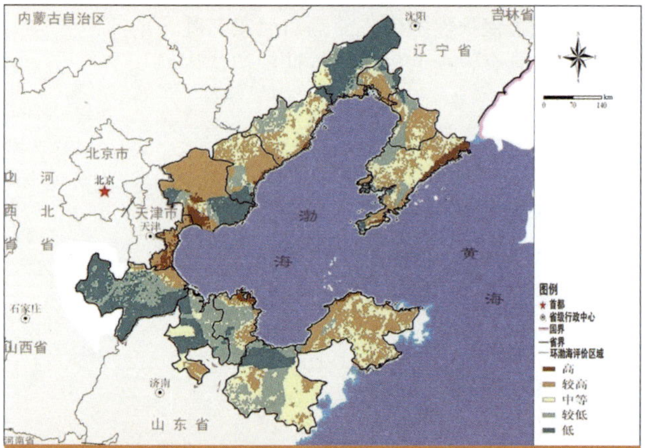

图 8-3 环渤海自然生态风险分级

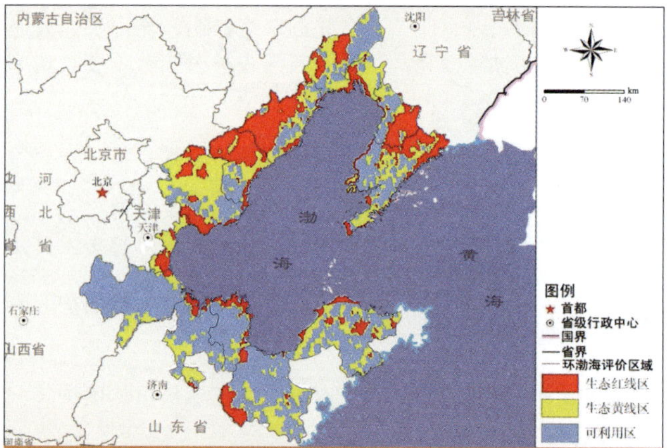

图 8-4 环渤海生态红线区分布

案例 17：江苏新一轮滩涂围垦开发中设定 20% 生态用地底线[27]

江苏省海岸线长约 954 km。沿海地区独特的动力地貌蕴育了大量的沿海滩涂，其中，至今未围滩涂的总面积为 750.25 万亩，约占全国 1/4。江苏省多年来通过滩涂围垦，增加了大量土地，已形成各类农业用地约 209 万亩，其中增加耕地 86 万多亩。建设了海淡水养殖、工厂化设施养殖、粮棉种植、畜牧业及林业生产基地，有效增加了农业供给，推进了港口建设和临港产业发展，有力支持了沿海地区经济发展。但是，在沿海滩涂围垦中存在三大问题：①滩涂围垦开发利用效率有待提高。沿海滩涂开发多为传统的种植、养殖业，开发层次不高、利用方向单一，资源综合利用效率不高；②滩涂围垦开发利用机制有待完善。缺乏总体规划引领，政府调控力度不够，管理不规范，有效的投融资机制尚未建立；③沿海生态环境保护有待加强。对围垦造成的生态环境影响重视不够，保护措施不力，近海生态环境问题日益突出，对滩涂资源的持续利用和滩涂经济的持续发展带来直接影响。

控制措施：江苏“规划纲要”要求在沿海滩涂围垦开发中，确定要 60% 用于农业、20% 用于生态、20% 用于建设的总体比例要求，确保三类空间落实到具体围区。到 2020 年，围区农业、生态、建设用地要分别为 94.4 万亩、33.2 万亩、38.4 万亩，分别占 56.9%、20%、23.1%。“规划纲要”还强调，在沿海滩涂围垦开发中，要对盐城珍禽国家级保护区和大丰麋鹿国家级自然保护区、启东长江口北支河口湿地等省级自然保护区实施严格有效的保护，不在核心区与缓冲区进行滩涂围垦，在实验区内控制滩涂围垦规模，留足生态空间，依靠生态系统自然演替规律，形成新的湿地生态系统，维护海岸生态平衡。提高产业项目环境准入标准，严格控制生产力低下、工艺落后、科技含量不高、物耗能耗大、污染物产生量较大的项目。同时，要建立围垦工程环境影响评价制度，最大限度减少围垦开发建设行为对生态环境的破坏及造成的不良影响。

2. 重要生态功能区保护

重要生态功能保护区指在保持流域、区域生态平衡，防止和减轻自然灾害，具有重要生态服务功能和保护价值的，在维护区域生物多样性和生态安全等方面有重要作用的，依照规定程序划定，有明确界线，需要实施严格保护的自然地域。

划分重要的生态功能区并进行保护，可以从产业选址布局之初就避免对生态环境相对脆弱和敏感区域造成生态风险，有序引导一些存在生态风险的产业向其他地区转移，选择生态环境风险相对小的地区布局，从优化产业布局的角度来实现规避环境风险、减缓环境压力的目的。

党中央、国务院高度重视生态功能区划工作。2000 年，国务院颁布了《全国生态环境保护纲要》，明确了生态保护的指导思想、目标和任务，要求开展全国生态功能区划工作，为经济社会持续、健康发展和环境保护提供科学支持。2004 年，胡锦涛总书记强调指出："开展全国生态区划和规划工作，增强各类生态系统对经济社会发展的服务功能。"

案例 18：江苏省重要生态功能区划分[28]

江苏省根据其自然地理特征和生态环境现状，依据《中华人民共和国自然保护区条例》等法律法规以及《全国生态环境保护纲要》等有关文件的规定，将全省具有重要生态服务功能的区域分为自然保护区、风景名胜区、森林公园、地质遗迹保护区（公园）、饮用水水源保护区、洪水调蓄区、重要水源涵养区、重要渔业水域、重要湿地、清水通道维护区、生态公益林和特殊生态产业区共 12 种类型，对每一种类型的重要生态功能保护区，又分为禁止开发区和限制开发区。禁止开发区内禁止一切与保护维护主导生态功能无关的开发活动；限制开发区内在不影响其主导生态功能的前提下，可以开展一些对生态环境影响不大的建设和开发活动，并分别制定了保护措施。

控制措施：江苏省全省共划分 569 个重要生态功能保护区，其中：自然保护区 19 个，森林公园 38 个，风景名胜区 68 个，地质公园 2 个，饮用水水源保护区 149 个，洪水调蓄区 18 个，重要水源涵养区 29 个，重要渔业水域 6 个，重要湿地 95 个，清水通道维护区 64 个，生态公益林 47 个，特殊生态产业区 34 个。

案例 19：成渝区区域生态安全格局分区[29]

成渝经济区是长江上游生态屏障的重要组成部分，具有水源涵养、水土保持和生物多样性保护等重要的生态服务功能。区域内盆地低山丘陵区、盆周山区、成都平原区和三峡库区等具有不同的主导生态服务功能，在长江上游生态屏障中发挥不同的重要作用。

区域生态安全格局是维护区域生态结构完整、生态过程流畅和生态功能充分发挥的关键，是区域环境支撑系统和区域可持续发展的重要保障。基于生态服务功能（土壤保持、水源涵养、生态多样性保护）重要性的生态安全格局分区见图 8-5。

区域生态安全格局一级区面积约 1.94 万 km^2，占成渝经济区面积的 9.3%，主要分布在四川盆地盆周区域，包括龙门山、茶坪山、邛崃山南段、川西南山地、盆地南缘、渝南山地、方斗山—七曜山、大巴山等关键节点，生态安全格局一级区内主要分布着一些重要的自然保护区和天然林区以及一些风景名胜区、森林公园等。

区域生态安全格局二级区面积约 5.36 万 km²，占成渝经济区面积的 25.8%，主要分布在四川盆地盆周区域，包括龙门山、邛崃山南段、川西南山地、盆地南缘、渝南山地、方斗山—七曜山、大巴山等关键节点，涵盖三峡库区的大部分区域和川东平行岭谷区的山脊区域。

区域生态安全格局三级区面积约 13.5 万 km²，占成渝经济区面积的 64.9%（表 8-2）。成渝经济区内除一级区和二级区外的区域为生态安全三级区，主要包括成都平原、盆中丘陵平坝区、渝西方山丘陵区、川东平行岭谷间的平坝丘陵区等区域。

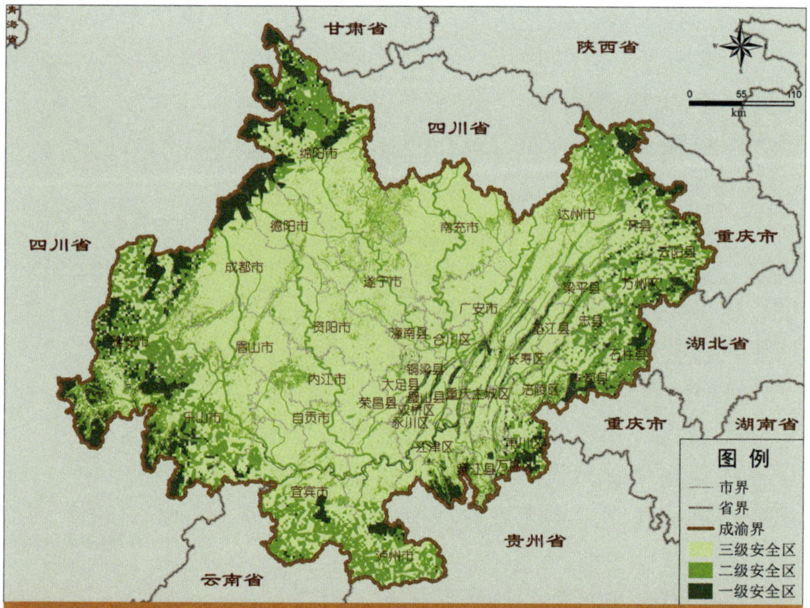

图 8-5 成渝经济区区域生态安全格局分区

表 8-2 成渝经济区综合生态安全格局分级统计

区域	单位	生态安全区		
		一级安全区	二级安全区	三级安全区
成渝区	面积 /km²	19 377	53 640	134 845
	所占比例 /%	9.3	25.8	64.9
重庆部分	面积 /km²	5 190	14 723	31 146
	所占比例 /%	10.2	28.8	61.0
四川部分	面积 /km²	14 187	38 917	103 699
	所占比例 /%	9.1	24.8	66.1

控制措施：区域生态安全格局一级区为底线区域，以生态保育为主，保障自然保护区和天然林总面积不减少。巩固天然林保护成果和退耕还林成果，维护和提高其水源涵养、土壤保持等生态服务功能，保持区域生态系统的结构完整和功能良好。在龙门山和茶坪山区域，加强地震受损生态系统的生态建设与修复。

区域生态安全格局二级区是区域生态建设的重点区域，坚持生态保护优先、生态服务功能不下降的原则，维护区域生态系统结构和生态服务功能，优化经济发展方式，合理开发资源，控制开发建设强度。重点加强水土流失控制、巩固退耕还林成果，继续推进陡坡耕地的退耕还林，优先推进三峡库区及渝南山区采矿废弃地的生态修复以及盆地南缘的石漠化防治。确保 2020 年四川省森林覆盖率不低于 37%，重庆市不低于 45%。

区域生态安全格局三级区是区域农业生态系统的主要分布区域，以改善生态服务功能及合理引导产业发展为主。保障基本农田不减少，强化“国家粮食安全保障基地”的作用。围绕面源污染治理、农村环境综合整治、城镇生态建设、次级河流生态环境综合整治，重点加强区域城乡生态建设。根据资源环境条件，合理确定第二产业的空间布局、开发模式和规模。

二、空间胁迫控制

1. 产业发展规模控制

不仅要从产业布局优化方面规避生态风险、减轻环境压力，还应当根据当地的环境容量，提出对某些重点行业特别是那些高风险、高污染行业的规模控制，从而在源头上能够保证一些特征污染物的排放不超过其总量控制，有效地降低生态风险。

成渝经济区重点产业发展战略环境评价报告中，提出按照国家主体功能区建设有关要求，以“不欠新账、多还旧账”为基本原则，在区域实行严格的环境准入政策，从严控制“两高一资”产业技术工艺水平、总体规模和空间布局。

“十二五”期间，大力推进化工、造纸、纺织、冶金、建材等高污染高耗能的升级改造，产业发展必须走延长产业链的道路，严格控制以扩大资源消耗量增加为特征的产业扩张。

化工产业突出延伸化工产业的产业链，通过建设循环经济示范园区的方式，对传统的天然气、盐卤化工产业进行技术升级，避免单纯的规模扩张。

关闭不符合国家产业政策、资源环境利用效率低下、污染严重的小型造纸厂。

冶金行业应控制高载能（高耗能）产业的发展规模，着重产业链的延伸。铝业发展必须实施向下游产品链发展的战略，控制盲目地扩张初加工规模。

严格限制燃煤火电装机容量的增长。关闭淘汰不符合国家产业政策、环境绩效低下、环境污染严重的小电厂，适度发展天然气发电。

2015 年炼油生产能力控制在 1 000 万 t/a，乙烯生产能力控制在 80 万 t/a，石化产业中、下游产品规模应以与 1 000 万 t/a 炼油、80 万 t/a 乙烯相配套为原则。

电解铝、氧化铝产能规模应严格执行国家产业政策的要求，铝产业以向下游产品发展为主。淘汰不符合国家产业政策的小规模煤矿，严格限制高硫煤煤矿的开采[29]。

通过以上一系列对重污染、高风险产业的规模限制措施，来有效地规避风险、减缓环境压力。

2. 沙漠化控制

发生在一定空间里的生态过程不仅在时间上会产生连续效应，在空间上也会因传递过程而发生胁迫效应，可能是正面的也可能是负面的，如果是负面效应就可能产生风险，如沙漠化，为防止胁迫风险的传递，就需要采取措施进行阻断。

因过度使用和管理不当导致耕地变成荒地的过程称为土地沙漠化或荒漠化。自然界中，如果地表失去具有保护作用的草皮或树木，土壤就很容易受到风水侵蚀，逐步出现沙漠化。在沙漠化初期，地表的细微尘土被风带走，造成降尘。而后，地面上粗糙的沙粒也会随风而起，形成沙尘暴。目前，在人类社会不断发展和人口持续增加的当今，沙漠化现象变得相当普遍。

全球大规模的沙漠化主要集中在非洲和亚洲，而这两个地区拥有地球总人口 65 亿中的 48 亿。在沙漠化严重的国家，人口和家畜的持续增长导致过度放牧和过度开垦，这无疑加速了沙漠化的过程。

中国是世界上荒漠化和沙化面积大、分布广、危害重的国家之一，严重的土地荒漠化、沙化威胁着我国生态安全和经济社会的可持续发展，威胁中华民族的生存和发展。根据国家林业局 2011 年发布的《中国荒漠化和沙化状况公报》，截至 2009 年年底，我国荒漠化土地面积为 262.37 万 km^2，占国土总面积的 27.33%，沙化土地面积为 173.11 万 km^2。

案例 20：“三北”防护林建设，防治和阻止风沙灾害的影响[30-31]

主要风险：土地沙化是中华民族的心腹之患。“三北”地区土地沙化危害严重，吞噬了宝贵的国土资源，缩小了人们的生存和发展空间；造成土地生产力衰退，严重制约着农牧业发展；导致自然灾害加剧，沙尘暴频繁袭击；加重了农村贫困化程度，严重阻碍区域经济社会的可持续发展。

控制措施：①加大封沙育林力度。实践证明，封沙育林具有投资少、见效快、易成林、生物群落稳定、不与农业争水争地等优点。在目前国家对生态环境建设投资有限的情况下，是防沙治沙的首选方法。②确定合理的载畜量，实行轮封轮牧。据有关资料显示，沙漠化草场一般超载率达 50% ～ 120%，而草原围栏畜数仅占 1.8%，这些造成了草场沙化退化。1949—1990 年，有 235.3 万 hm^2 草场变为流沙。近代形成的沙漠化土地中，由过牧引起的占 28.3%。因此，一定要根据草场的载畜能力确定合理的载畜量，加大草原建设力度，积极建设人工草地、饲料基地，实行轮封轮牧。③严格防沙治沙法规，坚决杜绝滥樵采。对野外调查和航空卫星照片的分析证明，由于过度樵采而导致土地退化的面积占沙漠化面积的 31.8%。因此，一方面要严格防沙治沙法规，规范防沙治沙行为，坚决杜绝滥樵、滥采等毁林（草）开荒和其他破坏性行为；另一方面要积极发展薪炭林，大力推广使用沼气、节柴灶、太阳灶等，多能互补，最大限度地解决农村生活能源问题。④坚持适地适树原则，提高营林技术措施，加大灌木造林比重。“三北”地区大面积的宜林地适于发展灌木林，尤其是立地条件较差的广大沙区，营造灌木林的生态效益、经济效益相对乔木林要大得多，这是多年防沙治沙生产实践的总结。“小灌木，大产业，多功能，快致富”是对沙棘、柠条、枸杞、沙柳等灌木的真实写照。⑤加大科技工作，为防沙治沙提供强大的技术支撑。一是从工程建设资金中划出一定的比例用于防沙治沙的科研和技术推广工作，提高工程建设的科技含量；二是对防沙治沙的技术难题组织有实力的林业院校、科研单位进行科技攻关，解决工程建设的关键技术，做好科技支撑工作；三是对现有的防沙治沙研究成果进行归纳、筛选、组装配套，加大适用技术的应用和推广力度；四是建立和完善科技服务体系，加强防沙治沙工作的科学管理。

三、生态空间恢复

对于生态风险源头区域及传递过程所涉及的区域，生态系统及其生态功能均会受到一定程度的影响，如果不进行系统功能恢复，风险的后遗症将加重风险区域的负面效应。风险过后要完善恢复重建规划机制，对风险造成的破坏和影响进行进一步的评估，对破坏区的生态恢复建设进行调整和修正。

1. 退耕还林

地表的植被覆盖都具有涵养蓄水、防风固沙的生态功能，功能的大小取决于地表覆盖的植被类型（如森林、灌木、草原等）和植被好坏。人类在对森林和草原的过度利用后，已领略到了大自然的“厉害”，如 1998 年的大洪水，我国北方沙漠化及沙尘暴等，都给大范围区域的自然和人类社会带来了严重影响。

案例 21：湖北省秭归县退耕还林工程[32]

主要风险：①土地退化。近 30 年来，由于土地开发不合理，导致植被严重破坏，森林枯枝落叶层回归土壤量大大减少，严重制约了正常的生物地球循环，造成表土层年平均减少 3 ～ 5 cm，致使土壤腐殖质层消失，岩石裸露，土壤质量退化严重。②土地利用方式不合理。近 30 年来，秭归县土地利用方式主要以农业用地为主，占利用土地的 94%，发展林业用地很少，且主要以单品种的柑橘林为主，仅占利用土地的 6%。造成耕地生产力低，地力逐渐衰退，面积逐渐减少，开发的土地抵御自然灾害能力脆弱，且森林覆盖率急剧下降。③水土流失严重。秭归县土壤流失量从 1956 年的 86.5 万 t/a 增加到 1980 年的 126 万 t/a，导致裸山面积扩大、河床抬高、塘库淤积严重。④自然灾害严重。滑坡、崩塌、旱灾等自然灾害对秭归县人民的生命财产安全造成了巨大的威胁。

控制措施：秭归县是全国首批 176 个退耕还林工程试点县之一，2000 年以来，兰陵溪中坝村共完成退耕还林面积 132.49 hm^2，其中经济林面积 36.37 hm^2，生态林面积 84.79 hm^2。按国家政策退耕地每 1/15 hm^2 补助原粮 150 kg，现金 20 元；荒山造林只补助种苗费 50 元。中坝村 2000—2003 年共兑现粮食 2 030.3 t，现金 270 680 元。

效益评价：①长江三峡库区秭归县中坝村退耕还林规模为 132.49 hm^2，工程区的土壤蓄水量为 17 258.8 m^3，无林地土壤蓄水量仅为 6 100.3 m^3。退耕还林地的地表径流量平均比坡耕地减少 77.5% ～ 85.2%，退耕还林地的径流系数只有 0.019 5 ～ 0.029 6，而坡耕地的径流系数则为 0.132，退耕还林地的水源涵养能力明显优于坡耕地。中坝村退耕还林后每年可增加涵养水源 17 258.8 m^3，按每立方米库容造价约为 1.28 元计算，中坝村退耕还林地每年水源涵养带来的经济价值约是 22 091.3 元。②归县中坝村退耕还林工程区年均土壤保持量为 2 152.978 t，土壤保持价值为 2 241.9 元。计算得出中坝村退耕还林地可以保持有机质 30.068 t，保持氮肥 1.668 t，保持磷肥 0.975 t，保持钾肥 14.922 t，中坝村退耕还林地每年的保肥效益为 62 333 元，其中保持土壤有机质价值为 751.7 元，保持氮的价值为 5 252.24 元，保持磷的价值为 4 100.69 元，保持钾的价值为 52 228.4 元。中坝村退耕还林工程可固定 CO_2 434.89 t，同时生产 O_2 368.16 t，释放 O_2 效益为 38 656.8 万元，固定 CO_2 效益为 226 142.8 万元。秭归县中坝村退耕还林工程的年均生态效益为 351 465.8 元。③ 1998—2003 年中坝村人均纯收入为 1 768 ～ 2 182 元，实施退耕还林工程前，1999 年人均纯收入比 1998 年减少 39 元；实施退耕还林工程后，当年人均纯收入增加 129 元。2003 年，中坝村农民人均纯收入同全国平均农民人均纯收入的比值为 83.22%，同湖北省平均农民人均纯收入的比值为 85%。

三峡库区秭归县案例研究结果表明，退耕还林工程的生态效益最为显著，工程建设初期经济和社会效益一般，随着时间推移和林木的生长，退耕还林工程的生态、经济和社会三大效益将更加显著。同时，要使退耕还林工程真正做到“退得下、稳得住、不反弹、能致富”，必须培育与工程相关的后续产业，大力促进经济效益和社会效益提高。

2. 湿地恢复

湿地恢复，又名湿地修复，是指通过生态技术或生态工程对退化或消失的湿地进行修复或重建，再现干扰前的结构和功能，以及相关的物理、化学和生物学特征，使其发挥应有的作用。

案例 22：新济洲的湿地恢复 [33]

主要风险：新济洲湿地，位于南京市江宁区铜井镇长江中，距江岸 1.0 ～ 2.0 km，形成于清代乾隆、嘉庆时代，总面积约 7.8 km^2。由于自然因素和人为因素影响，新济洲湿地结构和功能发生了明显变化。湿地面临的主要问题有：长江泥沙沉淀造成地形变化；围垦使洲滩陆地化；长期农作、喷洒农药和偷猎等人类活动对水禽形成干扰；周期性洪水使湿地生物周期性改变；无序的大面积绿化与湿地植被本土化、环境协同化产生矛盾；水系、道路等生态因子不利于湿地生态系统营养物质的循环；大面积纯杨树林不仅使生物多样性下降，同时也对湿地生态系统造成干扰；湿地生态系统结构没有得到根本改善，生态功能下降没有得到根本抑制。目前，新济洲湿地水文和营养循环受到一定程度破坏，淹水时间缩短、面积减小、水位下降、土壤干化、水体富营养化、生物栖息环境退化、生物多样性降低和血吸虫泛滥，湿地功能有所下降，退化程度为轻度退化，在消除外界胁迫后，能够自然恢复。

恢复措施：湿地生境的恢复：栖息地恢复，基底恢复，水体恢复，土壤恢复。湿地的生物恢复：提高植被覆盖率；控制外来物种；保护野生动植物。湿地生物多样性恢复办法有：①采取珍稀动物放养、鸟类招引、植物移植、种质资源保存等手段，直接增加生物多样性；②根据鸟类迁徙、繁衍、营巢、觅食等规律，通过生境保护和恢复手段，为鸟类、鱼类提供适宜的生长、繁育环境；③划定区域保护价值较高的生物资源，减少珍稀湿地生物区人为干扰，保证其生存环境的良性循环；④保护防浪林及生态敏感区植被，提高土壤肥力，恢复森林植被群落。

参考文献

[1] 周平，蒙吉军 . 区域生态风险管理研究进展 [J]. 生态学报，2009，29（4）：2097-2106.

[2] 李亦平，从决策源头规避生态风险 [N]. 中国环境报，2006-5-8.

[3] 刘继莉 . 环境规划中水环境质量目标确定技术的研究 [J]. 资源与环境，2011，24：34，39.

[4] 雷振宇，邓春光，周勤，等 . 嘉陵江支流梁滩河水环境容量及总量控制规划 [J]. 水资源保护，2011，6.

[5] 史红香，王毓军，胡筱敏 . 城市大气污染物问题测试研究 [J]. 环境保护科学，2006，1：11-13.

[6] 周杰，裴宗平，靳晓燕，等 . 浅论土壤环境容量 [J]. 2006，31（2）：74-76.

[7] 胡宏，徐建刚 . 高斯模式在点源大气污染防护绿地布局的应用 [J]. 山东师范大学学报：自然科学版，2008，23（4）：58-62.

[8] 胡飞，刘影，丁建南，等 . 血吸虫病防控技术集成研究与示范的效果评价 [J]. 江西科学，2011，29（2）：51-55.

[9] 王文兴，童莉，海热提 . 土壤污染物来源及前沿问题 [J]. 生态环境，2005，14（1）：1-5.

[10] 卫明，冯坤范，赵政，等 . 应用微生物技术对城市黑臭河道实施生态修复的试验研究 [J]. 上海水务，2010，6：18-21.

[11] 张高萍，谈引根 . 湖泊面源污染治理有新法 [N]. 科学时报，2002-7-29.

[12] 刘红，代明利，欧阳威，等 . 潜流人工湿地改善官厅水库水质试验研究 [J]. 中国环境科学，2003，23（5）：462-466.

[13] 无锡市环境保护局 . 无锡市胡埭电镀厂土壤污染修复示范工程通过验收，http：//hbj. chinawuxi. gov. cn/web101/xwzx/bdxw/5423733. shtml[2012-1-5].

[14] 刘伯恩，吕宾，阎国芹 . 对守住 18 亿亩耕地红线的思考 [J]. 国土资源，2009，6：31-32.

[15] 国务院，关于实施最严格水资源管理制度的意见，国发 [2012] 第 3 号，http：//wenku. baidu. com/view/95c826f3f61fb7360b4c6510. html.

[16] 陈进，黄薇 . 实施水资源三条红线管理有关问题的探讨 [J]. 中国水利，2011，6：118-120.

[17] 吉林省制定“三条红线”实施最严格的水资源管理制度，http：//www. jl. xinhuanet. com/newscenter/2011-04/13/content_22509881. htm[2011-4-13].

[18] 管蓄菡，孙希福 . 落实国家惠渔政策 提高禁渔工作成效——南京渔政做好长江禁渔期管理工作 [J]. 中国水产，2010，5：9-10.

[19] 杨再，任春来，杨应娜，等 . 野生中草药的濒危与抢救 [J]. 安全用药，2010，6：30-31.

[20] 宫喜臣 . 长白山区药用植物资源的开发与保护 [J]. 中国林副特产，1993，3：39-40.

[21] 李新荣，肖洪浪，刘立超 . 腾格里沙漠沙坡头地区固沙植被对生物多样性恢复的长期影响 [J]. 中国沙漠，2005，25（2）：173-181.

[22] 潘占兵，蒋齐，温学飞 . 长城沿线农牧交错区退化草场恢复对策——以宁夏盐池沙地退化草场为例 [J]. 西北农业学报，2004，13（4）：115-119.

[23] 张光宇，张万钦，邓大军 . 麋鹿研究综述 [J]. 河南林业科技，2007，27（4）：42-44.

[24] 杨戎生，张林源，唐宝田，等 . 中国麋鹿种群现状调查 [J]. 动物学杂志，2003，38（20）：76-81.

[25] 张树苗，梁兵宽，张林源，等 . 中国麋鹿种群现状与潜在资源利用 [J]. 林业调查规划，2009，34（4）：41-45.

[26] 刘雪华，程迁，刘琳，等 . 区域产业布局的生态红线区划定方法研究——以环渤海地区重点产业发展生态评价为例 // 中国环境科学学会年会论文集，2010：711-716.

[27] 闫艳 . 江苏新一轮滩涂围垦开发即将开始 [N]. 中国环境报，2011-1-24.

[28] 江苏省环境保护厅 . 江苏省重要生态功能区保护区区域规划，2009.

[29] 舒俭民 . 成渝经济区重点产业发展战略环境评价研究 [M]. 北京：中国环境出版社，2013.

[30] 潘迎珍，代德祥，刘冰 . 试论三北防护林在我国防沙治沙中的地位和作用 [J]. 防护林科技，2006，4：41-43.

[31] 孙枫 . 三北四期工程防沙治沙策略与技术措施初探 [J]. 防护林科技，2004，1：58-60.

[32] 杨旭东 . 中国西部地区退耕还林工程效益评价及其影响研究 [D]. 北京：北京林业大学，2005.

[33] 王保忠，计家荣，骆林川 . 南京新济洲湿地生态恢复研究 [J]. 湿地科学，2006，4（3）：210-218.

第九章　不确定性分析

区域开发生态风险评价的不确定性是客观存在的，它不仅来自于区域开发活动强度大小的不确定，还来自于生态系统演替过程中风险传递的复杂性。本章旨在通过认识和把握区域开发生态风险中的不确定性，从而减小不确定性对评价过程和结果的影响，更好地为区域开发生态风险管理决策服务。

不确定性的概念较为宽泛，根据其特点，可把不确定性分为主观不确定性、客观不确定性、过程不确定性和博弈不确定性四类。区域开发生态风险的不确定性也包含着主观不确定性和客观不确定性，剖析其主观不确定性主要来自于道德和规则两个方面，客观不确定性主要来自于本体论的不确定性和认识论的不确定性。本章将依据区域开发生态风险评价框架，剖析评价各个过程中的不确定性。区域开发生态风险源的不确定性主要来自于利益驱动导致开发者偏离可持续发展规律，现有规则缺陷导致发展偏离可持续发展规律，发展规律本身的不确定性和人类对区域开发后果认识的局限。区域开发生态风险产生过程的不确定性主要来自于对风险传递终端的认识局限、对风险传递的控制规则缺失、生态系统演替规律的复杂性以及对生态演替规律认识的局限性四个方面。区域开发生态风险表达的不确定性来自于忽视非自身直接利害生态功能，生态功能保护和生态用水规律法规缺失，各类生态功能规律的复杂性和对生态功能关系及规律的认识不清楚。目前对于风险评价中不确定性的量化分析手段主要有蒙特卡罗分析法和贝叶斯网络模型法。蒙特卡罗分析法是通过重采样的概率分布分析客观不确定性，贝叶斯网络模型是利用主观分析判断评价过程中各个节点上不确定性。

第一节　不确定性分析简介

不确定性是绝对的，确定性是相对的，世界是不确定性与确定性的对立统一体。了解不确定的来源，有助于我们进一步认识不确定性，减小不确定性。

一、不确定性的来源

不确定性是指在不确定状态下，人们无法确切地对所获取的信息做适当定性或定量的处置，即无法对系统、行为及其他的特征做适当决定或进行数量化的描述、指定或预测 [1]。不确定性最早源于量子力学上的测不准原理。不确定性是确定性的近似科学，系统状态过程随机或者无规律可循，事先不能准确知道某个事件或某种决策的结果。或者说，只要事件或决策的可能结果不止一种，就会产生不确定性。在不确定状态下，无法确切地对所获取的信息做出定性或定量的处置，即无法对系统、行为及其他的特征做适当决定或进行数量化的描述、指定或预测。美国著名科学家波拉克（H N Pollack）在《不确定的科学与不确定的世界》写道：“许多科学的成功正是由于科学家在追求知识的过程中学会了利用不确定性。不确定性非但不是阻碍科学前行的障碍，而且是推进科学进步的动力。科学是靠不确定性繁荣的”。

不确定性本身的形式很多，在不同的领域中其分类和定义也不一样。从语义上讲，基本上把不确定性分为模糊性（fuzzy）和多义性（ambiguity），而多义性又可以分为非特异性（nonspecificity）和冲突（conflict）。另外一些学者把多义性分成另两种类型：非特异性和随机性（randomness）。本质上，不确定性源自经济、社会、自然系统及其复合生态系统本身固有的、内在的层次性、开放性、动态性、相干性、临界性、自组织性和自强化性。根据不确定性的特点，一般可把不确定性分为四类：客观不确定性、主观不确定性、过程不确定性和博弈不确定性。

1．客观不确定性

客观不确定性是指不以人的主观意志为转移而客观存在的不确定性。从表面上看，客观不确定性似乎是或然的、随机的、杂乱无章的、不得而知的。但实践表明，如果同类的随机现象大量重复出现，它的总体就呈现出一定的规律性。这种大量同类随机现象所呈现的规律性，即是我们熟知的统计规律性。客观不确定性的本质是客观世界经济 - 社会 - 自然复合生态系统的复杂性，所以是本体论的（ontological）与认识论的（epistemological）。

本体论（ontology）是哲学概念，它是研究存在的本质的哲学问题。大体上有广义和狭义之别。从广义上说，指一切实在的最终本性，这种本性需要通过认识论而得到认识，因而研究一切存在物体最终本性的为本体论，研究如何认识则为认识论，这是以本体论与认识论相对称。从狭义上说，本体论中又有宇宙的起源与结构的研究和宇宙本性的研究之分，前者为宇宙论，后者为本体论。

认识论（epistemology）是探讨人类认识的本质和结构，探讨认识与客观存在的关系，认识发生、发展的过程及其规律，认识真理标准等问题的哲学学说，是认识的前提和基础，又称知识论。唯物主义认识论坚持从物质到意识的认识路线，认为物质世界是客观存在的，强调认识是人对客观存在的反映，强调世界是可以认识的。辩证唯物主义的认识论则进一步把实践作为认识的基础，把辩证法运用于认识论。人类的认识可以逼近客观世界的本质而永远不能穷尽客观世界。

2．主观不确定性

对于同一个客体（事物、事件等）不同的主体，或同一主体在不同的时刻，会得出不尽相同的判断，有时甚至迥然有别，其差异事先难以预见，这种不确定性称为主观不确定性。主观不确定性源于人的有限理性和认知模式的差异性。人的成长经历、教育背景、价值取向、文化特质、性格气质、生活习俗、决策偏好，乃至对事物做判断时的心情和天气，特别是“心智模式”，都是产生主观不确定性的诱因。 其本质是行为主体所依据的规则（rule）和道德

（moral）价值判断的不确定性。

规则缺陷引致的不确定性是指规则与客观世界根本无法实现并一一对应的关系，无法涵盖、穷尽客观世界的所有事实与本质。描述规则的自然语言本身的特点决定着规则的不确定性。德国哲学家海德格尔曾经说过：世界的存在是不可表达的，语言永远也不能表达世界的本来面目。

道德的不确定性是指行为主体的自利本性所引致的行为不确定性。包括主体有选择地执行规则，过度地执行有利于自己的规则，刻意规避不利于自己的规则，不执行法定的规则以及对抗法定的规则。

3．过程不确定性

过程不确定性是在执行和推进的过程中发生的不确定性。由于普遍存在的随机干扰、偶然事件、突发事变、信息时滞或不可抗力，联结主体与客体、愿望与结果的过程，充满不确定性。因此，应通过对环境的深入研判，努力做到情况明了、工作细致、措施有力。同时，凡事留有余地，做好预案，以防不测。在实施方案时，既要恪守原则，不折不扣，必要时又要灵活机动，相机行事，可以有效减少过程的不确定性。

4．博弈不确定性

博弈不确定性是指在对局、博弈和互动中所产生的不确定性。博弈的不确定性具有多次、双向（甚至网状）、动态、多层次、多方、多因素、不可控、非小概率等特点。博弈的不确定性由于信息的不足，非但不能相互抵消而且还互为因果且不断强化，无统计规律可寻、无先前经验可借鉴，化解不确定性常有时间压力，有时甚至时间窘迫。因此，在外部环境分析阶段，博弈不确定性是最主要和最根本的。需要转变思维模式，由过去的实体思维，转变为博弈思维，要跳出以自我为中心的狭隘空间，在多因素、多主体、共时互动的格局中运筹帷幄。

任何科学研究都离不开数据，而数据的不确定性的来源大致包含以下几类：统计变异，即随机误差、标准差、置信区间；主观判断的误差；语言不精确；固有问题的随机性；模型的近似问题等。目前研究最多和了解最广的不确定性来源于数量直接测量的随机误差，没有任何经验数量的测量是完全精确的，测量工具和观测技术的不完备不可避免产生不同测量之间的差异。任何测量都不仅包含随机误差也包含系统误差。系统误差则是由测量仪器和实验程序的误差所造成的。对于语言的不确定性存在两种不同的观点，正统的贝叶斯观点认为语言不精确性可以通过详细叙述所有事件和数量，通过澄清试验的方法简单地去除；而模糊集理论则将语言的不精确性看做是人类交谈中不可避免的方面，而且它可以通过规范的推理系统来明确处理。还有许多量是随事件和空间变化的，即时空的变异性。近似不确定性的产生是因为我们建立的模型只是现实世界的简化版本，不可能和现实世界达到完全的一致。

二、风险评价中的不确定性

1．不确定性与风险的关系

一般认为，风险与不确定性和概率是相关的，因为风险起源于对尚不完全了解的未来的感知。关于未来的不确定性可以归因于其固有的随机性（例如，量子不确定性）、对未来情况甚至是确定性系统认知的有效界限（混沌系统或数据收集和分析的简单限制）或只是知识

的简单缺乏。关于不确定性与风险的关系，学界主要有两种主流观点。一种观点认为风险就是一种不确定性，与不确定性没有本质区别。持有这种观点的人将不确定性直观地理解为事件发生的最终结果的多种可能状态，即确定性的反义。另一种观点认为，尽管风险与不确定性有密切的联系，但二者有着本质的区别，即风险是指决策者能够事先知道事件最终呈现的可能状态，并且可以根据经验知识或历史数据比较准确地预知可能状态出现的可能性的大小；而在不确定性的状态下，决策者是不能预知事件发生最终结果的可能状态以及相应的可能性大小即概率分布的。在实践中，某一事件处于风险状态还是不确定性状态并不是完全由事件本身的性质决定的，有时在很大程度上取决于决策者的认知能力和所拥有的信息量。随着决策者的认知能力的提高和所掌握的信息量的增加，不确定性决策也可能演化为风险决策。

2. 风险评价中的不确定性

有学者认为风险评价中不确定性主要是由于对有关参数真实值认知的缺乏。本质上，在风险评价中有两种原因影响参数的不确定性：其一是参数的随机性，由于现象的易变性，或者因为所有被研究的影响因素不能被模型化而产生；其二是参数的不完整性，则是由于缺乏有关环境参数值的信息。解决由于随机性而产生的不确定性问题的理想方法是收集数据并进行统计学分析。当信息不完整或者统计数据不可靠，则可以由专家提供相关参数值的信息。处理这两种不确定性常常使用以下两种技术。第一种是概率理论，针对由于随机性而产生的不确定性问题。在概率论方法当中，概率分布函数被用来描述环境参数的随机变化。第二种是模糊逻辑理论，针对由于专家认知产生的不确定性问题。而在模糊集方法中，隶属度函数则被用来表征人类认知的模糊性。E Topuz 等采用层次分析法和模糊逻辑来处理由于不确定的数据所造成的复杂问题，提出了一种结合环境和人类健康的风险评价方法。显然，处理不确定性的这两种方法的理论基础是不一样的。当有足够可靠的信息用来估计不确定参数概率分布的时候，一般运用概率论方法。若信息相对缺乏，或者信息语言描述的不精确则更适合采用模糊集方法。

3. 环境风险评价中的不确定性

环境风险评价是为了评估有可能产生危害和导致风险的风险源，这种评价带有很大的不确定性。因为一个完整的环境风险评价需要大量的数据，这些数据对于理解危害的严重性和发生危害的可能性有着很重要的作用。但是，环境数据通常又都是不定的、模糊的或者不准确的，新出现的污染物尤其如此。因此，环境风险评价当中必然面临着很多不确定性的问题。

Surer 将环境风险评价中的不确定性分为两大类。一类是可以用较确切语言描述的不确定性。例如在环境风险评价中，某一随机事件的发生（如有毒化学物质的泄漏）具有随机性，但是可以通过特定的方法（如事故树分析法）预测其发生的概率及影响程度。另一类不确定性是由于人们认识能力的局限，对风险评价中某些现象、机理本身就不清楚，不能准确地描述。如在健康风险评价中鉴定某一有毒物质的毒性对人体的健康危害影响时，往往是选择动物进行毒理实验，再由实验所得数据外推到人类。在外推的过程中，有时附加 10 倍安全因子，甚至 100 倍安全因子，然后把所得数据作为该有毒物质对人体健康危害的标准值。可以说，在整个实验过程中，动物是受试者，而真正受到有健康危害影响的却是人类。尽管在外推的过程中附加了一定的安全因子，但确切地说，有毒物质在人体内的反应机理、对人体健康的影响及影响程度是不清楚的，也无法用语言准确地加以描述。

曾光明等[2]将环境风险中的不确定性的因素归纳为三方面，首先是人类活动引起的不确定性，如人口变迁、经济发展、社会进步等社会现象引起的不确定性，并且无数事实证明这种不确定性随着人类社会的进一步发展而加剧，如正处于建设中的三峡大坝对长江流域生物群落的分布、物种的迁移以及对整个生态环境系统的影响相当程度上还是一片空白，该坝对未来生态环境的影响的不确定性是不言而喻的。其次，自然现象引起的不确定性，如水文、地理、气温、降水量、风向、风速、日照辐射量等自然现象的不确定性，特别是一些自然灾害事件，如飓风、暴雨以及洪水等随机性引起的不确定性。最后，人类认识客观世界能力的局限性使得对风险评价领域的一些问题存在着一些不确定性和模糊性，这种局限性具体表现在对复杂的环境系统和重要的因果关系缺乏了解使得模型不符合实际情况，在评价过程中所作的一些必要的假设的不确定性以及在参数的获取过程中和对未知参数的推导过程中的参数不确定性。

4. 生态风险评价中的不确定性

表 9-1 不确定性的型态及来源

型态	来源	说明
情境	错误描述	不正确或不充足的信息
	错误聚集	空间或时间上的概略估计
	错误判断	选取不正确模式
	不完整的分析	忽略了重要的思考途径
参数	错误监测	不精确或偏颇的度量
	错误取样	取样太小或不具代表性
	变异性	于时间、空间或活动中产生
	代用的信息	例如使用有相似结构的化学品
模式	错误关系	在相关性中不正确引用关系
	错误模式	排除了相关变量

不确定性存在于生态风险评价整个过程中，在风险源的识别、风险可能性的判断、各种外推（如物种间外推、不同等级生物组织间外推、由实验室向野外情况外推、由高剂量向低剂量外推等）中都存在不确定性[3]。USEPA 的“暴露评估准则”中有关于生态风险评价中的不确定性来源的描述，其中将不确定性进行了情境的、参数的及模式的区分，如表 9-1 所示。

虽然在区域生态风险评价方面，不确定性研究仍处于探索阶段，缺乏系统的检验方法，然而，越来越多的专家和学者肯定地指出，不确定性的定量和定性分析是区域生态风险评价结果的一部分[1]。马禄义等[4]以中国综合生态风险评价为基础，分析了冰雹、大风等 10 种风险源数据造成的不确定性。

（1）评价者的认识

由于客观世界的复杂性和人们认识世界的局限性，人类的认识范畴总是有限的，而未知范畴总是无限的。在区域开发生态风险评价过程中可能存在评价者对于某些现象或者机理的认识不足，或者一些现象与机理至今没有科学的认识。

认识的局限性具体包括评价者对于同一现象的描述可能因应用于不同事件而有差异。因此，评价者可以通过确认对该事件是否充分了解，用概率（或频率）分布来表示其平均与偏差量值。此外，在对于某些信息的语言描述上，评价者可通过增加对字义的了解，将不确定性转化为确定性。这就需要评价者增加业务素质和知识积累，以减小认知局限产生的不确定性。

（2）数据的可靠性

由于区域开发生态风险评价研究尚属于较新的一个研究领域，目前相关的信息和资料的积累很有限，导致评价中所需的许多基础资料缺乏，使评价结果具有不确定性。

数据的不可靠可能包括以下几方面：数据源不够明确或调查方法未依循相关准则；因调

查或实验中各种因素的限制，无法获得连贯性数据或是较极端的资料；观测或测量存在误差等。因此，建议评价者首先应注意甄别数据的来源，确认其调查范围，调查方法；尽可能提高数据点的密度，对于数据不连贯的现象，建议使用内插以及外推等方法来推求空缺数据或依据经验以描述方式填补缺段；对于观测误差，建议收集更多资料及增加观测量来提高对观测量的可信度，同时强化实验或调查法来侦测观测值的差异性。在测量误差方面，随着测量技术的进步，量测仪器可以更趋于精确，同时通过发展自动观测（如光学、电磁波等）技术，也可以降低人为观测误差的不确定性。

（3）评价模型的精度

生态风险评价常常使用模型手段来测度和量化生态风险大小，然而利用相关信息进行推理、计算所采用的方法和模型并不能完全真实地反映客观实际。影响模型的精度可能包括以下几方面：首先，概念模式为因果关系的系统化显现时，如果因果关系未能明确指示，将错失重要的分析；其次，在简化模型时，将认定为不够重要的因子去除存在着不确定性；另外，对于不同模式有不同输入因子数量，其理论也有简化或复杂之分，分析精确度各有不同。

针对以上模型误差的三个来源，评价者可以选择以下措施来降低评价模型的误差，提高模型精度。首先，评价者可以考虑以不同方式来建立概念模式（食物链、营养层等），并比较差异及修正；强化概念模式，对于重要因果途径必须标示且分析；随着所获得的新信息随时修正概念模式。其次，将模型反复验证，同时尽量将所有已知可影响因子（不论大小）都纳入模型中，进而比较分析结果与原始资料的相关度。最后，对于不同数据的分析可选用模式预先评估，采用较合适模式，也可交叉使用不同模式来比对分析结果并评估其差异，以决定取舍。

第二节　区域开发生态风险评价中的不确定性

一、区域开发生态风险源识别的不确定性

生态风险源可能是自然或人为灾害，也可能是社会、经济、政治和文化等因素，只要它可能产生不利的生态影响并具有不确定性，即是生态风险评价应该要考虑的。但与一般生态风险源不同的是，区域开发生态风险源具有更大的不确定性。首先区域开发活动作用的区域范围和影响的时间尺度可能更短，也可能更长，强度也可能不同，对区域生态系统的结构、过程和功能会造成不同程度的风险胁迫。因此，从决策不确定性角度，可以将区域开发活动不确定性归纳为主观道德上利益驱动导致开发者偏离可持续发展规律、主观规则上现有规则缺陷导致发展偏离可持续发展规律、客观本体论上区域开发活动过程本身规律决定的不确定性和客观认识论上人们对于区域开发后果认识的局限性所引致的不确定性。

当前，以经济开发活动为重点的区域开发活动日渐频繁和活跃，据国家发改委的统计数据显示，2010 年 1—10 月，新开工建设项目计划总投资 201 688 亿元，同比增长 24.1%；施工建设项目计划总投资 583 070 亿元，同比增长 19.8%。投资增速一方面反映了当前区域开发活动的增长态势，但与此同时也可能存在有些开发者受利益驱动偏离自然与社会可持续发展规律的现象，如产能过剩、污染物偷排、资源开采快于资源更新。

现有规则缺陷导致发展偏离可持续发展规律。当前，我国一些政策法规限制了高耗能、高污染的项目建设，“关停小火电”、限制“两高一资”项目的建设审批等限制措施为促进区域自然和经济的可持续发展起到了积极作用，但整体而言，法规体系仍有不完善之处，在落实政策方面也存在一些不到位之处，这些都增加了区域开发活动的不确定性。

区域开发活动的发展规律决定的不确定性。规律是事物的内在联系，是客观存在的。区域开发活动的发展自身存在着一定的特定规律。例如区域开发活动发展到一定阶段产生的规模效应，新建开发项目可能带动发展衍生出的上下游相关产业形成产业链模式，区域开发活动的产业集群等。目前，在我国各类规模不等的产业园区不断出现，规模和产能都呈逐年增加的态势。但产业园区因其产业链特征不同，发展规律和发展模式也各不相同。

人们对于区域开发后果认识的局限性也增加了生态风险的不确定性。人的认知范围是有限的，而未知世界是无限的，并且人的认知常常受个体的世界观与价值观所影响。基于区域开发活动自身的复杂性，人们对于区域开发或其产生的后果，往往存在着估计不充分、把握不准确、认识不客观的现象。

二、区域开发生态风险受体分析的不确定性

区域开发活动对生态系统会产生不同强度与频率的干扰，主要表现为生物生境的破坏、环境中污染物增加以及自然资源消耗等，这些干扰因子通过生态系统过程的传递最终对生态系统功能产生影响。生态风险在生态系统过程中传递也存在不确定性，依据决策不确定性的思想可以归纳为主观道德方面人类忽视生态风险传递在时间上的永续性、主观规则方面在于生态风险过程控制的规制缺失、客观本体论方面生态系统演替规律复杂性以及客观认识论方面人类对于生态过程规律认识存在局限性。

首先，人们往往容易忽视生态风险传递是一个永续的过程。区域开发活动产生的生态风险在生态系统过程中的传递是一个动态的过程，而不是静止的。人们在识别生态风险时，容易停留在区域开发活动已造成的生态影响上，而忽视在未来发生的生态风险。其实，随着区域开发活动的进行，风险源不断发生，不断通过生态过程进行传递，其风险并不在某个时间节点上停止或消失，而是永续的从过去传递到未来。因此，从生态系统过程角度看生态风险传递过程，不仅应把握风险从产生到当前时间断面的传递过程，还应综合考虑和预测风险在未来的传递过程。

其次，目前针对区域开发生态风险过程控制的规制有所缺失。由于生态风险领域还处于以科学研究为主的阶段，目前在我国的法规标准中尚无对生态风险评价的明确要求。同时，生态风险在生态系统的传递过程较为复杂，目前对于区域开发生态风险传递过程的监控预警等相关法规标准尚处于缺失状态，无法实现对区域开发生态风险传递过程的有效监控和管理。

再次，生态风险传递规律是复杂的。生态系统是动态的，从地球上诞生生命至今的几十亿年里，各类生态系统一直处于不断的发展、变化和演替之中。生态系统演替是生态系统过程的一个宏观表现。按演替的方向，生态系统的演替可分为正向演替和逆向演替，其中演替的速度与外界干扰因素、生态系统类型以及所处的演替阶段均有联系。此外，随着时间的推移，各类风险源在环境中的累积和环境自净功能之间的相互作用也是一个复杂的过程。

最后，区域开发生态风险过程传递的不确定性还在于人类对生态系统过程规律认识的局限性。由于生态系统的复杂性和人类认知水平的局限性，常常造成人们对区域开发生态风险

传递规律认识的局限。要把握区域开发生态风险传递过程规律，剖析风险的形成机制，首先需要了解生态风险源的累积效应，其中包括不同类型的污染物累积。但由于各种污染物理化性质不同，其累积规律也不同；风险传递介质与环境不同，生物的代谢速度也不同。因此，对于如此庞杂的规律，人类目前的认知能力是有限的。

三、区域开发生态风险表征的不确定性

区域开发活动的不确定性，经过复杂的生态系统过程的传递，最后反映为生态系统功能上的生态终点也存在着不确定性。按决策不确定性的思想可把区域开发生态风险形成的不确定性归纳为主观道德上忽视非自身直接利害生态功能、主观规则上生态功能相关的标准法规缺失、客观本体论上各类生态功能机制的复杂性和客观认识论上对生态功能关系及规律认识不清楚。

首先，人类常常忽视区域开发活动对生态功能非自身直接利害影响。依据生态系统服务思维将生态系统服务功能分成产品提供、涵养蓄水、土壤保持、气候调节、生物多样性维持、社会文化五大维度。但是区域开发生态风险对生态系统功能的影响可能包含非自身直接利害的影响。例如，在谈到火电行业的发展带来的生态风险时，人们会倾向于关注火电生产排放废气对大气环境的影响。但酸性气体经酸沉降进入土壤环境进而改变生态系统生产力这类非直接利害的影响常常容易被忽视。

其次，生态功能相关的法规标准相对不健全。目前对于生态功能保护多以生态保护区或生态保护地为范围，而容易忽视对自然保护区以外区域的生态功能保护。这正是由于生态风险重点管理依据的缺失。例如生态用水标准尚未推广至应用领域。

再次，各类生态系统发挥各自功能的方式和途径也相对复杂。区域开发活动占用了生态空间，必然影响该地区整体生态功能的协调性，对区域生态功能构成潜在风险，但目前尚无相应法规对其进行监管。

最后，人们对区域开发生态功能的影响规律认识不清。人们对于生态功能的认识尚不全面，生态系统的各个功能之间的关系也较为复杂。生态系统作为一个整体，其各个功能是相互补充、相互联系的。同时，生态系统各个功能的复杂性更增加了对于生态风险在生态功能上的把握。

第三节 不确定性分析的方法及案例

目前，对于在风险评价中的不确定性分析应用较多的是蒙特卡罗分析法（Monte Carlo Analysis）和贝叶斯网络模型（Bayesian Network）。其中蒙特卡罗分析法是利用计算机重采样技术求出概率分布以量化不确定性的大小，主要针对客观不确定性。贝叶斯网络模型主要通过直观的图式模型，与蒙特卡罗分析法不同的是，贝叶斯网络模型主要是基于人的主观判断。

一、蒙特卡罗法

1. 概念介绍

在量化不确定性的多种方法中，目前应用最广泛的方法是蒙特卡罗分析法（MCA）。蒙特卡罗分析法的原理是将待求变量当做某一特征随机变量，通过某一给定分布规律的大量随机数值，计算该数字特征的统计值，作为所求风险变量的近似解。在区域生态风险评价中，蒙特卡罗分析法是将输入变量的概率分布去模拟输出变量的概率分布，进而对风险评价的可靠性进行分析[5]。在风险预测模型中，迭代足够次数的蒙特卡罗模拟往往会产生一个近似正态或均匀的值域分布，其均值是风险值的真实反映。利用蒙特卡罗分析法可以对模型参数的可靠性作出评价。目前，该方法在国外区域生态风险评价中应用较为广泛[6]。

蒙特卡罗方法由图 9-1 所示的五个定义明确的步骤组成。只有前两个步骤需要用户自身的完成，其余步骤将由计算机软件来处理。

首先，确定风险源类别的不确定性，即确定基本数据的不确定性，包括各类风险源因子

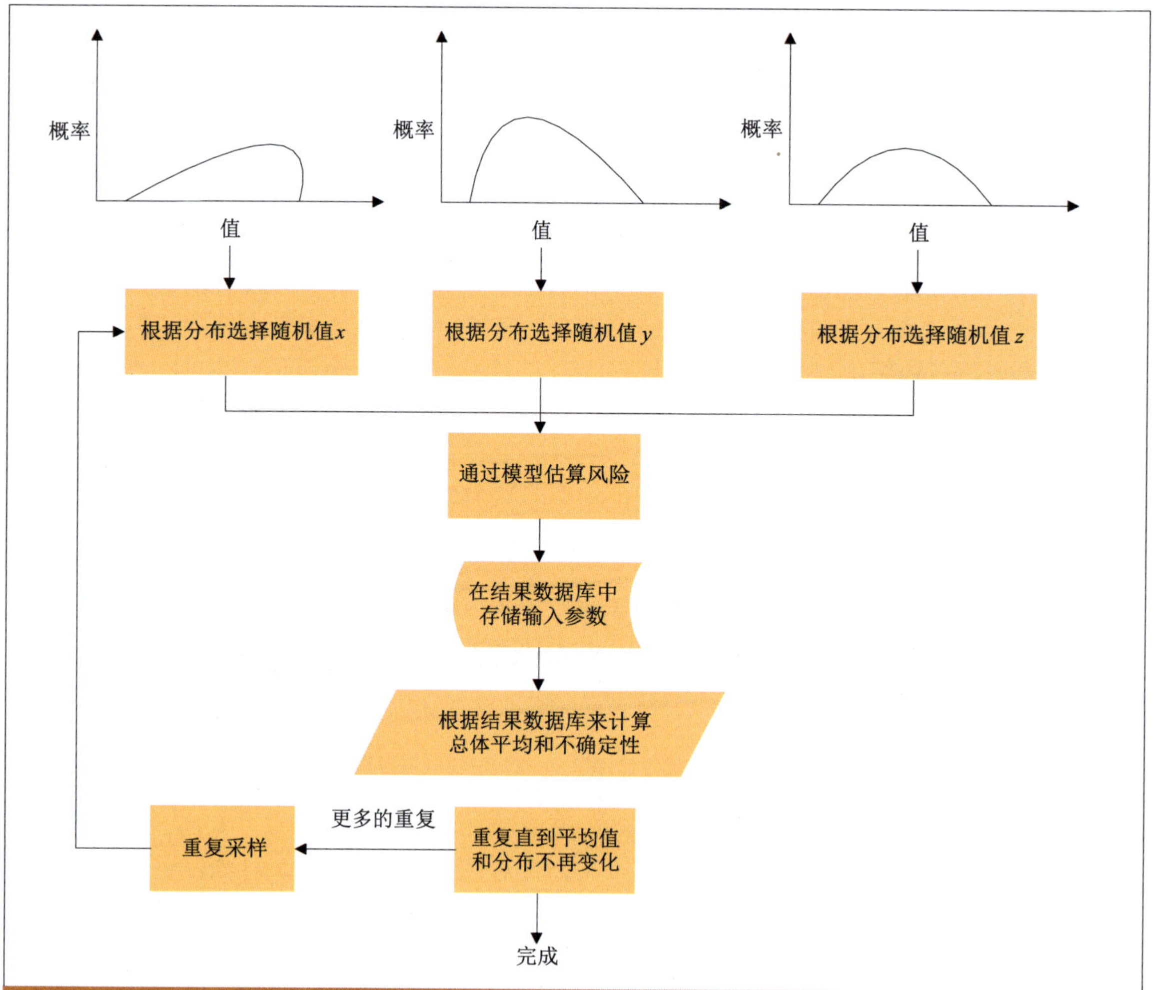

图 9-1 蒙特卡罗方法图解

及其相关的平均值和概率分布函数，以及不同源类别之间的交叉相关度。其次，建立软件模型。蒙特卡罗软件模型中应该包括风险源源强计算、概率密度函数和相关值。软件将自动地执行后面的步骤。再次，选择随机变量。这是重复的起点，对于每一个输入数据项，可以从该变量的概率密度函数中随机选择一个数值，进而估算风险。最后，重复和监控结果，其计算结果就是对概率密度函数分布的估算。随着过程的重复平均值接近最终答案。当平均值的变化小于某一预先确定的量时，可以终止计算。当对95%置信范围的估算变化不超过±1%时，那么就能得到一个足够稳定的结果。

有几种商业软件工具可用于进行蒙特卡罗模拟，如 Crystal Ball、@Risk、Analytica 和 Mathematica。前两种是内插式软件，一般用于电子数据表程序。不同的软件工具提供了不同的取样方法，包括随机蒙特卡罗模拟和拉丁超立方取样（LHS）。如果只有几百个样本，那么（LHS）可以产生看上去“更为平滑”的模式输出分布。一般建议使用随机蒙特卡罗模拟作为缺省方法，因为它具有机动性，在必要的时候能继续对越来越大的模拟样本进行随机模拟，直到模式输出收敛为止。

然而，不是所有的数据和模型参量的不确定性都是随机作用的结果，所以这种不确定性不能用单一的统计学方法来解决。在模拟环境过程行为时，经常由于缺少数据或者不能对环境过程进行精确认知而难以进行严密的概率分析。因此，使用蒙特卡罗分析法直接进行环境风险分析存在两方面的潜在问题：首先虽然很多参数明显存在相关性，但研究者仍然在假设其各自独立；其次需要准确确定输入参数的分布。尽管模拟参数相关间相互关系的方法早已有之，但用于风险的定量评估时还不够精确。所以，蒙特卡罗模型的输出结果仍然存在不确定性。

2. 案例分析

马禄义等[4]以全国综合生态风险评价为基础，选择风险源数据为主要分析对象，分析冰雹、大风等 10 种风险源的不确定性对风险值计算的影响，以及风险值对风险源分级的敏感性。采用蒙特卡罗模拟法，对全国范围内 10 km×10 km 的栅格进行逐一分析。在每个栅格的模拟过程中，首先设定数据分析的不确定性，然后按照风险源等级划分的频数统计设定风险源分级模拟值的概率分布，利用全国综合生态风险评价的基本公式，对栅格的风险值进行模拟；同时，利用 Spearman 秩相关系数求解风险值对风险源分级的敏感性，通过方差贡献求得模拟风险值对所有风险源的敏感性结构。设定 50% 和 25% 两个水平分别表征高不确定性和低不确定性，模拟次数设置为 104 次。

结果显示：①模拟风险的平均值与风险计算值接近，两者之比多数在 0.95 ～ 1.05，但不同风险分区的性质会存在差异；②风险最大模拟值普遍高于风险计算值，但除青藏区外多数风险最大模拟值与风险计算值的比例仍集中在 1.0 ～ 1.5；③在全国范围内，风险最敏感的 3 个主要风险源为干旱、洪涝以及滑坡和泥石流。

二、贝叶斯法

1. 概念介绍

贝叶斯网络模型（BN）是一种比较直观的图式模型，由一系列表示因果联系的概率分布图式组成[7]。实际上，贝叶斯网络模型也是一种定量评价模型，可以结合敏感度分析，比较在不同情景模拟下改变参数对决策目标的影响。

贝叶斯网络模型来源于贝叶斯学派，它是数理统计学中的一大流派。贝叶斯概率与传统概率之间最大的区别在于它们对某个事件概率的定义是不一样的。经典概率定义一个事件的概率是确定的，并且是客观的。而贝叶斯概率认为，一个事件的概率是确定这个概率的人的主观判断，即传统概率是客观认识，而贝叶斯概率是主观判断。贝叶斯网络是依据马尔可夫假设寻找的满足条件独立限制的模型结构。由于贝叶斯方法用的是概率网络，无需对变量域中的个别变量的独立性进行判定，只需根据变量间的概率分布来计算整个网络模型的独立性。总之，贝叶斯网络是一种将贝叶斯概率方法和有向无环图的网络拓扑结构有机结合的表示模型，描述了数据库中数据项及其相互之间的依赖关系，贝叶斯网络就是根据各个变量之间的概率关系建立起来的图论模型。

现实世界中的一个对象通常可以由若干属性变量来描述，这些变量集的各种取值组合就构成了该对象的状态空间。由于这些变量间存在着一定的关系（独立或依赖），所以通过对它们的研究可以得到对象的知识表达。贝叶斯网模拟人的认知思维推理模式，是用一组条件概率函数以有向无循环图形式表示不确定性的因果推理模型。贝叶斯网的信息由两部分组成：首先是表示条件独立性信息的一种自然方式——网络结构，网络结构中的每一节点表示特定域中的一个概念或变量，在节点间的连接（有向弧）表示了可能的因果关系，体现了域知识定性方面的特征；其次，每一节点都附有与该变量相联系的条件概率分布函数，如果变量是离散的，则它表现为给定其父母节点状态时该节点取不同值的条件概率表。条件概率表体现了域知识定量方面的特征。可见，贝叶斯网是一种表示数据变量间潜在关系的定性定量的方法，它使用这种图形结构指定了一组条件独立的声明和用于刻画概率依赖强度的条件概率的数字值。

由于贝叶斯网表示了因果过程的总体结构，故它可被看做是拥有许多不同组合的一个抽象知识库。它的语义可以从两方面来理解，其一是将网络看做一种联合概率分布的表示，其二是将网络看做条件独立性声明集合的一种表示。这两种观点实质上是等价的，而且在贝叶斯网的表达、学习、推理算法中都得到了统一。假设一组有限集合 $\{Y_1, \cdots, Y_n\}$ 表示一组离散随机变量，它们分别取值 $\{y_1, \cdots, y_n\}$ 的联合概率为：

$$P(y_1, \cdots, y_n) = P(y_n | y_{n-1}, \cdots, y_1) \times P(y_{n-1} | y_{n-2}, \cdots, y_1) \times \cdots \times P(y_2 | y_1) P(y_1)$$
$$= \prod_{i-1}^{n} P(y_i | y_{i-1}, \ldots, y_1) \tag{9-1}$$

在不确定信息领域，条件独立性是一种构造知识重要的方法。在贝叶斯网中，人们断言每一节点在给定其父母节点后都条件独立于它的前辈节点，故有：

$$P(y_1, \cdots, y_n) = = \prod_{i-1}^{n} P(y_i | Pa(Y_i)) \tag{9-2}$$

式中，$Pa(Y_i)$ 包含于 $\{y_{i-1}, \cdots, y_1\}$ 是节点 Y_i 的父母节点组，它们的取值已知，可见在联合概率空间中的每一状态都可用贝叶斯网中条件概率表的适当元素的乘积来表示。

2．案例分析

下面以水华现象的贝叶斯网络模型的构建来直观地说明贝叶斯网络模型的构建方法。水华现象是受人为因素的影响使得某个水域的藻类植物过分生长的现象，它不仅影响美观，还会造成局部水域缺氧，使鱼类大量死亡，造成生态危害和经济损失。水华现象涉及不同时空尺度上多个过程的相互作用，使用传统的方法很难将各个过程综合在一起形成一个单一的预测模型。贝叶斯网络模型为解决此问题提供了可能性。Borsuk 等[5]为 Neuse 河口水华现象建立了一个贝叶斯网络模型（图 9-2），该网络描述了水华现象中各变量之间的因果关系，为生态环境监控和后果预测提供了可行的方法。

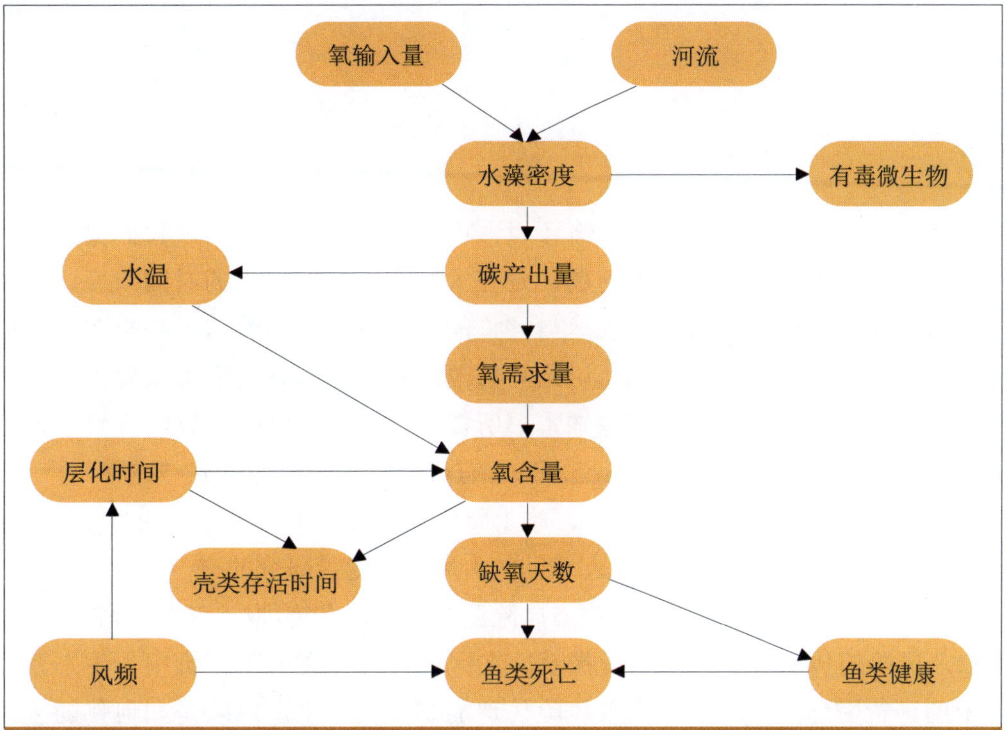

图 9-2　河口水华现象的贝叶斯网

参考文献

[1] Zimmermann H J. An application-oriented view of modeling uncertainty[J]. European Journal of Operational Research，2000，122（2），190-198.

[2] 曾光明，钟政林，曾北危 . 环境风险评价中的不确定性问题 [J]. 中国环境科学，1998，18（3）：61-64.

[3] 陈辉，刘劲松，曹宇，等 . 生态风险评价研究进展 [J]. 生态学报，2006，26（5）：1558-1566.

[4] 马禄义，许学工，徐丽芬 . 中国综合生态风险评价的不确定性分析 [J]. 北京大学学报：自然科学版，2011，47（5）：893-900.

[5] Borsuk M E，Stow C，Reckhow K. Integrative environmental prediction using Baysian networks：A synthesis of models describing estuarine eutrophication[J]//Proceedings of IEMSS Conference 02：part Ⅱ . Techniques and Methodologies，Lugano，Switgerland，2002，02：102-107.

[6] Landis W G，Wiegers J K. Ten years of the relative risk model and regional scale ecological risk assessment[J]. Human and Ecological Risk Assessment，2007，13：25- 38.

[7] Pollino C A，Woodberry O，Nicholson A，et al. Parameterization and evaluation of a Bayesian network for use in an ecological risk assessment[J]. Environmental Modelling and Software，2007，22：1140-1152.

后 记

基于对五大区域重点产业发展战略环境评价工作的回顾与总结，我们提出了区域开发战略环境评价的核心理论与技术问题，是在大的空间尺度、长的时间尺度、高的开发强度之下对区域生态风险的辨识、表达与评价的基本判断。循着这个判断逻辑我们在工作中持续探索，经过一年多的研究、讨论与修改，将《区域开发生态风险评价理论与方法研究》一书呈现给读者。但我们深知本书所提出的区域开发生态风险评价的理论与方法都是初步的成果总结，仍有许多不足之处，有待今后进一步的研究与完善。

第一，风险源分类维度还有待深化。本书将区域开发生态风险源归纳为污染排放在环境中的累积、资源的开发与消耗、生态空间的占用。但随着研究的进一步深入，对区域开发活动特征的进一步了解，区域开发生态风险源的分类还有待进一步深入分析与完善。

第二，风险的传递过程规律有待揭示。在区域开发生态风险评价中，生态系统过程作为其中的评价受体之一，是承载着风险传递的媒介。但生态风险是如何伴随生态系统演化过程进行传递的？其中具体过程的模拟还有待进一步深入研究与揭示。

第三，风险的阈值确定还有待明确。区域生态风险发生的阈值是客观存在的，但针对各类生态系统在不同的开发情景之下的阈值的确定是复杂的。本书把主观的环境管理目标确定为风险发生的一个基准，既是一种现实环境管理的需要，也是现实研究基础薄弱的一种无奈。

第四，风险的量化模型有待完善。区域开发生态风险评价中针对不同风险源的生态风险提出了相应的评价模型，对于综合类生态风险采用了经典的 RRM 模型进行计算评价，但该方法是否适合于区域开发生态风险评价有待进一步研究。

第五，不确定性分析的手段有待量化。不确定性分析是区域开发生态风险评价研究的创新与提升。本书主要阐述了区域开发生态风险评价中的不确定性及其经典的分析方法，但如何结合区域开发生态风险评价特点提出相对量化的不确定性分析方法仍有待研究。

最后，再次感谢各位作者们的辛苦付出。限于编者的学识水平与专业积累，书中不当之处恳请各位读者批评指正！将对我们后续的研究裨益良多。